KB023514

사이언스
허스토리
여성과학자 대백과 사전

First published in 2021 by Frances Lincoln Publishing,
an imprint of The Quarto Group.

사이언스 허스토리

여성과학자 대백과 사전

애나 리저 · 레일라 맥닐 지음
구정은 · 이지선 옮김

학고재

언제나 과학 연구와 발견의 중심에 있던

여성 과학자들과 의사들, 계산원들, 아내와 누이 들,

가정주부들, 과학을 대중화한 사람들,

그들 모두에게 이 책을 바칩니다.

차례

서문

과학사에 숨은 여성들의 목소리를 듣다

과학의 역사와 여성: 기억하기와 잊기

여성의 역사를 쓰다 보면 종종 침묵이나 부재不在를 맞닥뜨린다. 특히 과학사에서는 과학이나 의학에 참여해온 여성들의 다채로운 스토리는커녕 그들의 수조차 찾을 수 없다. 시대와 장소를 막론하고, 여성들이 공적인 삶에 참여하는 것을 부적절한 일로 여겼다. 여성들에 대한 기록은 적을 수밖에 없었다. 사회에서 가치를 인정받고 지위를 얻으려면 공적인 영역에 접근할 수 있어야 하며, 그래야만 그가 이룬 성취나 개인의 삶이 기록될 가치가 있는지 평가를 받는다. 그러나 역사적으로 여성은 접근조차 거부당했다.

과학 영역에서 여성 기록의 부재는 과학계의 편협한 속성 때문에 더 심각하다. 여성은 학회나 과학저널 같이 기록을 작성하고 보관하는 제도적인 공간에 들어가는 것조차 허용되지 않았다. 여성의 역사를 되살리는 일은 기록에서 이러한 틈을 읽어, 여성들이 역사에서 어떻게 지워졌는지에 대한 단서를 찾는 것이다. 때로는 그것이 우리가 그들의 삶에 대해 말할 수 있는 전부이다.

오래전으로 거슬러 올라갈수록 과학에서 여성에 관한 기록을 찾기는 더 어렵다. 고대에는 어떤 종류의 기록도 찾기 힘들다. 또 다른 시대에는 여성의 지위가 상대적으로 낮았다는 사실이 기록에도 영향을 줬을 것이다. 그런데도 자연계를 세심하게 연구해온 몇몇 여성에 대한 기록은 남아 있다.

고대 종교와 과학 사이

초기의 기록은 티그리스강과 유프라테스강 사이 메소포타미아의 도시국가에서 찾아볼 수 있다. 기록이 남아 있는 최초의 여성 저자는 엔헤두안나Enheduanna(기원전 2285~2250년)로, 그는 고대 도시 우르의 사르곤 왕의 딸이자 시인이며 대제사장이었다. 사르곤 왕은 그의 정치적 권력을 공고히 하기 위해 딸을 대제사장으로 삼았을 것이다. 대제사장인 엔헤두안나의 글은 점토판에 기록돼 엄청난 권위를 부여받았다. 그는 우르의 사원을 관리하면서 사원 부지의 농사도 관장했다. 또 연중 제례를 운영하기 위해 달의 형상에 근거하여 복잡한 제례 달력도 관리했을 것이다.[1]

1920년대, 고고학자들이 우르의 유적을 발굴하면서 엔헤두안나에 대한 기록을 처음 발견했다. 돌로 된 원판의 한쪽 면에는 정교한 의상을 입은 여성이 남성들을 거느리고 사각형의 계단식 건조물인 지구라트의

고대 천문학자들은 행성의 움직임, 별과 별자리의 이름을 연구하고 일식과 월식을 예측했다.

제단에서 의식을 관장하는 모습이 돋을새김으로 새겨져 있었다.[2] 원판의 반대면 가운데에는 달의 신 난나의 여제사장을 이렇게 묘사했다.

"엔헤두안나, 난나의 여인, 난나의 아내,
만인의 왕 사르곤의 딸.
천상의 제단, 이난나 사원에 머물다."[3]

그 뒤 엔헤두안나의 여러 저술이 발견됐다. 그중에는 난나에게 바치는 긴 시도 있었고, 엔헤두안나가 개인적으로 모신 이난나 여신에게 바치는 시도 있었다. 40편 넘는 찬가도 발견되었다. 엔헤두안나의 기록은 고대 수메르 문학과 문화를 연구하는 중요한 자료가 되었으며[4], 초기 인류사에서 여성이 천문 관측에 참여했음을 보여준다.

고대의 여성 과학자 중에 가장 유명한 이는 알렉산드리아*의 히파티아Hypatia(335~405년으로 추정)이다. 그는 엔헤두안나 등장 후 3000년이 지난 4세기 그리스의 수학자이자 철학자이다. 그리스 철학과 과학을 이끈 남성들은 많은 기록을 남겼지만, 히파티아의 저술은 남아 있는 게 하나도 없다. 하지만 역사가들은 그리스의 학술 체계에 대해 폭넓게 연구하고 또 여러 사람의 저술을 통해 히파티아의 일생에 대한 기록을 찾아냈다. 히파티아의 아버지는 수학자이자 천문학자 테온Theon이었다. 그는 아버지가 수장으로 있던 알렉산드리아 학당에서 교육받은 것으로 추정되며 30대에 알렉산드리아 신플라톤 학파의 지도자가 되었다.[5]

히파티아가 살았던 시대부터 19세기에 이르기까지, 여성에 대한 기록은 여러 문화에서 다양한 문헌 속에 여기저기 흩어져 있다. 오랜 세월에 걸쳐 번역되고 옮겨진 문헌들 속에 히파티아에 대한 기록이 살아남았다는 사실은 대단하지만, 역사가들에게는 큰 도전 과제였다. 히파티아의 삶을 통해, 그리스 사회와 지식인 문화에서 여성이 했던 역할에 대해 어떤 결론을 끌어낼 수 있을까?

학자들이 히파티아의 과학적, 수학적 작업을 주목하기 시작한 것은 극히 최근의 일이다. 처음에 그에 관한 역사적 기록이 눈길을 끈 것은 알

* 오늘날의 이집트 북부에 있는 항구도시.

여성을 찾아볼 수 없는 영역이 있다는 사실을
인정하는 것만으로는 충분치 않다.
왜 어떤 영역에서는 여성을 찾아볼 수 없는지,
그 자리에 있는 것조차 허용되지 않았는지를 물어야 한다.

렉산드리아 정계를 떠들썩하게 만든 처참한 죽음* 때문이었다. 고대 세계에서 누가 공적인 생활에 참여했고 누가 과학적 연구에 참여할 수 있었거나 기꺼이 참여했는가에 대한 학자들의 가정 자체에도 문제가 있었다.

과학적 작업이 아닌 다른 이유로 기록되어 보전된 히파티아의 사례로 봤을 때, 흔히 추정되는 것보다 많은 여성이 천문을 관측하고 수학을 배우고 가르치며 철학에 깊이 빠져들었을 것이다. 다만 그들의 이야기가 기록으로 살아남지 못했을 뿐이다. 히파티아와는 다른 운명을 걸었던, 하늘을 바라보고 자연계를 관찰한 다른 여성들은 어떻게 됐을까? 우리는 그들의 이름을 영원히 알 수 없을지도 모른다. 그러나 과학을 연구한 여성들이 있었고 히파티아처럼 동시대 남성들과 마찬가지로 높은 평가를 받았다고 볼 근거도 있다. 이런 사실과 근거를 바탕으로, 우리는 과학사에서 그 여성들의 자리를 다시 찾아줄 수 있을 것이다.

* 히파티아는 기독교도들에게 이단으로 내몰려 알렉산드리아의 카이사리온 교회에 끌려가 발가벗겨진 채 참혹한 죽음을 당한 것으로 알려졌다.

역사의 누락

엔헤두안나와 히파티아는 조각난 파편일지언정 삶과 업적에 대한 기록이 남아 있으니 그나마 낫다. 하지만 기록도 없고 심지어 존재조차 알 수 없는 다른 여성들의 삶은 어떻게 복원할 것인가. 역사가들은 아주 적은 기록만 가지고도 역사 속 행위자들을 연구하는 방법을 발전시켜 왔다. 때론 히파티아처럼 다른 이들이 쓴 전기를 통해 찾아내기도 했다. 중세나 근대 초기에는 과학이나 자연 연구에 관한 온갖 기록이 남아 있어 큰 도움이 된다. 근대 초기 유럽에서는 이미지 자료를 뒤져보거나 부유한 여성들의 개인 도서관 책 목록을 살펴보면서 과학과 관련된 삶을 산 여성들에 대한 자료를 찾아내기도 했다. 저명한 과학자들과 서신을 나눈 여성도 있었고, 남성이 쓴 과학 저술에 여성의 이름이 함께 실리기도 했다.[6] 이런 기록들은 스스로 과학 저작을 남기진 못했지만 이 분야에 깊이 관여한 여성들에

엔헤두안나의 원판은 기원전 2350년에서 2300년 사이에 만들어진 석회암 방해석 원통이다. 앞면에는 엔헤두안나와 그의 수행원들이 양각으로 새겨져 있고 뒷면에는 엔헤두안나의 비문이 새겨져 있다.

대한 중요한 정보의 원천이 되었다.

과학 관련 분야에서 활동한 여성에 관한 연구는 다른 지역보다 유럽에서 많이 이뤄졌다. 과학사에서 유럽 여성들의 역할을 복원하는 데에 쓰인 방법을 다른 지역이나 다른 시대의 연구에 적용할 수 있겠지만, 그 못잖게 과학 문화의 다양성을 고려하는 것이 중요하다. 예를 들어, 유럽에서는 대학을 중심으로 학문이 펼쳐진 것과 달리, 근대 초기 이슬람 세계에서는 주로 제국의 궁정에서 과학연구 활동이 이뤄졌다. 또 이슬람 세계에는 인쇄술이 유럽만큼 보편적이지 않았기 때문에 유럽 과학계에 비해 출판물의 유통이 현저히 적었다.[7]

기록을 읽고 틈을 메꾸다

우리가 현대의 눈으로 역사를 바라본다는 점도 여성들의 기여를 간과한 원인의 하나다. 오늘날의 과학과 유사한 영역에서 활동한 과거의 여성 과학자를 찾는 일은 쉽지 않다. 불과 수십 년 전까지도 역사가들은 마녀나 산파가 한 일이 과학과 관련이 있을 거라고 생각하지 않았다. 과학에서 여성들이 한 역할을 알려면, 과학 활동의 범위를 과학의 곁다리 정도로만 여겨온 것까지 넓혀 여성의 존재를 찾는 것이 중요하다. 근대 초기에는 점성술과 연금술이 오늘날 천문학이나 물리학과 비슷한 역할을 수행했지만, 이런 영역이 과학의 변두리로나마 취급받은 것은 먼 훗날의 일이었다.

역사의 모든 시기에 걸쳐 여성들은 의료 행위에도 참여했다. 이슬람 세계에서 남성 의사들은 여성을 자신들과 똑같이 의료 훈련을 받은 이들로 여겨왔으나, 여성들이 쓴 의학 저술은 이슬람권에도 존재하지 않는다.

1362년에 제작된 인도-페르시아 천구. 지구 표면에서 본 별자리와 황도를 보여준다.

여성들은 자기 가족을 돌봤고, 때론 산파가 되기도 했다.[8]

이제 역사가들은 이런 여성들이 남성 과학자들이나 자연 철학자들과 마찬가지로 자연에 대한 체계적인 지식을 추구했음을 안다. 성별 특성이나 여성들 특유의 관행과는 별 상관이 없는 다른 요인들 때문에 지식을 창출하는 과학자의 영역에서 이 여성들이 배제됐다는 사실도 안다. 무엇을 과학으로 볼 것인가에 대해 협소한 이해를 벗어나면, 과학을 추구하는 신성한 전당에 들어가게 해달라고 아우성치며 성실히 노력해온 여성들을 도처에서 찾아낼 수 있다.

여성을 찾아볼 수 없는 영역이 있다는 사실을 인정하는 것만으로는 충분치 않다. 왜 어떤 영역에서는 여성을 찾아볼 수 없는지, 그 자리에 있는 것조차 허용되지 않았는지를 물어야 한다. 이렇게 질문의 틀을 바꾸면 그저 기록이 누락됐다는 사실을 넘어 역사 기록의 빈틈에서 여성들이 활동했다는 증거를 찾을 수 있다. 18세기 말과 19세기 초반을 지나며 과학은 존경받는 남성만의 직업이 됐고, 다분히 의도적으로 여성은 그 가장자리로 밀려났다. 식물학 같은 특정 영역은 여성에게 '적합한' 것으로 여겨졌지만, 남성들이 지배하는 수학이나 화학 등에서는 여성의 역할이 작거나 차단됐다. 여성들은 자연 연구에 관한 관심을 충족하기 위해 과학 글쓰기와 대중화에 눈을 돌렸고, 반면 제도의 보호를 받는 남성 과학자들은 여성들의 공로를 인정하지는 않으면서 여성들의 과학연구를 이용하곤 했다. 과학의 역사에서 여성들이 한 일이 누락된 것은 증거가 부족하기 때문만은 아니다. 잊는 것과 마찬가지로, 기억하는 것 또한 행위를 통해 이뤄진다. 증거가 폭넓게 존재할 때조차 자연의 연구에 여성들의 기여를 간과한 것은 태만함 때문이기도 하다.

1부

고대에서 중세까지

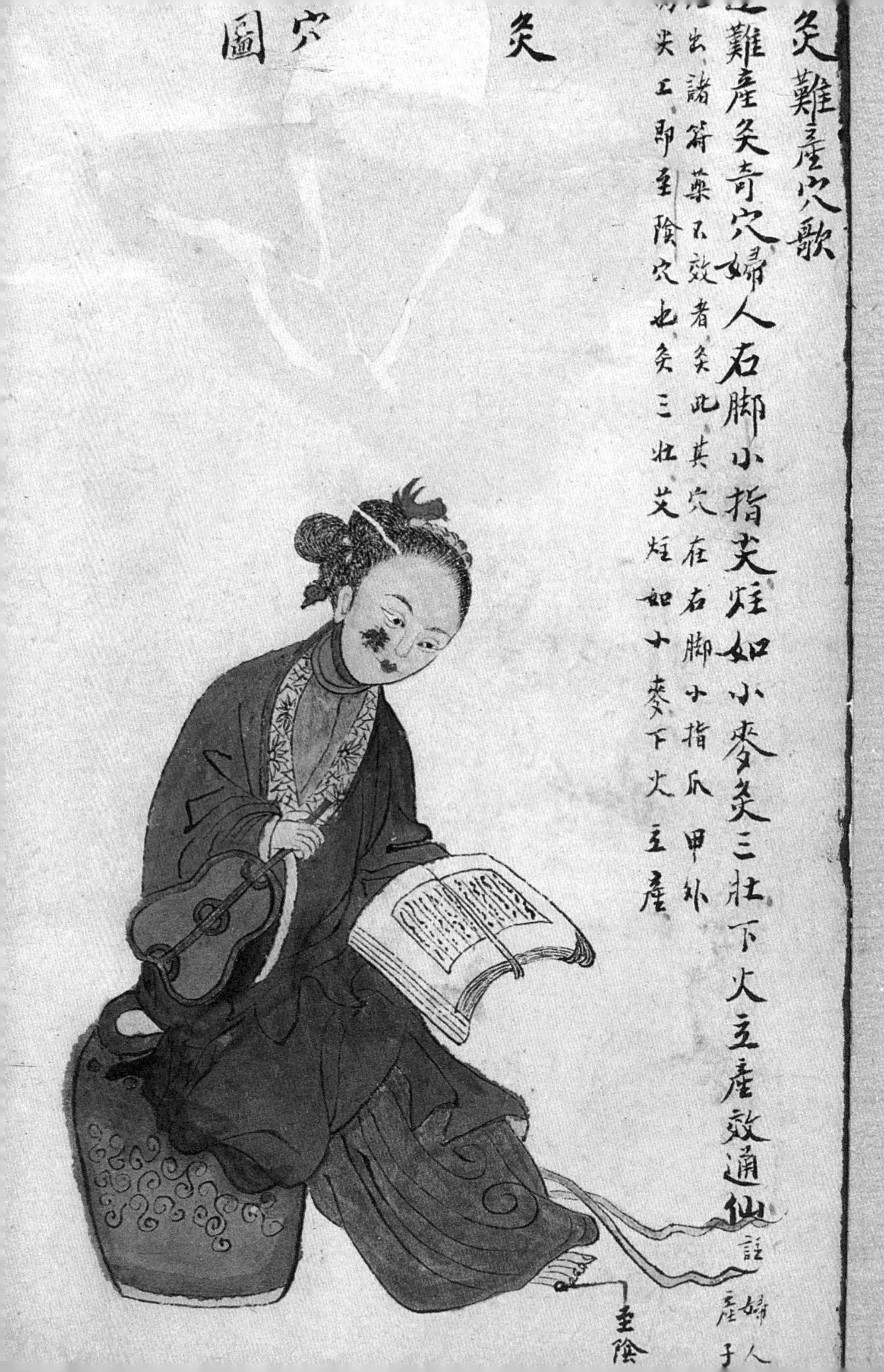

灸難產穴歌
難產灸奇穴婦人右脚小指尖炷如小麥灸三壯下火立產效通仙
出諸符藥不效者灸此其穴在右脚小指爪甲外
尖上即至陰穴也灸三壯艾炷如小麥下火立產
灸穴圖
註
至陰
婦人產子

1장

의사, 산파 그리고 "할머니들"

신체와 관행

여성이 교육과 의료에 접근하는 데에는 신체에서부터 건강의 개념, 여성의 사회적 역할 등 여러 요소가 영향을 미친다. 문화권마다 이를 보는 시각은 다르다. 우리는 인체 조직과 신체 부위의 해부학적 기능과 역할을 이미 오래전부터 알았다고 생각하지만, 의학의 역사는 신체 자체와 해석을 끊임없이 재검토해 온 과정이었다. 예를 들어 그리스 의학에서 자궁은 '불완전한' 여성의 몸과 남성의 신체를 구분하는 결정적인 기관이었다. 자궁의 존재와 기능은 여성의 본성을 나타내는 표식이었다. 그러나 고대 중국

← 침뜸자리로 출산 관련 혈 자리를 표시한다.
1869년 완성한 장유항의 『전오령제록』으로 두 권으로 되어 있다.

에서는 신체의 각 부분과 힘은 남성적 에너지와 여성적 에너지의 균형으로 구성된다고 봤기에, 자궁이 성별과 성 역할을 규정하는 사회적 역할을 하지 않았다.

공식적인 의미 즉 의료로 돈과 지위를 얻는다는 측면에서 여성 의료인에 대한 초창기 기록은 고대 이집트에서 찾아볼 수 있다. 여성 의사가 있었다는 증거까지는 아니더라도, 독특한 정치적 맥락 속에서 남성과 분리된 여성 의료인 집단이 있었음을 보여주는 기록이 있다. 페세셰트Peseshet는 고왕국(기원전 2465~2150년) 5~6왕조 때에 살았던 여성인데, 기자에 있는 아케트-호텝*의 무덤에서 그의 비석이 발견됐다. 학자들은 비석에 새겨진 칭호가 '최고 여성 의사' 또는 '여성 의료 최고책임자'로 해석되는 점으로 미뤄 페세셰트가 여성 의사 집단을 감독했다고 보았다.[1] 이 칭호는 고왕국에서 여성이 공적 활동에 참여했다는 걸 보여주며 동시에 남성이 아닌 다른 여성들의 감독자를 뜻하는 듯하다.

에베르스 파피루스**와 에드윈 스미스 파피루스***를 포함해 19세기와 20세기 초에 이집트 학자들이 찾아낸 의학 기록에서는 여성들이 활동했다는 증거를 더 많이 찾아볼 수 있다. 고대 이집트의 의사는 여성의 맥박을 재거나, 유방을 진찰하거나, 소변을 채취해 보리와 에머밀**** 씨

* Akhet-hotep, 이집트 고왕국 5왕조 시기 고위 공직자 프타호텝의 아들.

** Ebers Papyrus, 기원전 1550년 무렵의 것으로 추정되는 고대 이집트의 파피루스로, 약초와 의술에 대한 지식이 담겨 있다. 독일의 이집트학자 게오르그 에베르스(Georg Ebers)가 1873년 무렵 이집트의 룩소르에서 사들였고 지금은 독일 라이프치히 대학교 도서관에 소장돼 있다.

*** Edwin Smith Surgical Papyrus, 외상 치료법 등 외과 분야의 의술을 담은 기원전 1650~1550년 이집트의 파피루스로, '세계 최초의 외과의학서'라 불린다. 미국 골동품 수집상 에드윈 스미스가 1862년 사들였으며 지금은 뉴욕의학아카데미가 소장하고 있다.

**** 고대 그리스와 로마에서 재배한 밀의 품종.

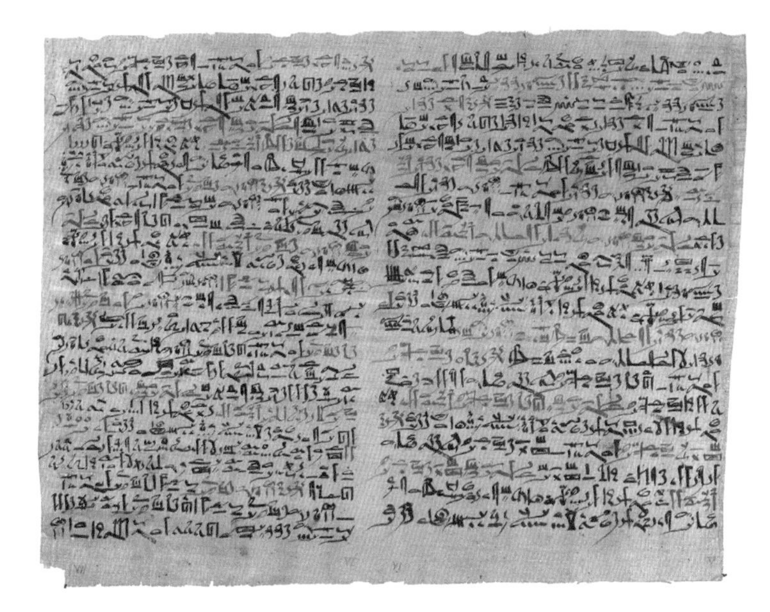

에드윈 스미스 파피루스, 기원전 1600년경의 외과 논문이다.

앗에 뿌려 싹이 트는지를 보고 임신했는지 알아봤다.[2] 임신을 막으려고 악어 똥이나 꿀을 질에 삽입하는 처방도 있었다.[3] 파피루스에는 조산 시에 어떤 처방을 하는지, 난산을 어떻게 완화시키는지도 적혀 있다.[4] 여러 파피루스에 상세히 적힌 이런 의료 절차 중 일부는 여성들이 수행했을 것으로 보인다.

여성과 생식 의학

환자 또는 의사로서 여성과 의학이 상호작용한다고 볼 수 있는 확실한 증거는 임신, 출산과 여성 생식기관에 관련되어 있다. 고대 그리스와 로마에 그 확실한 예가 있다. 그리스의 의학 저술 중에 가장 유명한 것은 『히포크라테스 선집Hippocratic Corpus』이다. 생리학, 병인학, 수술과 기타 의학을 주제로 한 글을 모아 놓은 것으로 약 60명의 저자(주로 기원전 5세기 후반과 4세기 초)가 썼다.[5] 히포크라테스를 통상 '현대 의학의 아버지'라 부르지만 『히포크라테스 선집』은 인체와 질병에 대한 특정한 사상을 공유하는 일군의 저자들이 함께 썼다.

『히포크라테스 선집』은 마술이나 신을 끌어오지 않고 합리적으로 질병의 원인과 치료법을 서술하여 역사가들의 흥미를 끌었다. 이 책이 쓰인 이후에도 고대 그리스와 로마에서는 '민간요법'이 계속됐지만, 이 책의 저자들은 그런 요법을 다르게 이해했다. 예를 들어 한때 마법에 따라 처방된 약초를 계속 처방하더라도, 그 약초가 인과관계에 따라 신체에 미치는 영향을 도표로 나타내는 등 합리적인 설명을 붙였다.[6]

역사가들은 『히포크라테스 선집』에 포함된 여성의 본성과 질병에 대한 몇몇 기술을 근거로 대大근동*에서 여성이 의사일 때와 환자일 때에 어떤 역할을 했는지 추정한다. 에페수스의 소라누스Soranus** 같은 고대인의 글을 통해, 역사가들은 그 시절의 의학이 어떤 모습을 띠었으며 어떻게 시공을 넘어 전달돼왔는지를 상세하게 그릴 수 있다. 그리스인들이 구축한 여성의 본성, 남성과 비교했을 때의 열등성 같은 생각들은 오래도록 큰 영향을 미쳤다. 여성사, 여성과학사에서 의학 지식의 역사 즉 신체 기능에

* 고대 그리스인들이 오늘날의 팔레스타인과 레바논, 시리아 등 지중해 동부 지역을 가리키는 데에 쓰던 표현.

** 그리스의 의사로 에페수스에서 태어났지만 알렉산드리아, 로마 등지에서 의사로 활동했다. 산부인과에 대한 논문이 유명하며 골절 등의 질환에 대한 기록도 남겼다.

대한 관념이 어떻게 만들어지고 퍼지는지를 연구하는 것이 중요한 이유는 바로 이 때문이다.

그리스인들은 여성이 '불완전하게 만들어진 남성'이기 때문에 남성보다 열등하게 태어났고, 여러 질환에 고통 받는다고 생각했다. 예를 들어 생리를 질병으로 보았다. 『히포크라테스 선집』의 '여성의 질병' 항목에는 "출산한 적 없는 여성이 출산 경험이 있는 여성보다 생리의 고통을 더 많이 받는다"고 적혀 있다.[7] 또 "여성의 살은 스펀지 같고, 남성보다 부드러우며", "여성은 따뜻한 피를 갖고 있고, 그래서 남성보다 체온이 높다"고 언급했다.[8] 또 고대 그리스인들은 규칙적으로 성교를 하지 않거나 몸이 평소보다 더 비워진 상태가 되면 몸 안에 공간이 생겨 자궁이 쉽게 이리저리 움직일 수 있다고 주장했다.[9] 불임을 진단하는 문제에서는 "그러므로 의사들은 전신과 자궁경부를 치유할 수 있도록 신경 써야 한다"면서 임신을 돕는 방법으로 증기 목욕과 변통便通 등을 제안했다.

의료 행위와 산파

『히포크라테스 선집』과 같은 의학 저술은 남성 독자를 위해 쓰였지만 고대 그리스와 로마 여성 중에는 임산부를 돌보고 출산을 돕는 지식과 치료법을 아는 산파들이 있었다. 2세기 초 에페수스의 소라누스는 『여성의 질병』*에서 좋은 산파의 이상적인 특성과 기술을 자세히 설명하면서 의료적 측면에서 조산사를 언급했다.[10] 그에 따르면 최고의 산파는 의학 이론

* 앞에서 언급된 『히포크라테스 선집』에 실린 글과 제목이 같지만 다른 책이다.

고대 로마의 산파가 출산을 돕는 모습을 담은 조각품. 조산사는 고대 로마에서 인정받은 여성 직업이었다.

에 정통한 사람들이었다. 기억력이 좋고 외모가 단정했으며 손과 손가락은 가늘었다. 손톱은 혹여 환자가 긁히지 않도록 잘 다듬어져 있었다.[11] 역사가 발레리 프렌치Valerie French는 "로마법의 여러 조항은 산파들이 남성 의사와 비슷한 지위와 보수를 누렸음을 보여준다"고 적었다.[12]

로마의 산파들은 생필품 꾸러미와 분만용 의자를 가지고 다녔다. 분만용 의자는 초승달 모양으로 가운데에 구멍이 뚫려 있었고, 산파는 그 구멍으로 내려오는 아기를 받았다. 산파와 그를 보조하는 사람들은 산모가 불안해하면 출산이 힘들어지기 때문에 산모를 진정시키는 역할도 했다.[13] 문제가 생기면 산파는 여러 방법을 써 출산을 앞당기거나 늦추기도 했다. 하이에나의 발, 뱀 가죽, 꽃박하 같은 허브들이 출산 과정을 돕는 데 쓰인 치료제였다.[14]

고대 중국의 여성 의료인

고대 서양의학에서는 자궁이 남성과 여성의 신체를 구별하거나 '여성의 질병'을 다루는 데에 중심 역할을 했지만, 세계의 다른 곳에서는 그렇지 않았다. 고대 중국에서 신체는 우주의 축소판이었고, 의학은 힘의 균형이라는 우주론을 바탕으로 형성됐다.[15] 마찬가지로 중국의 황실은 국가의 축소판이었기에 서양에서는 공적 영역에 속했을 의학을 비롯한 여러 문제가 가정 안에서 다뤄졌다.

역사가 샬롯 퍼스Charlotte Furth는 송나라 시대 부과婦科의 발전을 추적했다. 이 용어는 산부인과로 번역될 수 있겠지만 문자 그대로 보면 '아내들의 의학'을 뜻한다. 궁정과 황실에서 여성들이 의술을 행했으나, 다른 곳에서와 마찬가지로 그 기록은 남성들이 쓴 것이다. 이런 글을 보면 남성 의사들은 여성 의사들이 배움이 짧고 조잡하고 교활하다며 무시했음을 알 수 있다. 여성 의사들이 남긴 기록도 드물게 있기는 하지만 퍼스는 명나라 시대(1368~1644년)의 이런 기록을 바탕으로 여성 의학의 사회적, 문화적 맥락을 검토했다.[16] 고대 이집트에서와 마찬가지로 여성 의료 종사자에 대한 기록이나 그들이 직접 쓴 글은 거의 없다. 남성 의사들은 여성 의료인들을 6명의 "할머니들" 가운데 3명이라고 묘사했는데, 약을 파는 사람, 무당 치료사, 산파가 그들이다. 남성은 가족이 마주하는 여성에 대한 고정관념, 그러니까 "할머니들"에 대해 자신의 가족에게 알려주는 방식으로 글을 썼다. 명나라 황실에서는 남자 의사가 궁 안의 여성을 치료하는 것이 금지돼 있었기 때문에 궁녀들에게 이런 훈련을 시키거나 그렇지 않으면 할머니들을 불러들였다.[17]

"할머니들"이 여럿 존재했다는 사실은 여성에 대한 고정관념을 정당

오랜 시간 여러 지역에서 여성 의료인들은
전통요법으로 불리거나 '당대' 의학에 비해
시대에 뒤처졌다고 여겨진 관행을 따르며
주류에서 소외되어왔다.

화하는 것이면서 또한 그들이 치유자로서 생계를 꾸려 나갈 수 있었음을 보여준다. 남성이 그들을 인정했는지와 상관없이 당시 여성을 위해 전문화된 의학 전통이 있었다는 점도 확인할 수 있다. 남성 의료인들은 자신들이 여성을 치료하는 것이 부적절할 경우 여성이 치료를 해야 한다는 점을 알면서도, 동시에 여성의 의료행위를 규제할 방안을 찾았다.[18] 이 여성들은 이곳저곳을 다니며 출산을 돕고, 약재를 구하고, 조제하고, 남성들이 시대에 뒤처진 것으로 생각하던 침과 뜸을 놓았다.[19] 오랜 시간 여러 지역에서 여성 의료인들은 전통요법으로 불리거나 '당대' 의학에 비해 시대에 뒤처졌다고 여겨진 관행을 따르며 주류에서 소외되어왔다.

고대와 중세의 여성들은 다양한 교육과 훈련을 받으며 공식, 비공식적으로 의술을 펼쳤다. 비공식적으로는 가족과 이웃을 돌보는 게 가장 일반적이었다. 사회적 지위가 낮은 이들은 돈이 많이 드는 전문적인 의료는 받지 못해도 가족이나 지위가 낮은 의사들에게 치료를 받을 수 있었는데 그 가운데에는 여성 의료인도 있었다. 특히 여성 의료인은 다른 여성들의 출산

과 관련된 일을 도울 때가 많았다. 몇 안 되는 자료들을 가지고 학자들이 재구성한 것을 보면 고대에도 여성들은 치료자이자 간병인으로 일했고, 자신이 가진 의학 지식을 생계와 돌봄에 활용했다.

2장

초자연적이고 신성한 것

테살리아 마법의 뿌리

그리스 북동부 해안에 위치한 테살리아는 북쪽과 남쪽, 서쪽이 모두 산으로 둘러싸여 있다. 이 지역은 고대 그리스인과 로마인의 상상력에 특별한 영향을 미쳤다. 그들이 남긴 문헌에는 테살리아를 마법과 마술의 땅이라고 언급한다. 테살리아와 마법의 관계는 마녀 메데이아에서 비롯됐다. 메데이아는 용이 끄는 마차를 타고 테살리아 상공을 날다가 약초 상자 하나를 던졌는데, 그 약초가 뿌리를 내리고 자라났다고 한다.[1] 메데이아는 캄캄한 어둠 속에서 마법을 부리기 위해 밤하늘에서 달을 없애 버리는 능력이 있다고 전해졌다. 테살리아에 뿌리를 내린 마법의 묘목은 그곳 여성들

← 힐데가르트는 1175년 쓴 그의 책『길을 알라』에서 우주를 불타는 알로 보았다.

에게도 그 능력을 줬으며, 테살리아 처녀들은 달에게 명령을 내리고 하늘에서 달을 끌어내릴 힘을 가졌다는 이야기가 많이 생겨났다. 이런 이야기들은 여성이 하늘과 땅의 자연과 뿌리에 연결돼 있다는 오랜 믿음을 심어줬다. 그러나 자연, 특히 천문 현상에 대한 지식이 적었던 고대와 중세에는 그런 알 수 없는 것에 대한 지식을 가진 여성들은 억측과 두려움의 대상이 되기도 했다.

메데이아의 약초 상자와 테살리아의 마법의 뿌리에 관한 이야기는 기원전 423년경에 쓰여진 아리스토파네스Aristophanes의 희극 『구름Nephelai』에서 찾을 수 있다. 이 작품에서 스트렙시아데스와 소크라테스는 빚을 갚는 것에 대한 대화를 나누면서, 빚을 갚아야 할 달에 "테살리아인 마녀를 사서 하늘에서 달을 끌어내리면" 돈을 갚을 필요가 없지 않으냐고 농담을 던진다. 이름 모를 주석가는 거기에 '테살리아 여성들은 메데이아의 마법 약초에서 힘을 얻었다'는 설명을 덧붙였다.

달을 훔친 마녀들은 누구일까? 기원전 3세기 로도스의 아폴로니우스Apollonius가 남긴 유명한 서사시 『아르고나우티카Argonautica』에 어느 학자는 이런 주석을 달았다.

> "고대 사람들은 마녀가 달과 태양을 끌어내린다고 생각했다. 그래서 데모크리토스* 시대까지 많은 사람들은 일식이나 월식을 '카테레시스'**라고 불렀다. 소시파네스Sosiphanes는 〈멜레아그로스Meleagros〉에서 이렇게 말한다. 마법의 노래를 부르는 테살리아의 모든 처녀는 하늘에서 달을 거짓으

* Democritus, 모든 물질은 원자로 이뤄져 있다고 주장한 기원전 5~4세기 그리스의 과학자.
** kathaireses, 파괴와 몰락이라는 뜻의 그리스어.

마녀 메데이아는 아르고호의 대장 이아손과 사이에서 태어난 아이들에게 작별을 고한다.
석판화는 1880년경 에우리피데스의 희곡 메데이아의 한 장면이다.

로 끌어내리는 것이다."

다시 말해 대부분은 테살리아의 마녀들이 월식을 일으키는 힘을 가졌다고 여겼고, 시인 소시파네스는 그 여성들이 사기꾼이라고 생각했다는 거다.[2] 기원전 2세기의 그리스 작가 아스클레피아데스Asclepiades는 테살리아 여성들이 달의 움직임을 연구하고 배워 언제 달을 끌어내릴지 발표할 것이라고 썼다. 플라톤조차도 소크라테스와의 대화 형식을 빌린 책 『고르기아스Gorgias』에서 "테살리아의 마녀들은 지옥에 떨어지는 형벌을 받을 것을 무릅쓰고 하늘에서 달을 끌어내린다"고 했다.[3] 마녀들이 달을 끌어내려 밤하늘에서 빛을 없애는 것을 '테살리아의 속임수'라 불렀다.

몇 세기 동안 속설이 반복됐고 이를 믿는 사람도 많았지만, 테살리아 여성들이 어떤 의식을 행했는지는 베일에 싸여 있다. 어떤 이들은 그들이 월식을 관찰하고 예측한 초기의 천문가들이었다고 보았다. 대부분은 월식 기간이면 그들이 마법을 부린다고 믿었다. 하지만 월식은 보통 한 곳에서 3년에 한 번 정도나 볼 수 있는 현상이어서, 이것만으로는 설명이 되지 않는다. '달을 끌어내리는 것'이 정말로 월식과 관련이 있는지도 의문이다. 마녀들이 달이 사라졌다는 걸 보여주려고 촛불과 거울, 도르래로 장치를 만들어 정교한 연극을 꾸몄다고 주장한 사람들도 있었다.[4] 그들이 천문학자이든 마녀이든 사기꾼이든 명성이 자자했기에 사람들은 월식이 일어나면 그들의 마법 때문이라 여겼다.

마녀, 사기꾼, 천문학자?

몇 세기에 걸친 문헌들을 뒤져도 '테살리아의 마법사'였을지 모를 사람의 이름이 발견된 것은 단 하나뿐이다. 그리스-로마 작가 플루타르코스 Ploútarchos와 아폴로니우스는 기원전 1세기 또는 2세기의 테살리아의 아글라오니케Aglaonice를 전문적인 천문학자라고 적었다. 아폴로니우스는 『아르고나우티카Argonautica』에 이렇게 적었다.

> "헤게몬hēgemōn*의 딸 아글라오니케는 천문학에 능통해 월식을 알고, 월식이 일어날 때마다 자신이 '여신을 끌어내리고 있다'고 말하곤 했다."[5]

〈신랑과 신부를 위한 조언〉에서 플루타르코스는 여자들이 아글라

* 고대 그리스의 지역 통치자.

오니케에게 속지 않으려면, 또 "그녀가 어떻게 월식의 때를 미리 알아 자신이 달을 끌어내리고 있는 것처럼 속이는지"[6] 알려면 기하학과 천문학을 배워야 한다고 썼다. 플루타르코스는 서기 100년에 쓴 글에서 아글라오니케를 두 번 더 언급하면서 그녀가 실제 마녀가 아니라 사람들이 무지한 틈을 타 자연현상에 대한 지식을 활용한 숙련된 천문학자라고 했다.

아글라오니케는 어떤 글도 남기지 않았다. "자신의 매력으로" 달을 끌어내린다는 또 다른 테살리아 마녀 미칼레Mycale와 마찬가지로 아글라오니케 역시 신화적인 존재에 불과하다고 보는 이들도 있다.[7] 아글라오니케가 실존했는지, 언제 살았는지는 알 수 없다. 플루타르코스는 서기 46년경에서 120년경까지 살았을 것인데, 당시 그리스인에게는 일식과 월식을 예측하는 지식이 많지 않았다. 서기 150년경 프톨레마이오스Ptolemaeus의 천문학 저술 『알마게스트Almagest』가 나올 때까지 상황은 마찬가지였다. 아글라오니케가 정말로 달 관측의 전문가였다면 메소포타미아 바빌론의 천문학 지식을 습득했을 것이다. 고대 바빌로니아인들은 숱한 유물과 세계에서 가장 오래된 천문 기록을 남겼다. 그들의 천문일지에는 기원전 750년경 이후의 월식과 일식에 대한 방대한 자료와 데이터로 쓸 수 있는 관측 기록들이 들어 있다.[8] 바빌론 천문학은 기원전 4세기에야 그리스에 전해졌고, 기원전 2세기 이후에 살았던 아글라오니케가 그 영향을 받았을 것이라고 주장하는 학자들도 있다.[9] 그러나 그가 어떻게 바빌론 천문학을 배웠는지는 알 수 없다.

아폴로니우스와 플루타르코스의 말이 맞다면 아글라오니케는 재능 있는 숙련된 천문학자였음이 틀림없다. 실존 인물이었느냐와 상관없이 아글라오니케가 테살리아 마녀들의 달과 관련한 의식에 천문학적 의미를 부여했다는 점이 중요하다. 테살리아 마법의 계보에 그가 나타난 것은 마녀들이 행한 초자연적인 활동을 되짚어보는 계기가 됐다. 그럼에도 불구하고 아글라오니케의 힘과 전설적인 지위는 자연현상에 대한 지식이 아닌 마법과의 연관성에서 비롯되었으며, 테살리아는 현대인의 상상 속에서도 마법의 세계에 자리 잡고 있다.

우주의 신비로운 환시

테살리아의 마녀들이 때때로 '악마의 여인들'이라 불리긴 했지만, 그들이 살던 시기는 마녀가 화형을 당하던 중세 후기보다 수백 년 전이다. 만약 그들이 기독교가 마법과 사탄을 결정하던 중세 후기에 살았더라면 사악한 흑마술에 연루돼 위험을 맞았을 것이다. 그런 주술적인 이유가 아니더라도, 사회와 문화의 전통에 어긋나는 지식과 권력을 가진 여성들은 오랜 역사에 걸쳐 소문과 의심의 대상이 되었다. 심지어 신성한 환시와 기독교 성서 해설로 우주론적 체계를 구상한 독실한 수녀 겸 신비주의자 빙엔의 힐데가르트Hildegard도 마찬가지였다.

1098년 지금의 독일 라인란트 계곡에서 태어난 힐데가르트(40쪽 참조)는 세 살 때 신성한 환시를 보기 시작했다. "타지 않는 불꽃처럼 나의 머리와 심장, 가슴을 관통하는 강렬한 빛을 보는 동안"[10], 힐데가르트는 신성한 지혜를 얻어 성경을 해석할 수 있었다. 어른이 될 때까지 그는 "사람들이 두려워 감히 아무에게도 말하지 못한 채" 혼자 환시를 간직했다.[11]

『길을 알라』 2권 〈The Redeemer〉는 하늘, 땅, 인간의 창조에 대한 힐데가르트의 비전을 표현했다.

기독교 신비주의자들은 묵상과 통찰을 통해 신과 하나가 되어 접근 불가능한 지식을 얻으며 때로는 환시의 형태로 신과 소통한다고 믿었다. 히포의 성 아우구스티누스와 성 베드로 다미안 같은 유명한 남성 신비주의자들이 있었지만, 힐데가르트 이전에는 여성에게는 그런 신비주의 전통이 존재하지 않았던 듯하다. 힐데가르트는 기록에 남겨진 서양 최초의 여성 신비주의자다. 여성의 신비로운 경험은 알려진 것이 거의 없어, 힐데가르트도 자신이 본 환시를 알리길 꺼렸을 수도 있다. 고린도전서 14장 33~35절에 적힌 사도 바오로의 명령에 따라 여성은 설교하는 것이 금지됐고, 성경을 언급하면서 영향력을 발휘하는 여성은 히스테리 환자나 마녀로 폄하됐다.[12] 그럼에도 힐데가르트는 43세 때, "오, 연약한 인간이여, 잿더미 가운데 잿더미, 쓰레기 가운데 쓰레기여! 보고 들은 것을 말하고 쓰라"라는 천상의 목소리를 들은 뒤부터 자신이 본 환시를 기록하기 시작했다.[13]

힐데가르트는 『길을 알라Scivias』에 3부에 걸쳐 26가지 환시를 설명했다. 여기서 그가 세운 우주론의 체계는 당시 남성 우주론자들이 발전시킨 것과 여러 면에서 비슷하지만 어떤 면에서는 차이가 있다. 일례로 힐데가르트가 본 하나의 환시는 프톨레마이오스의 우주론처럼 지구를 중심에 두지만, 우주가 불타는 알의 형상을 하고 있다는 점이 다르다. 힐데가르트는 인간이 타락한 뒤 지구의 네 가지 요소들이 뒤섞여 혼돈을 만들었지만, 신의 심판 이후 질서와 조화를 회복하리라 생각했다. 우주가 담긴 알에는 여러 별자리와 달, 수성과 금성이 포함돼 있다. 불타는 껍질 쪽에는 화성, 목성, 토성이 움직이지 않는 태양을 둘러싸고 있다. 어떤 이들은 힐데가르트의 알 모양 우주론이 모성과 양육의 이미지를 담은 여성적인 우주라고 해석한다. 알은 자신의 아이인 지구를 둘러싼 자궁이며, 물질과 영혼이 결합하는 우주적 잉태를 통해 신성한 물질로 이뤄진 우주가 탄생했다. 환시를 봄으로써 힐데가르트는 당시 여성에게는 허락되지 않았던 힘과 권위를 얻고 신에게 직접 선택받은 신비주의자로서 교회와 사회에서 지위가 올라갔다.[14]

여성의 타고난 지식에서 권력을 찾다

1147년 교황 에우제니오 3세Eugenius PP. III는 『길을 알라』의 1부를 인정하면서, 힐데가르트가 대중 앞에서 설교하는 것을 허락했다. 이로써 힐데가르트는 신학의 권위자로 교황의 승인을 받은 최초의 여성이 됐다.[15]

그 덕에 힐데가르트는 교회 문제와 우주에 대한 과학적 논의에서 권위와 문화적 자산을 얻었지만, 동시에 여성으로서 목소리를 내는 것이 얼마나 좁은 길을 걷는 일인지 잘 알았다. 일부는 힐데가르트의 권위에 반대하면서 왜 신성한 지혜가 남성이 아닌 여성에게 주어졌는지 의문을 제기했다.[16] 힐데가르트의 권위는 오직 신의 선택을 받았다는 사실, 신성함 그 자체에 있었으며 '여성의 신성함'은 자신을 낮추는 데에 있었다.[17] 그는 글에서 겸양을 보이고 자신을 비방하는 이들을 무마하려고 스스로를 "가엾은 작은 여인"이라 낮춰 부르곤 했다. 신성함과 권위가 의심받을 때마다 힐데가르트는 자신이 아닌 신이 말했음을 보여줘야 했다.[18]

힐데가르트와 아글라오니케는 비슷한 데가 별로 없다. 한 명은 중세에 신의 선택을 받은 신비주의자였고 다른 한 명은 고대의 흑마술과 관련된 마녀였다. 두 사람의 공통점이 있다면 초자연과 연결되었다는 것이며, 그로 인해 존재를 인정받았다는 점이다. 자연현상에 대한 여성의 지식은 신성하든 악하든 그 자체로는 가치를 인정받지 못했으며, 초자연적인 것을 보고 들을 때에만 받아들여졌다. 진짜였건 아니건 간에 마법은 여성들이 과학과 관련하여 힘과 권위를 얻을 수 있는 실질적인 길을 열어줬다.

S·
HER
LIN
DIS

빙엔의 힐데가르트

1098년~1179년 9월 17일 추정

수녀이자 수학자였고 신비주의자였던 힐데가르트는 1098년 지금의 독일 라인란트 계곡 알자이 부근 베르메르스하임에서 태어났다. 병약했던 그는 세 살 때부터 신성한 환시를 보기 시작했다. 사람들은 이상한 아이라고 생각했다. 부모는 아이가 여덟 살 되던 해, 아이를 교회에 맡겼다. 힐데가르트는 라인강 근처 디시보덴베르크의 베네딕토 수도원에서, 여성 유타의 보살핌을 받았다. 1136년 힐데가르트는 디시보덴베르크의 여성 감독관으로 선출됐다.

힐데가르트는 신에게 받은 신비로운 환시를 기록한 『길을 알라』로 교황의 지지와 명예를 얻었다. 그녀의 명성을 듣고 입회하려는 이들이 너무 많이 몰려들어, 힐데가르트는 동료 수녀들과 함께 30여 킬로미터 떨어진 루페르츠베르크의 새 수도원으로 옮겨갔다. 이곳에도 사람들이 몰려들자 힐데가르트는 에빙겐에 두 번째 수도원을 열자고 제안했다. 교회 지도부가 이를 거부하자 공교롭게도 힐데가르트가 병에 걸렸는데, 그는 신의 뜻을 어겼기 때문이라고 믿었다. 교회가 새 수도원을 승인하자 힐데가르트는 병상에서 일어났으며, 1165년 지금의 성 힐데가르트 베네딕토 수도원이 문을 열었다.

힐데가르트는 우주론 외에도 의학과 자연사에 관한 논문을 한 편씩 남겼다. 또 성인의 삶을 다룬 글과 서정시와 작곡을 한데 엮은 『심포니아Symphonia Armonie celestium relevelationum』도 남겼다. 그는 1179년 9월 17일 루페르츠베르크에서 숨을 거뒀다. 2012년 교황 베네딕토16세는 힐데가르트를 '박사'로 추대하면서 성인으로 시성諡聖하는 것과 동등한 것이라고 선언했다. 지금까지 가톨릭교회에서 박사로 추대된 여성은 4명뿐이다.

2부

르네상스와 계몽주의 시대

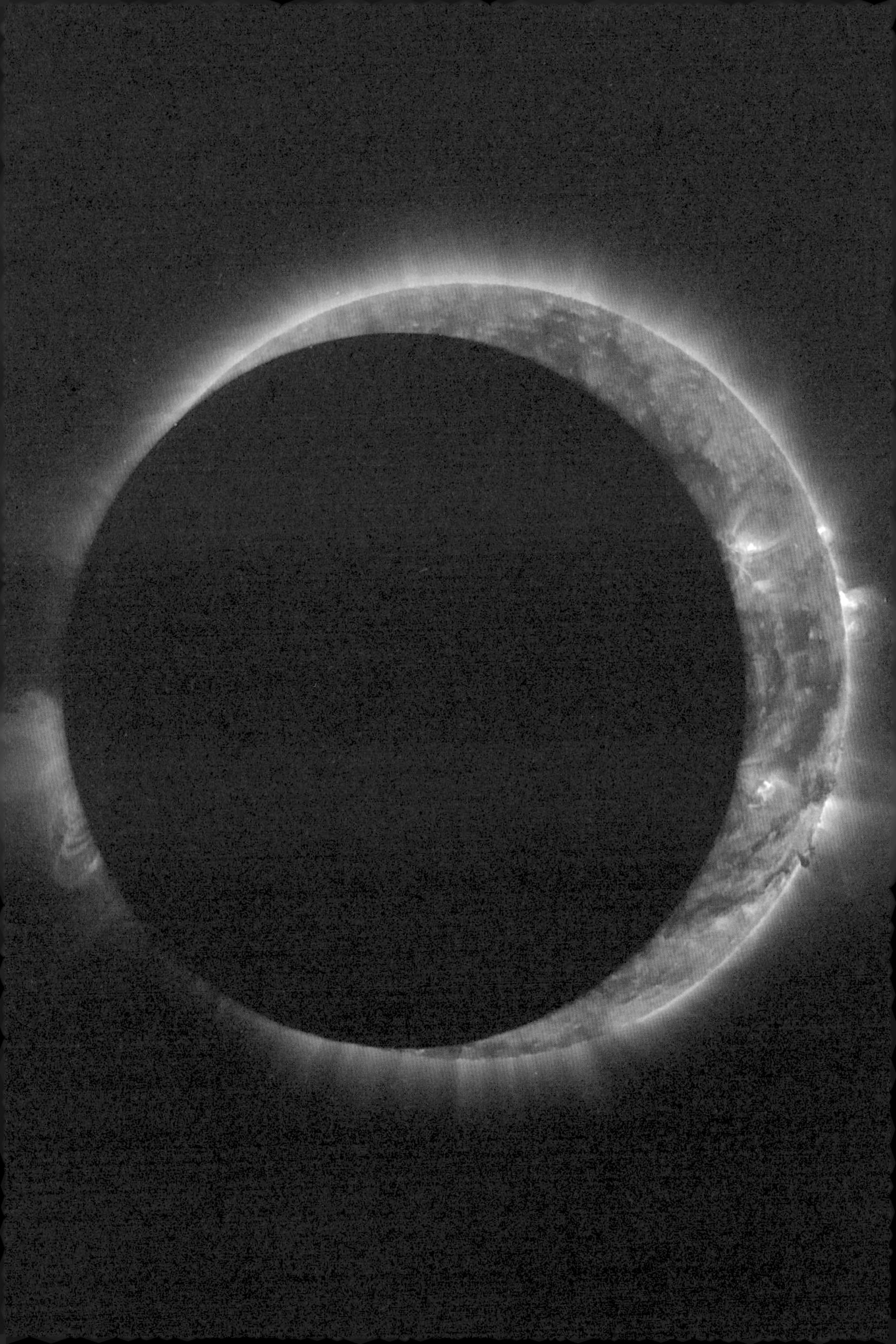

3장

여성들, 과학으로 가는 길을 열다

길을 만들다

1650년, 마리아 쿠니츠Maria Cunitz(56쪽 참조)는 케플러 천문학에 대한 수준 높은 수학적 연구와 천문 계산을 담은 책 『우라니아 프로피티아Urania Propitia』를 펴냈다. 여성이 쓴 책 중 지금도 남아 있는 초창기 저작 중 하나다.[1] 17세기에 여성이 과학과 수학에서 두드러지게 기여한 경우를 찾아보기는 쉽지 않다. 여성이 실력이 없어서가 아니다. 오히려 여성은 그런 분야에서 성공할 능력이 없다는, 혹은 능력이 있어도 참여하도록 허용해서는 안 된다는 통념 탓이었다. 쿠니츠의 『우라니아 프로피티아』는 여성도 저명한 남성과 마찬가지로 천문학자와 수학자가 될 능력이 있음을 입증했다.

← 2015년 3월 20일 금요일, 미니 위성 프로바-2에서 개기일식이 관측되었다.

쿠니츠는 중부 유럽의 실레지아*에서 태어났다. 요하네스 케플러Johannes Kepler가 태양을 중심으로 한 태양계 모델을 담은 책 『신천문학Astronomia Nova』을 발표하고 얼마 지나지 않았을 때였다. 케플러 천문학은 17세기 유럽의 여러 태양계 모델 이론 중의 하나였다. 천문학계가 행성의 운동에 관한 케플러의 3대 법칙을 완전히 수용하기 전에, 심지어 갈릴레오조차 타원 궤도에 대한 케플러의 첫 번째 법칙을 인정하지 않던 때에[2] 쿠니츠는 케플러의 행성 모델을 받아들였다.

쿠니츠는 케플러 천문학을 신봉하면서도, 1627년 케플러가 항성, 행성의 궤도와 방향을 계산한 책 『루돌프 표Rudolphine Tables』에서 오류를 찾아내 수정했다. 그 결과물인 『우라니아 프로피티아』에서 그녀는 케플러의 실수를 여럿 정정하고 로그를 제거해 계산을 단순화했다. 물론 쿠니츠의 작업에도 이런 종류의 계산표에 흔히 나타나는 오류가 있기는 하지만, 케플러의 것보다는 정확했다. 그 시대에 대개들 그랬듯이 쿠니츠의 책도 라틴어로 출간됐으나 독일어 판본도 펴냈다. 라틴어를 모르는 이들, 엘리트 계층 이외의 '보통' 사람도 읽을 수 있었다는 얘기다. 이런 출판물 덕에 독일어가 과학 연구의 공식 언어로 부상할 수 있었다.

역사학자 노엘 스워들로Noel Swerdlow는 『우라니아 프로피티아』가 "그 시대 최고 수준의 과학이었던 케플러 수리천문학의 『루돌프 표』 수학 계산에서 제기된 난제에 해법을 제시해주는, 그 시대의 가장 높은 기술 수준을 보여주는 저작"[3]이라고 평했다. 이 저술 하나만 가지고도 프랑스 천문학자 장-밥티스테 들랑브르Jean-Baptiste Delambre는 쿠니츠를 "제2의 히파티

* Silesia, 오늘날의 폴란드 서남부와 체코 동북부에 걸친 지역.

아"라고 불렀다. 쿠니츠는 '실레지아의 아테나*'라 불릴 정도로 신화적인 명성을 얻었다.

가족의 일, 과학이 되다

18세기가 되자 천문학과 수학에서 쿠니츠의 후예가 잇달아 나왔다. 여성이 대학에 들어가거나 과학 조직의 회원이 되는 길은 여전히 막혀 있었으나 사회적, 경제적 지위가 높은 여성에게는 적어도 중세 시대보다는 과학 활동에 참여할 기회가 늘어났다. 18세기의 계몽주의 문화도 과학과 수학을 포함한 여러 영역에서 교육의 확대를 부추겼다.[4] 그중에서도 수학은 장비로 가득한 실험실이나 책들이 들어찬 도서관 없이도 연구할 수 있다는 점에서 여성에게 적합한 일로 인식됐다. 엄청난 돈이 들어가거나 남성만 접근할 수 있는 영역이 아니었다는 얘기다.[5] 과학자가 되기 위한 훈련을 받을 권리를 인정받지는 못했지만, 남자 가족이나 배우자가 사업하는 걸 돕거나 사교적인 대화를 나누기 위해 과학과 수학의 기초 지식을 익히는 것이 여성의 소양으로 여겨졌다. 과학이나 천문학 분야에서 일하는 남편을 둔 여성에게는 특히 수학이 도움이 됐다.

프랑스의 니콜-르네 르포트Nicole-Reine Lepaute(1723~1788)는 왕실 시계 제작

* 그리스 신화에 나오는 지혜의 여신.

니콜-르네 르포트

Nicole-Reine Lepaute

프랑스의 수학자이자 천문학자이며
1757년에서 1758년 사이에 핼리 혜성의
귀환 일과 경로를 계산했다.

마리아 아녜시

Maria Agnesi

이탈리아의 수학자이자 철학자로
이탈리아어로 쓰여진 최초의 청소년을 위한
미적분 교과서인 『이탈리아 청년들을 위한
분석 도구』를 펴냈다.

자 장-앙드레 르포트Jean-André Lepaute의 아내였는데, 남편의 일을 돕다 과학의 세계로 들어섰다. 부부의 협업이 담긴 첫 성과물은 1755년 남편이 쓴 『시계 산업에 관한 논문Traite d'Horlogerie』이었다. 진자의 진동과 길이에 따라 진동 횟수를 계산한 그녀의 능력이 장-앙드레의 또 다른 협력자였던 천문학자 제롬 랄랑드Jérôme Lalande의 눈에 띄었다. 르포트의 능력에 깊은 인상을 받은 랄랑드는 천문학계가 골머리를 앓던 핼리 혜성의 주기 예측에 그녀를 투입했다.

혜성이 언제 다시 지구를 찾아올지를 예측하는 것은 이 혜성의 존재를 규명한 에드먼드 핼리Edmond Halley는 물론이고 아이작 뉴턴Isaac Newton조차 풀기 어려운 난제였다. 핼리가 처음 이 문제에 부딪혔을 때, 그는 혜성의 경로를 표현하기 위해 미적분학이라는 새로운 수학적 방법론과 뉴턴의 중력 이론에 의존했다. 뉴턴과 핼리 모두 혜성이 태양 주위를 포물선 운동으로 움직인다고 가정했다. 그러나 그 방향과 모양을 아는 것은 해법의 일부일 뿐이었다. 혜성이 얼마나 빨리 이동하는지, 목성과 토성의 중력에 얼마나 영향을 받는지도 알아야 했다. 혜성과 두 행성은 서로 영향을 미치기 때문에 하나의 문제에 3개의 천체가 함께 엮여 있었다.[6] 핼리와 뉴턴은 두 개의 천체가 일으키는 상호작용 문제는 풀 수 있었지만 세 개가 엮인 방정식에서는 해법을 찾지 못했다.[7] 이 삼체문제三體問題를 풀고 혜성의 귀환 주기를 성공적으로 예측하는 것은 뉴턴의 중력이론을 입증할 비공식적인 시험대로 여겨졌다. 예측이 사실로 입증된다면 뉴턴이 옳은 것일 터였다. 그렇지 않다면 과학자들은 중력이 아닌 다른 법칙이 우주를 지배하고 있음을 인정해야 할 것이었다.[8]

1757년, 랄랑드와 르포트와 또 다른 협력자 알렉시-클로드 클레로Alexis-Claude Clairaut는 그 시대의 가장 저명한 과학자들조차 실패했던 과업에

도전했다. 그해 6월부터 9월까지 세 사람은 파리의 뤽상부르 궁전에서 아침부터 밤까지 행성의 움직임과 궤도의 각도를 하나하나 계산하는 작업에 몰두했다. 클레로는 혜성 자체의 경로를 계산했고, 랄랑드와 르포트는 토성과 목성을 포함시킨 삼체문제에 집중했다.[9] 마침내 목성과 토성이 혜성에 미치는 중력을 계산해낸 사람은 르포트였다.[10] 그들은 1758년 3월 15일에서 5월 15일 사이에 혜성이 태양에 가장 가까워지는 근일점을 지날 거로 예측했다. 혜성이 그보다 1년 앞서 근일점을 지날 것으로 본 핼리의 예측을 수정한 것이었다.[11] 세 사람의 예측은 겨우 이틀의 오차만 보였다. 혜성이 3월 13일 태양과 가장 가까운 지점을 지난 것이다.

르포트는 그 뒤에도 랄랑드와 여러 작업을 계속했을 뿐 아니라 스스로 일을 맡기도 했다. 두 사람은 1780년대 10년간의 태양과 달과 행성들의 위치를 담은 『에페메리데스Ephémérides』 총 8권 중 7권을 함께 펴냈다. 천체의 궤도와 위치를 예측해 표시한 천문지였다. 1775~1784년 9년 동안 르포트는 랄랑드가 만든 또 다른 천문지인 『천체 운동 일력표Ephémérides des mouvements célestes』 편찬도 도왔다. 1763년에는 이듬해 4월 1일 15분 동안 일식이 일어날 것으로 예측한 천문지를 스스로 발표하기도 했다. 1759~1774년에는 프랑스 정부의 공식 천문지인 『천문연감Connaissance des temps』의 관측 부분을 저술했다.

그러나 르포트에게 가장 큰 명성을 안겨준 것은 역시 핼리 혜성이 돌아오는 시기를 예측한 일이었다. 처음에 클레로는 모든 일을 자기 공으로 돌리고, 계산에서 그녀가 한 일을 평가절하했다. 이에 격분한 랄랑드는 1년 동안 클레로와 연락을 끊고, 그들의 협업에서 르포트가 기여한 바를 공개적으로 인정했다.[12] 1803년 랄랑드는 자서전에서 "(르포트는) 태양과 달과 모든 행성의 위치를 혼자 계산해냈다"며 그녀를 "천문학을 진실로 이

해한 프랑스의 유일한 여성"이라고 적었다.[13]

스스로 경력을 쌓다

계몽주의 시대의 유럽은 여성에게는 모순적인 곳이었다. 여성도 과학교육을 받으라고 권장하면서도, 여성들이 과학 분야에서 경력을 쌓는 것은 거부했다. 르포트의 사례가 보여주듯이 여성들이 자기 업적을 인정받기는 쉽지 않았다. 단지 남성 동료의 작업 뒤에 가려진 '보이지 않는 조수' 정도로 치부됐다.[14] 여성이 스스로를 세상에 드러내 보이려면 르포트를 위해 싸워준 랄랑드 같은 남성 조력자가 필요했다. 당시 천문학계는 쿠니츠의 『우라니아 프로피티아』조차 남편이 써준 것 아닌가 의심했다. 그래서 개정판 서문에 "이 책이 여성의 작품이 아니라거나, 여성의 저작인 척한다거나, 여성의 이름으로 쓰여졌을 뿐이라고 잘못 생각하는 사람들"을 거론하며 쿠니츠 본인의 작품임을 강조해야 했다.[15]

밀라노의 마리아 아녜시Maria Agnesi(1718~1799)는 아버지 피에트로의 도움을 받은 케이스다. 아녜시는 어릴 적부터 머리가 비상했고, 이를 알아본 아버지 피에트로는 개인교사를 불러 딸을 가르쳤다. 아버지로서의 애정 때문만은 아니었다. 그는 도시 엘리트를 영합하고 사회적 명성을 얻어 귀족사회로 진출하고 싶어 했다.[16] 그는 자기의 궁전에서 대화와 오락을 위한 엘리트들의 모임인 '콘베르사치오네conversazione'를 열곤 했는데, 아녜시가 종종 이 모임에서 주인공이 됐다. 그녀는 다섯 살 때 유창한 프랑스어로 대화하고, 열 살 때 여성의 교육을 옹호하는 라틴어 연설을 해 아버지의 손님들을 기쁘게 했다. 그녀는 심지어 10대 때 뉴턴 물리학에 계몽주의 시대의 유럽은 여성에게는 모순적인 곳이었다.
여성도 과학교육을 받으라고 권장하면서도,
여성들이 과학 분야에서 경력을 쌓는 것은 거부했다.
여성들이 자기 업적을 인정받기는 쉽지 않았다. 단지 남성
동료의 작업 뒤에 가려진 '보이지 않는 조수' 정도로 치부했다.

대해 폴란드 왕자와 완벽한 라틴어와 이탈리아어로 토론을 벌였다.

아녜시는 1730년에 알 수 없는 병에 걸렸고 아버지가 강요했던 공적인 모임에서 점점 자취를 감췄다. 1738년 자연철학과 과학에 대한 에세이를 모은 『철학적 제안Propositiones philosophicae』을 출간했다. 그러나 이후 그녀는 가톨릭에 대한 그녀의 헌신과 결합한 수학에 초점을 맞추기 시작했다. 아녜시에게 수학은 "인류가 이용할 수 있는 가장 큰 기쁨"이었으며 절대적인 진리를 밝힐 수 있는 특별한 지식, 신에 대해 숙고하기에 적합한 연구였다.[17]

가톨릭 신자이자 배운 여성으로서, 아녜시는 교회가 현대 과학의 요소를 수용하고 가난한 사람과 여성을 위해 더 나은 교육을 제공해야 한다고 믿었다.[18] 이를 위해 그녀는 1748년에 『이탈리아 청년들을 위한 분석 도구Instituzioni analitiche ad uso della gioventù italiana』라는 두 권짜리 책을 펴냈다. 엘리트 지식 계층이 아닌 이들을 위해 라틴어 대신 이탈리아어로 쓴 미적분학 교과서다. 이 책은 당시의 가장 진보한 수학 분야인 대수학, 기하학, 미적분학을 쉽게 풀어 쓴 종합 수학서였다.[19] 아녜시는 이 책을 오스트리아의 여제 마리아 테레사Maria Teresa에게 바치며 여성 교육을 열정적으로 옹호하

는 메시지를 보냈다.

> "당신이 통치하는 이 시대는 후대까지 길이 남을 것이며, 여성들은 스스로를 계발하고 여성으로서 영광을 드높이려고 노력해야 한다는 것을 나는 분명히 깨닫고 있습니다."[20]

유럽 바깥에선

쿠니츠와 아네시는 학계 밖 대중을 위한 과학 서적을 쓰며 여성 저술가 전통의 토대를 닦았다. 이런 관행은 유럽에 국한되지 않고 19세기 내내 퍼져 나갔다.

천문학과 수학을 연구한 중국의 왕전이王貞儀(1768~1797)도 학생과 일반 독자를 위한 글을 썼다. 왕전이는 청나라 때인 1768년 장닝(지금의 난징)에서 태어났다. 서양이든 중국이든 당시 여성은 학교나 교육기관에 입학할 수 없었기 때문에 왕전이 역시 집에서 배웠다. 할아버지에게 천문학과 수학을, 할머니에게 시를 배웠다. 그러나 천문학과 수학에 대한 지식은 대부분 독학으로 익혔고, 이 과정을 자신의 책에 상세히 기술하기도 했다. 사후에 나온 저작 선집 『덕풍정집德風亭集, 德風亭初集』은 그의 책이 널리 읽혔음은 물론, 그가 유클리드의 『기하학 원론Euclid's Elements』*을 비롯한 서구 문헌들뿐 아니라 중국의 천문학 책과 수학책도 폭넓게 읽었음을 보여

* 그리스어식으로는 에우클레이데스라고 표기해야 하지만 통칭 영어식으로 유클리드 기하학으로 불리기에 그대로 적었다.

준다.[21]

중국식, 유럽식 사고체계 모두가 흥미로운 방식으로 왕전이의 저술에 영향을 미쳤다. 이를테면 그는 천체 예측을 중시한 중국의 천문학 경향과 발맞추었다. 과거 중국 제국들의 천문학자들이 내놓은 예측은 황제의 권위를 확인시켜주는 도구였으며, 만일 예측이 틀리면 황제의 권위가 훼손될 수 있었다.[22] 왕전이는 『월식의 계산月食解』 등에서 분점의 경로를 계산하는 방법을 보여주면서 일식이나 월식은 모두 자연 현상이라고 설명해, 황제의 권위를 뒷받침한 천문학 전통에 맞섰다. 그뿐 아니라 그는 태양을 상징하는 둥근 램프와 달을 가리키는 거울, 지구를 의미하는 원탁을 가지고 자신만의 월식 모형을 만들었다. 이 세 가지를 정렬시켜 달이 지구의 그림자를 통과할 때 어떻게 월식이 일어나는지를 증명했다. 청나라 천문학자들이 지구 중심 이론과 태양 중심 이론을 혼합한 튀코 브라헤Tycho Brahe*의 모델을 선호하던 때에 그는 태양중심설(지동설)을 지지했다.[23]

왕전이는 유명한 청나라 수학자인 메이원딩梅文鼎(1633~1721)의 영향을 많이 받았다. 케플러의 『루돌프 표』를 수정한 쿠니츠처럼, 왕전이는 곱셈과 나눗셈 계산을 단순화해 메이원딩의 책 『계산의 원리籌算原本』를 다시 정리, 『알기 쉬운 계산籌算易知』을 펴냈다.[24] 그 밖에도 초심자를 위한 『알기 쉬운 수학術算簡存』, 『간단한 역법계산歲差日至辨疑』 등을 썼다. 수십 권의 저작 중 남아 있는 것은 매우 적지만, 그의 왕성한 과학 탐구 정신을 엿볼 수 있다.

왕전이나 쿠니츠, 르포트, 아녜시 같은 사람들을 과학의 역사에서 이례적인 경우라고만 볼 수는 없다. 여성들이 수학과 천문학을 연구할 능

* 16세기 덴마크의 천문학자.

력이 있었다는 증거는 많다. 물론 사회적으로 낮은 계층이거나 의지를 북돋워주는 남성 가족이 없는 여성 대부분은 그런 기회를 누릴 수 없었다. 그 시절에 과학계가 좀 더 민주적이고 개방적이었다면 여성들이 어떤 위치까지 올라갈 수 있었을까? 그저 추측일 따름이지만, 기회와 자원과 지원을 얻어낸 여성들이 성취한 것들로 미뤄볼 때, 아마 과학의 양태를 크게 바꿨을 것이다.

URANIA
PROPITIA

SIVE

Tabulæ Aſtronomicæ mirè faciles, vim hypotheſium phyſicarum à Kepplero proditarum complexæ; facillimo calculandi compendio, ſine ullâ Logarithmorum mentione, phænomenis ſatisfacientes.

Quarum uſum pro tempore præſente, exacto, & futuro, (accedente inſuper facillimâ Superiorum SATURNI & JOVIS ad exactiorem, & cœlo ſatis conſonam rationem, reductione) duplici idiomate, Latino & vernaculo ſuccinctè præſcriptum cum Artis Cultoribus communicat

MARIA CUNITIA.

Das iſt:

Newe und Langgewünſchete/leichte

Aſtronomiſche Tabelln/

durch derer vermittelung auff eine ſonders behende Arth/ aller Planeten Bewegung/nach der länge/ breite/ und andern Zufällen/ auff alle vergangene/gegenwertige/ und künfftige Zeit-Puncten fürgeſtellet wird. Den Kunſtliebenden Deutſcher Nation zu gutt/ herfürgegeben.

Sub ſingularibus Privilegiis perpetuis,
ſumptibus Autoris, BRIEGI Sileſiorum,

Excudebat Typographus Olſnenſis JOHANN. SEYFFERTUS,
ANNO M. DC L.

1650년에 출판된 마리아 쿠니츠의 『우라니아 프로피티아』의 표지

마리아 쿠니츠

1600년 10월~ 1644년 8월 22,24일 추정

1600년에서 1610년 사이에 실레지아에서 태어난 것으로 추정되는 천문학자 마리아 쿠니츠는 '실레지아의 아테나' '제2의 히파티아'라 불렸다. 여성인 까닭에 공식 교육을 받지 못한 채 집에서 내과의사였던 아버지 헨리히 쿠니츠에게 교육을 받았다. 처음에는 아버지, 뒤에는 남편 엘리아스 폰 뢰벤의 지도로 수학과 천문학을 배웠고 그리스어, 라틴어, 독일어, 폴란드어, 프랑스어, 이탈리아어에 히브리어까지 7개 국어를 유창하게 말했다.

1629년 결혼한 뒤 남편과 천문학을 공동 연구했고, 이내 쿠니츠는 고등수학 공부를 마쳤다. 케플러의 『신천문학』을 쉽게 이해했고, 삼체 원리를 곧바로 받아들였다. 케플러의 『루돌프 표』를 검토하면서 계산 오류를 발견하고 이를 수정했다. 1650년에는 자기 돈으로 케플러의 『루돌프 표』를 보정한 250쪽 분량의 『우라니아 프로피티아』를 발표했다. 당시 유럽 자연철학자들과 수학자들의 공식 언어였던 라틴어뿐 아니라 독일어로도 발간해 독일어가 과학의 언어로 발돋움하는 데에 영향을 미쳤다.

쿠니츠는 1664년 8월 사망했으며 『우라니아 프로피티아』는 그가 남긴 유일한 저작이다. 하지만 그 한 권으로 천문학에 뚜렷한 족적을 남겼기에 쿠니츠의 명성은 지금도 이어진다. 1960년에는 소행성 '마리아쿠니티아Mariacunitia'가, 1961년에는 금성의 분화구 '쿠니츠 분화구Cunitz Crater'가 그녀의 이름을 따 명명됐다.

4장

아내와 누이 들, 과학자의 파트너가 되다

조수와 화학자 사이

프랑스 화가 자크-루이 다비드Jacques-Louis David는 1788년 마리-안 폴즈Marie-Anne Paulze(1758~1836)와 앙투안 라부아지에Antoine Lavoisier를 한 화폭에 담아 역사상 위대한 과학자 커플인 두 사람에게 불멸의 생명력을 불어넣었다. 초상화 속 앙투안은 화려한 진홍색 벨벳으로 덮인 탁자 앞에 앉아 있고, 탁자 위에는 화학실험 도구가 놓여 있다. 앙투안은 『기초화학총설Traité élémentaire de chimie』을 쓰다가 잠시 멈추고 어깨너머로 마리-안을 보고 있다. 흰 드레스를 입은 마리-안은 마치 초상화 밖을 응시하는 듯 앙투안의 뒤

← 〈앙투안 라부아지에와 그의 아내〉
1788년 자크-루이 다비드가 그린 라부아지에 부부의 초상화이다.

에 서서, 한 손은 앙투안의 어깨 위에 또 다른 손은 테이블 위에 살며시 놓았다. 앙투안의 작업을 들여다보기 위해 잠시 하던 일을 멈춘 것처럼 보인다. 마리-안과 앙투안을 제각각 그린 초상화도 있지만, 집 안 실험실에 있는 두 사람을 그린 다비드의 이 부부 초상화야말로 라부아지에라는 이름을 떠오르게 한다.

〈앙투안 라부아지에와 그의 아내〉라는 제목의 이 초상화는 앙투안의 조력자로서 마리-안이 보여준 헌신을 드러내는 것으로도 볼 수 있고, 현대 화학의 틀을 세우는 데에 마리-안이 동등하게 기여했음을 보여주는 것으로도 해석할 수 있다. 아마도 가장 정확한 해석은 '그 사이 어딘가'에 있겠지만.

마리-안은 1758년 프랑스 몽브리송에서 태어나, 1771년 열세 살에 15년 연상인 앙투안과 결혼했다. 앙투안은 부유한 변호사였지만 과학, 특히 화학이야말로 그의 천직이었다. 그는 물질의 연소에서 산소의 역할을 규명하여 플로지스톤 이론*을 뒤집고 18세기의 화학 혁명을 이끌었으며 지금도 '현대 화학의 아버지'로 불린다. 그러나 그의 업적은 마리-안이 없었다면 불가능했다.

결혼하고 얼마 지나지 않아서부터 마리-안은 외국어를 잘 못하는 앙투안을 돕기 위해 영어와 라틴어를 익혔다. 당시 화학 분야의 선도적인 연구는 영국에서 이뤄지고 있었기 때문에, 앙투안이 첨단 과학지식을 알고 학계 토론에 참여하려면 마리-안이 번역해준 영어 텍스트가 필수적이었다. 마리-안은 남편에게 화학을 가르쳐달라고 했고 개인 교사를 고용해

* 불에 타는 물질 안에는 '플로지스톤(phlogiston)'이라는 입자가 들어 있어서 연소를 일으킨다는 이론. 라부아지에는 1783년 플로지스톤은 없음을 밝혀냈다.

지식을 심화했다.[1] 마리-안은 번역한 연구논문에 비판과 논평을 달고, 화학 저술의 프랑스어 판이 출간될 때 서문을 쓰기도 했다.

당시 라부아지에의 집을 방문했던 아서 영Arthur Young*은 마리-안이 앙투안과 함께 실험실에서 일했다고 적었다.[2] 마리-안은 실험실에서 일하는 자신의 모습을 직접 스케치하기도 했다. 그 가운데 지금까지 남아 있는 두 장의 그림을 보면, 앙투안은 조수들과 산소를 가지고 호흡 관련 실험을 하고 마리-안은 탁자에 앉아 실험 내용을 기록하고 있다. 마리-안은 '보이지 않는 조력자'가 아니었으며, 스스로 존재를 드러내고 싶어 했다. 그림 속에 자신을 넣어 실험실에서 한 역할을 분명히 알렸다.

뛰어난 화학자이자 화가였던 마리-안은 앙투안의 1789년 『기초화학총설』 발간을 기념하려고 동판 열세 장을 만들었다. 꼼꼼하게 제작된 동판에는 앙투안의 실험을 실물 비례에 맞춘 그림과 함께 '폴즈 라부아지에 조각'이라는 서명이 새겨져 있다. 실험을 사실적으로 표현했다는 점에서 당시 화학 문헌에 널리 쓰이던 인상주의 스타일의 도표와는 확연히 달랐다.[3] 마리-안이 새긴 실험 장비를 보고 다른 화학자들은 앙투안의 실험을 재연할 수 있었고, 화학자로서 앙투안의 명성은 더욱 높아졌다.[4]

프랑스 혁명 이후 공포정치가 한창이던 1794년, 귀족 출신에 세금 징수관이었던 앙투안은 단두대에서 처형됐다. 마리-안은 남편의 명성을 되살리려고 끊임없이 애썼으며 그를 투옥하고 참수한 사람들을 맹렬히 비난했다. 마리-안 또한 바스티유에 두 달 동안 갇혔다 풀려났다. 압수당했던 실험 장비를 돌려받고 앙투안이 감옥에서 직접 쓴 『물리학과 화학에 관한 논문Mémoires de physique et de chimie』을 출간했다. 현대 화학의 독보적인 존

* 영국의 농업경제학자 겸 여행작가.

재로서 남편의 명성을 굳히기 위해 마리-안은 익명으로 글을 쓰기도 했다. 현대 기준으로 보면 앙투안이 연구를 주도하고 마리-안은 그저 조수였다고 볼 수도 있지만, 라부아지에 부부의 이야기는 남성과 여성이 과학 분야에서 동등하게 협력했음을 보여준다. 계몽주의 시대에는 여성과 남성은 서로 다른 천성을 가져 여성이 남성의 공격성을 누그러뜨리는 식으로 서로를 보완해주는 존재로 여겼다.[5] 하지만 마리-안과 앙투안의 초상화는 서로 다른 역할을 맡으면서도 통합적으로 연구하는 모습을 보여준다. 둘의 공동노력은 마리-안의 관여 하에 앙투안이 만들어낸 탁자 위의 원고에서 정점을 이뤘다.

별에서 동반자를 찾다

라부아지에 부부가 가장 유명하긴 하지만 과학자 커플이 그들뿐인 건 아니다. 마리-안이 연구실에서 실험을 스케치하기 전에 엘리자베타 헤벨리우스Elisabetha Hevelius(1647~1693)는 단치히*에서 남편이 세운 개인 관측소 스텔라에부르굼Stellaeburgum(별들의 마을)을 관리하고 있었다. 라부아지에 부부와 마찬가지로 엘리자베타와 남편 요하네스 헤벨리우스Johannes Hevelius의 협업도 불멸의 시각예술로 살아남았다. 1673년 요하네스가 남긴 『마치나 코엘레스티스Machina Coelestis(천문 기계)』 겉표지에 실린 판화에는 열린 창문 안쪽에 거대한 청동 육분의六分儀**가 서 있다. 육분의로 별을 측정하려

* Danzig, 오늘날의 폴란드 그단스크(Gdańsk).

** 두 눈에 보이는 물체 사이의 각도를 측정하는 도구. 항해할 때 천체와 수평선 혹은 지평선과의 각도→

엘리자베타 헤벨리우스

Elisabetha Hevelius

요하네스와 엘리자베타가
개인 관측소 스텔라에부르굼에서
육분의를 사용하고 있다.
17세기 판화다.

카롤린 허셜

Caroline Herschel

남매 천문학자 윌리엄과 카롤린.
19세기 석판화다.

면 두 사람이 필요하다. 왼쪽에서 육분의를 움직이는 사람은 요하네스, 오른쪽은 엘리자베타이다. 여성 천문학자가 작업하는 모습을 담은 최초의 그림이다.[6]

1647년에 태어난 엘리자베타는 별에 대한 호기심이 많았다. 아직 어린아이였던 시절, 엘리자베타는 벌써 자기가 태어나던 해에 나온 책 『셀레노그라피아Selenographia, sive Lunae descriptio(달에 대한 서술)』로 유명한 요하네스를 찾아갔다. 요하네스는 "더 커서 오면 천문학의 신비를 알려주겠다"고 했고, 엘리자베타는 그 약속을 잊지 않았다. 요하네스의 첫 아내 카테리나가 사망하자 열다섯 살의 엘리자베타는 이미 쉰 살이 된 그에게 찾아가 약속을 상기시켰고, 두어 달이 지나 두 사람은 결혼했다. 20년 가까이 이어질 과학 동반자의 삶을 시작한 것이다.

엘리자베타는 지적이고 호기심이 많았다. 대학 교육은 생각조차 할 수 없던 때에 비범한 과학자와 결혼은 매력적인 선택지였을 것이다. 유럽에서 가장 유명한 천문관측소에 들어갈 수 있다는 것도 큰 이점이었을 터였다. 그녀는 세 아이를 키우며 과학자의 아내로서도 열성적이었다. 이삼 년이 흐른 뒤부터는 스텔라에부르굼의 최고의 장비를 이용하려고 찾아오는 천문학자들을 돕고 협력하는 일을 책임졌다. 당시 떠오르는 젊은 천문학자였던 에드먼드 핼리를 맞아 육분의 사용법을 알려줬다는 기록도 있다.[7]

마리-안 라부아지에처럼 엘리자베타도 남편을 위해 라틴어 문헌과 동료 천문학자들의 글을 번역했다. 엘리자베타는 요하네스가 케플러의 연구를 진전시켜 별의 목록과 천체도를 그리는 데 필요한 천문 계산을 직접

→를 측정하여 현재의 위치를 알아내는 데에 주로 쓰였다.

하기도 했다. 17세기 천문학자들은 코페르니쿠스의 지동설에 입각해 별의 연주시차年周視差*를 더욱 정확하게 계산한 목록을 만들고 싶어 했다.[8] 하지만 가까운 천체와 먼 천체 사이의 거리를 계산해 수치로 표현하는 것은 매우 어려운 일인 데다, 그들에게 주어진 도구는 맨눈과 청동 육분의뿐이었다.

1679년, 16년간의 협업으로 만든 모든 자료와 요하네스의 설비는 불타버리고 말았다. 연구를 계속하려면 전부 다시 만드는 수밖에 없었다. 1687년 요하네스가 사망한 뒤 엘리자베타는 홀로 연구를 계속해, 1690년 마침내 부부의 역작을 완성했다. 그렇게 출간된 『천문지Prodromus Astronomiae』는 세 편으로 돼 있다. '항성 목록Catalogus Stellarum'은 1,564개에 이르는 별의 위치와 등급을 기록하고 새로 발견한 600여 개의 별과 10여 개의 별자리를 정리한 것이다. 서문 격인 '프로드로무스'에는 계산법을 소개하고, 요하네스가 별의 경도와 위도를 측정하기 위해 육분의와 사분의四分儀**를 어떻게 사용했는지를 예시로 설명했다.[9] 『천문지』는 당시의 천문지로는 가장 방대하고 정확한 것이었으며, 망원경의 도움 없이 작성한 마지막 천문학 자료집이기도 했다.[10]

이 책은 의심할 여지없이 두 사람이 함께 만든 결실이었지만 책 표지에는 당시의 관습대로 요하네스의 이름만 박혔다. 엘리자베타가 정확히 얼마나 기여했는지 계량하기는 매우 힘들다. 엘리자베타와 달리 수많은 과학자의 아내는 남편의 작업 전면에 드러나지 않아 이름조차 알려지지

* 천체를 바라볼 때 지구의 공전에 따라 생기는 시차. 연주시차를 계산하면 이론적으로는 지구와 그 천체의 거리도 알아낼 수 있다. 지구가 움직인다는 결정적인 증거이기도 하다.

** 망원경 이전의 천문관측기구.

않았다. 이것이 그들의 운명이었다. 그나마 요하네스는 『마치나 코엘레스티스』에 아내를 드러내 보였을 뿐 아니라 "친애하는 아내"라며 특별히 관측에 기여한 내용을 서술함으로써 이런 전통을 깼다.

남성과 여성의 협업이 결혼 속에서만 이뤄진 것은 아니었다. 함께 일한 남매도 있었다. 세상에 별로 알려지지 않은 남매 협업으로는 캐서린 라넬러Katherine Ranelagh(1615~1691)*와 화학, 철학, 현대 실험과학의 거장이었던 로버트 보일Robert Boyle의 사례를 들 수 있다. 마리-안이나 엘리자베타와 달리, 라넬러 부인은 실험이나 계산에서 직접적인 역할을 했다기보다는 열두 살 아래 남동생의 멘토로서 영향을 미쳤다. 그들의 협력은 동판이나 회화로 남아 있지도 않다. 라넬러 부인은 보일의 경력과 삶에 각주 정도의 의미였다고나 할까.

라넬러 부인은 17세기 잉글랜드에서 영향력이 큰 저명한 여성이었다. 아서 존스와 중매 결혼이 실패로 끝나면서 개인적으로는 그리 행복한 인생을 살지 못했지만, 그는 하틀립 서클Hartlib Circle의 회원으로 당대의 유명한 지식인들이나 정치인들과 두루 관계를 맺었다. 1630년 새뮤얼 하틀립Samuel Hartlib이 만든 이 모임은 정치 활동도 하고 과학에도 관심이 많은 유럽 지식인 그룹으로 회원으로는 작가 존 밀턴John Milton, 윌리엄 로드William Laud, 캔터베리 대주교, 그리고 보일 등이 있었다. 10대 시절 보일은 누나에게 자주 편지를 썼으며 라넬러 부인은 서신을 통해 어린 동생의 지적, 정신적 발전에 뚜렷한 영향을 미쳤다.[11]

보일은 정치사상을 형성할 때 라넬러 부인에게 지도를 구하곤 했

* 본명은 캐서린 보일(Katherine Boyle)이다. 남편 아서 존스(Arthur Jones)가 작위를 받아 라넬러 자작이 됐기 때문에 '라넬러 부인(Lady Ranelagh)'으로 많이 불렸다.

고, 자신의 생각을 가다듬을 땐 '나의 누님'이라 언급하며 누이의 이야기를 활용하기도 했다. 철학 저술 『몇 가지 주제에 대한 성찰Occasional Reflections Upon Several Subjects』을 온전히 누이에게 헌사하면서, 라널러 부인을 '소프로니아Sophronia'라 불렀다. 그리스어로 절제와 지혜를 뜻하는 단어다. 하지만 보일은 누이의 '겸양'을 보여주기 위해 작품에서 라널러 부인의 이름을 결코 언급하지 않았고, 이 때문에 라널러 부인이 그에게 영향을 미친 지점을 딱 짚어내기는 힘들다.[12]

남매는 둘 다 화학에 열정적이었다. 라널러 부인은 보일이 쓴 화학 논문의 초고를 읽은 뒤 출간하라고 격려했고, 실험 내용과 화학성분의 배합에 대한 정보를 서신으로 공유했다. 라널러 부인은 특히 약학과 관련된 화학에 능통했으며, 이것이 자연철학 분야가 사회에 실질적인 이익을 주는 가장 좋은 방법이라고 여겼다.[13] 라널러 부인의 의학 처방은 이름이 높았고 보일은 『자연철학의 유용성Usefulness of Natural Philosophy』에서 누이를 '대단한 여성'[14]이라 언급하며 자료의 출처로 삼기도 했다. 보일은 누이의 집에서 23년 동안 함께 살았다. 라널러 부인은 집 안에 실험실을 비롯해 동생에게 필요한 것들을 모두 마련해주었다. 1691년 두 남매는 나란히 숨을 거두었다.

라널러 부인이 사회적 영향력을 즐겼던 하틀립 서클은 1660년 해체되고 영국 왕립학회The Royal Society of London for the Improvement of Natural Knowledge가 공식 출범했다. 하틀립 서클 초기 멤버였던 보일을 비롯해 회원 대부분이 왕립학회에 흡수되었다. 그러나 라널러 부인은 구성원들과 관계를 맺고 지적으로도 깊이 연결돼 있음에도 여성이라는 이유로 가입할 수 없었다.[15]

보일이 익명으로만 누이를 언급한 것이나 왕립학회에서 여성을 배제한 것 등 여러 요인으로 라널러 부인은 보이지 않는 존재가 돼버렸고, 이 때문에 과학혁명에서 그가 한 역할을 놓치기 쉽다. 그러나 라널러 부인의 지적 역량은 수치로 표현할 수 없을 정도로 보일의 저작들 군데군데 녹아 있다. 더 나아가 그녀가 하틀립 클럽의 핵심 멤버들과 함께 키워나갔던 생각은 왕립학회의 창립으로 이어져 오늘날까지 전해 오고 있다.

마침내 독립

라널러 부인과 달리 카롤린 허셜Caroline Herschel(1750~1848)은 오빠 윌리엄 William Herschel*의 과학 동반자로서 확실하게 자리매김해 함께 명성을 누렸다. 그러나 공동으로 연구한 성과와 천문학적 발견이 그렇게 많은데도 카롤린은 자기 삶에서 독립성과 주체성을 갖지 못했다. 그는 이렇게 적었다. "나는 아무것도 아니다. 아무것도 한 것이 없다. 내가 이룬 모든 것, 내가 아는 모든 것은 오빠에게 빚진 것이며, 나는 오빠가 필요에 따라 빚어낸 도구일 뿐이다."[16]

18세기 여성들 대개가 그랬듯이 카롤린도 한정된 교육만 받았고, 학대라 해도 될 정도로 방치된 어린 시절을 보냈으며 이런 것이 성공에 장애물이 됐다.[17] 두 오빠 가운데 카롤린과 친했던 윌리엄은 누이를 독일 하노버의 집에서 영국의 자기 집으로 데려와 조수로 '고용'하고 집안일도 맡겼다. 그래서 카롤린은 늘 오빠에게 빚진 심정일 수밖에 없었다. 윌리엄은

* 당시 신성로마제국의 일부였다가 뒤에 프로이센 땅이 된 오늘날의 독일 하노버 태생으로 본명은 프리드리히 빌헬름 허셸(Friedrich Wilhelm Herschel)이다. 하지만 영국에 귀화해 주로 영국에서 활동했기 때문에 영국식 이름인 윌리엄 허셜로 더 많이 알려져 있다.

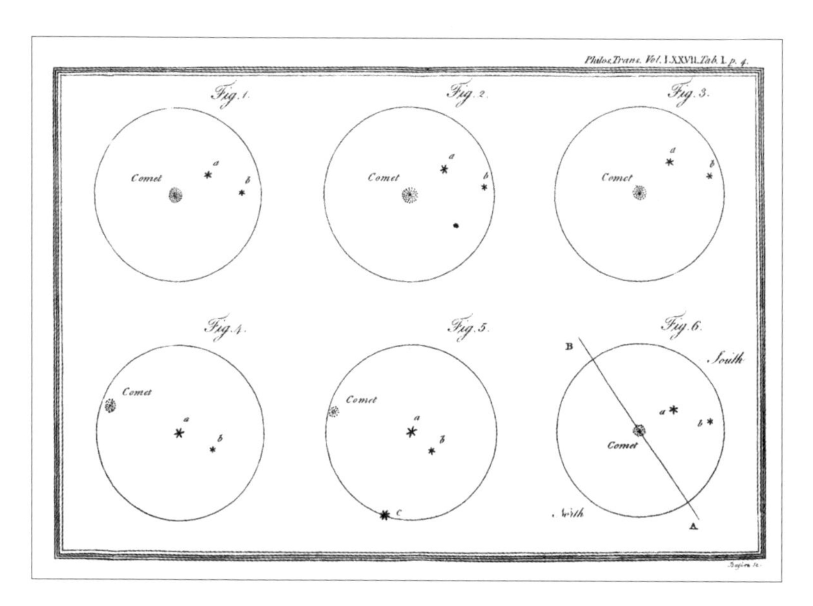

도표는 1786년 8월 카롤린 허셜이 발견한 혜성의 6가지 위치를 나타낸다. 1787년 1월 1일 철학회보에 실렸다.

처음에는 음악을 했고 카롤린에게 악보를 베끼거나 노래를 부르는 일을 시켰다. 천문학자로 방향을 튼 뒤에는 의논도 하지 않고 여동생을 천문학자 보조로 써먹었다. 카롤린의 회고록에 따르면 "격려의 의미로 그가 내게 준 것은 '청소할' 망원경이었다"고 했다.[18]

새 분야의 조수가 된 카롤린은 윌리엄이 관측한 것을 기록하고 망원경의 거울을 닦고 천체 목록을 베꼈다. 윌리엄이 일을 할 때면 밥을 먹이고, 필요한 글이 있으면 읽어주는 일까지 해야 했으니 아무리 봐도 단순한 '조수'는 아니었다.

1786년 윌리엄은 철학회보에 〈성단과 성운 목록Catalogue of Nebulae and Clusters of Stars〉이라는 글을 실었다. 카롤린의 부단한 도움으로 쓴 글이었지만 저자로는 윌리엄의 이름만 적혔다. 카롤린은 그저 조수에 불과했다. 윌리엄이 죽고 나서 카롤린은 〈성단과 성운 목록〉에 담긴 성운과 성단을 영역별로 재분류했다. 무려 2,500개에 이르는 성단을 다시 분류한 대작업 끝에 출간된 수정판에는 『일반목록General Catalogue of Nebulae and Clusters of Stars』이라는 이름이 붙었다. 왕립천문학회Royal Astronomical Society는 1828년 이 책을 손본 카롤린에게 골드메달을 수여했다.

카롤린은 1786년부터 1797년 사이에 혼자 혜성 여덟 개를 새로 발견했으며 그 가운데 다섯 개에 대한 글은 왕립천문학회가 내는 철학회보에 실렸다. 혜성 외에도 세 개의 성단을 찾아내고, 영국의 초대 왕립천문학자였던 존 플램스티드John Flamsteed의 권위 있는 천문지에 누락된 별 560여 개를 확인했다. 1798년 카롤린은 플램스티드의 천문지에 별들을 추가하고, 이용자들이 관측 결과를 쉽게 확인할 수 있도록 색인을 달아 『항성목록Catalogue of Stars』을 펴냈다.

카롤린은 왕립천문학회의 명예회원이 됐고 프로이센 국왕*의 과학메달을 받았다. 그러나 이런 영예도 위안이 되지 못했다. 그는 회고록에 왕립천문학회의 명예회원이 된 일을 가리켜 "무엇을 위한 것인지 신만이 아실 일"이라고 썼다. 윌리엄을 도운 대가로 왕립학회로부터 50달러의 연봉을 받아 영국 최초의 여성 직업과학자가 된 것이 아마도 그로서는 가장 기쁜 일이 아니었을까. 인생에서 어떤 식으로든 독립을 맛본 몇 안 되는 경험이었을 테니 말이다. "평생 처음 내 힘으로 번 돈으로 내가 원하는 것을 살 자유가 생겼다"고 그는 적었다.[19]

* 프리드리히 빌헬름 4세(Friedrich Wilhelm IV)를 가리킨다.

역사에서 누락되다

사랑스러운 아내가 유명 과학자인 남편을 헌신적으로 돕는다는 식의 낭만적인 이야기는 몇 세기에 걸쳐 끊임없이 계속돼왔다. 이런 동반자 관계에서 여성은 제아무리 능력 있고 지적이어도 유능한 조수 정도로, 남성을 보조하는 사회의 부차적인 존재로 폄하되기 마련이었다.[20] 그러나 이 여성들이 가진 지식과 그들이 수행한 일은 남편 혹은 오빠나 동생의 저작에 스며들어 현대 과학과 과학계의 발전에 기여했다. 그들은 동반자로서 대등하게 협력했고 같은 목표를 향해 나아갔기에, 각자의 역할을 분리해 누가 더 크게 기여했는지 순위를 매기거나 정량화하는 것은 불가능하다.

ANDREAE VESALII
BRVXELLENSIS, SCHOLAE
medicorum Patauinæ professoris, de
Humani corporis fabrica
Libri septem.
CVM CAESAREAE
Maiest. Galliarum Regis, ac Senatus Veneti gra
tia & priuilegio, ut in diplomatis eorundem continetur.
BASILEAE.

5장

과학혁명 시기의 여성과 인체 과학

다른 과학혁명

역사가들은 16세기 중반부터 18세기 중반까지를 과학사에서 가장 중요하고 생산적인 시기로 본다. 이 200년 사이에 니콜라우스 코페르니쿠스Nicolaus Copernicus가 태양 중심의 우주를 설명하고(1543) 윌리엄 하비William Harvey가 혈액순환론을 출판하는(1628) 등 중요한 과학적 진보가 이뤄졌다. 현장조사를 통한 발견과 함께 난제들의 돌파구를 찾아낸 근대 초기의 이 시기를 가리켜 '과학혁명The Scientific Revolution'이라고 부른다. 대중들은 권위 있고 유명한 남성들의 삶과 업적을 통해 과학혁명을 이해한다. 당시 유

← 이탈리아의 해부학자 안드레아스 베살리우스가 1543년에 출판한 『인체의 구조』 표지이다. 목판화로 된 이 장면은 베살리우스가 대중 앞에서 여성 범죄자의 시체를 해부하는 모습이다.

럽을 비롯한 전 세계에 연구실과 대학들이 생겨났지만, 여성은 배제되었고 떠오르는 과학문화의 대열에 참여할 기회도 제한적이었다. 그러나 최근 수십 년간 페미니스트 역사가들은 풍성한 과학적 발견이 이뤄진 이 시대 여성의 역할을 조명하려 노력했다.

역사가들이 이 시기 여성과 과학의 관계를 재발견한 가장 중요한 방법은 바로 시각이었다. 과학혁명 기간, 인쇄 문화는 지식을 빨리 전달했으며 특히 복잡한 삽화를 쉽게 재생산했다. 시각 문화의 발달은 근세 초기 가장 큰 특징의 하나였다. 특히 해부학은 지식을 만들고 전달할 때 시각이 무엇보다 중요했다. 근대 초기 해부학자들은 2차원, 3차원 인체 이미지를 만들어 배포하여 사회적, 문화적 특징이 복잡하게 얽혀 있는 인체를 시각적으로 더 자세히 이해할 수 있게 했다. 여성들은 여성의 몸에 관한 지식을 탐구하고 여성을 치료하는 데에 그 지식을 이용했다. 여성들은 자연에 관한 연구가 금지된 상황에서 금기를 깨고 의사이자 해부학자로서 연구를 이어갔다. 그 여성들은 남성 중심의 과학혁명 서사에 대한 우리의 이해를 바꿔 놓았다.

근대 초기의 인체 이미지

코페르니쿠스가 논란 많았던 『천구의 회전에 관하여De Revolutionibus orbium coelestium』를 출판한 1543년, 해부학자이자 상습 묘지 도굴꾼이기도 했던 안드레아스 베살리우스Andreas Vesalius가 서양에서 가장 장대한 삽화가 담긴 해부학 책 『인체의 구조De Humani Corporis Fabrica』를 출간했다. 초기 대형 판본은 길이 43센티미터에 700쪽이 넘었으며, 상세한 인체 해부 목판 삽화가

들어있었다. 인쇄 비용이 너무 비싸서 아마도 부유한 지식층만 소장했을 것이다. 표지에는 베살리우스 자신이 시끌벅적한 관중들 앞에서 시신을 해부하는 공개 시연 장면을 그렸다. 해부대 위에 눕혀져 군중들 앞에 자궁을 드러내보인 신원을 알 수 없는 죄수가 현장의 유일한 여성이었다. '해부학'이라 하면 대개 시체를 가르는 저명한 교수와 열성적인 학생들로 가득 찬 베살리우스의 책 표지 그림을 떠올릴지 모르지만, 실제 해부학 실행은 대학이 아니라 공중보건과 종교적 관행, 여성에 뿌리를 두고 있다. 역사학자 캐서린 파크Katharine Park는 성녀를 검시하고 해부해 유해를 보존하는 종교 관습을 연구했다. 또 아이를 낳다가 숨진 뒤 사망 원인을 찾기 위해 시신이 해부된 부유층 여성들의 검시 기록을 살펴봤다. 이 두 가지 해부는 모두 학문 영역 밖에서 이뤄졌으며, 여성의 몸의 신비와 그 안에 숨겨진 비밀을 탐구하는 것과 깊이 연관돼 있었다. 여성은 성性과 출산, 그리고 남녀 모두에게 알려지지 않은 보이지 않는 인체 내부에 관한 많은 정보를 가진 것으로 여겨졌다.[1]

의술을 수행하는 주체로서 여성과 자연과학 탐구 대상으로서 여성 사이의 복잡한 관계가 분명히 드러나는 과학 분야 중 하나가 해부학이다. 모든 사람이 그렇듯이, 신체의 내밀한 정보를 가진 몸의 소유자란 점에서 여성은 해부학을 기본적으로 잘 안다. 역사적으로 여성은 가족이나 이웃 혹은 일과 관련되어 다른 여성의 신체에 대한 지식을 축적하고 활용해 왔다. 근대 초기의 해부학자들은 대부분 남성이었지만, 여성의 신체에 관심이 많았다. 생식의 비밀, 여성들끼리 전하는 은밀한 정보, 그리고 이를 품은 신비한 신체 구조는 해부학의 중요한 탐구 대상이었다.

자연을 알고자 했던 여성들은 오랜 규칙을 바꾸거나 변경하면서 여성의 참여를 보장한 영향력 있는 사회 구성원들의 도움을 받았다. 계몽주의 시대에 이탈리아 도시에서 지적 활동이 되살아나는 데에는 여성이 중심이 되었다. 1714년 볼로냐에서 태어난 해부학자 안나 모란디Anna Morandi는 도시가 급격히 변화하던 시대를 살았다. 볼로냐 정부와 교회는 과거의 문화적, 지적 영광을 되찾겠다며 대대적인 개혁을 시작했다. 중세의 볼로냐는 유럽에서 처음으로 진짜 시체로 해부를 시연한 것으로 알려진 몬디노 데 루치Mondino de Luzzi를 비롯한 해부학 선구자들의 고장이었다.[2]

안나 모란디의 밀랍 모형

안나 모란디(1714~1774)는 1740년 예술가 조반니 만졸리니Giovanni Manzolini와 혼인하면서 해부학과도 결혼했다. 그 해 만졸리니는 유명한 해부학자이자 밀랍 조각가인 에르콜레 렐리Ercole Lelli에게서 도제 생활을 시작했다. 만졸리니는 전통 밀랍 조각을 만들었는데, 주로 종교적으로 사용됐지만 신체의 각 부분을 가르치고 해부학 실습을 하는 데에도 많이 쓰였다. 1745년 모란디는 자택 작업실에서 남편을 도와 의대생에게 해부학을 가르치기 시작했다. 부부의 작업은 수준이 높아 국제적으로 유명했다.[3]

1749년 볼로냐 대학의 한 교수가 집에서 해부학 학교를 열겠다며 모형을 만들어 달라고 의뢰했다. 이 학교는 나중에 과학연구소가 됐다. 모란디와 만졸리니는 임신 상태의 자궁과 여성 생식기 모형 등 약 20개를 만들었고 이는 산과産科 교육에 사용됐다.[4] 1755년 만졸리니가 갑자기 사망하자 모란디가 남편의 일을 이어받아 해부학 모형을 만들었다.[5]

미국 역사학자 레베카 메스바거Rebecca Messbarger는 모란디가 하는 일의 특성상, 그가 미망인이라는 사실이 볼로냐인들의 호기심을 불러일으킬 수

밖에 없었다고 했다.

도시의 엘리트 지식인들은 추종을 불허하는 재능을 지닌 모란디가 다른 곳으로 떠날까 걱정했고,[6] 교황은 모란디가 도시와 볼로냐 대학을 위해 일한다면 종신연금을 주겠다고 약속했다. 1758년 모란디는 명문 클레멘티나 예술 아카데미의 교수로 임명됐고 2년 후에는 볼로냐 대학의 해부학과 학과장이 됐다.[7] 모란디는 밀랍 모형을 제작하는 과정에서 새로운 해부기술을 개발하며 관찰과 이론 작업을 수행했다. 후대에 큰 영향을 미친 숙련된 해부학자였다. 그는 신체 각 부분의 형태와 기능을 설명한 메모를 250쪽 분량의 책으로 엮어냈다.[8]

학자들은 모란디의 작품이 보여준 혁신과, 그의 모형들이 3차원인 인체를 표현하는 전통적인 방식에서 어떻게 벗어났는지에 주목했다. 모란디는 감각 기관이나 손 모형을 만들 때, 단순히 의료용으로 움직이지 않는 인체 이미지를 재연하는 데에 그치지 않고 생리적 과정을 포착하는 것을 목표로 삼았다.[9] 모란디는 손의 해부학과 생리학에 관한 메모에서 손의 부분과 모양, 조직뿐 아니라 접촉 과정 자체에 대해서도 다음과 같이 썼다.

> "촉각은 인체 전체에 스며들고, 여러 부위에 많은 신경섬유가 있어 이물질에 닿으면 민감하게 반응하며 신체의 섬세하거나 거친 정도에 따라 재조정되고 움직인다."[10]

인체에 대한 이해도를 보면 모란디는 예술가나 공예가 이상이다. 그가 만든 밀랍 모형은 단순히 견습생을 가르치기 위한 것만은 아니다. 모란디의 모형은 그의 연구를 물리적으로 표현한 것으로, 지금은 신화가 된 베살리우스의 『인체의 구조』에 뒤지지 않는다.

안나 모란디

ANNA MORANDI

해부학자 안나 모란디는 남편과 함께 해부학과
밀랍 조각을 공부했으며, 남편이 사망한 후
그의 작업을 이어받았다. 모란디는 당대
이름이 널리 알려졌으며 그의 정교한 해부학용
밀랍 조각은 오늘날까지 남아 있다.

도로테아 에르크슬레벤

DOROTHEA ERXLEBEN

독일에서 여성 최초로 의학 학위를 취득했다.
여성 교육을 옹호하고 의사인 아버지 밑에서 의사 수련을
했다. 아버지를 대신해 진료를 했지만, 학위를 취득하기
전까진 '의사' 직함을 사용할 수 없었다.

라우라 바시

LAURA BASSI

라우라 바시는 박사 학위를 받은 두 번째
여성으로 볼로냐 대학에서 물리학 교수로
재직했으며 이탈리아에 뉴턴 역학을 대중화했다.

1774년 모란디가 사망한 뒤, 그가 남긴 모형은 상대적으로 조명을 받지 못했다. 모형 중 일부는 볼로냐 대학의 해부학 박물관에 보존돼 있지만 어떤 것들은 저장고에 쌓여 있고 보존 상태도 좋지 않다.[11] 메스바거는 특히 초기의 전기 작가들이 그의 재능을 광범위하고 헌신적인 연구의 산물이라기보다 그저 타고났거나 본능적이었다는 식으로 글을 써서, 그의 명성을 침해했다고 주장한다.[12] 그러나 모란디는 당대에 유명했던 뛰어난 과학자였다. 그의 사례는 해부학의 선구자로서 여성이 한 역할과 계몽주의 유럽 과학계의 기득권이 복잡하게 얽혀 있음을 알려준다.

여성 의사의 길을 닦다

18세기는 과학 분야에서 여성들에게 전환기였다.[13] 오랫동안 집 안의 실험실에 머물던 여성들이 대학에 자리를 마련했고, 의사와 해부학자로서 인체에 관한 지식을 창출하는 데 참여했다. 이 시기에 도로테아 에르크슬레벤Dorothea Erxleben(1715~1762)은 독일 여성 최초로 할레 대학에서 의학 학위를 받았다.[14] 부유한 과학자 집안의 여성들은 일종의 '가업'으로 비공식적인 과학교육을 받았지만 이를 인정받으려면 대학 같은 공공 기관의 인증이 필요했다.[15]

에르크슬레벤도 처음에는 집안에서 교육을 받다가 아버지의 뜻에 따라 오빠처럼 수업을 받았다.[16] 10대 때 프로이센의 크베들린부르크에서 의사인 아버지와 함께 일하기 시작했고, 이후 프로이센 왕에게 대학에서 의학을 공부해 학위를 받게 해달라는 청원을 냈다.[17] 그는 1742년 여성이 교육을 받으려면 맞닥뜨려야 하는 제도적, 문화적 장벽에 관한 논문을 출판했고, 거의 같은 때 할레 대학의 입학 허가도 받았다. 프로이센-실레지아 전쟁으로 학업을 중단했지만, 아버지가 없는 동안 병원을 계속 운영했다. 아버지가 세상을 떠난 후 그는 아이들을 키우면서 병원을 이어받았고 37세가 지나서야 박사과정을 다시 시작할 수 있었다.[18]

당시 여성들의 과학 경력을 이해하려면 문화적 맥락을 알아야 한다. 에르크슬레벤은 비록 정부를 설득하는 과정을 거쳤지만 그나마 대학 입학을 허가받은 귀족 여성이었다.[19] 당시 독일에는 여성이 다닐 수 있는 대학이 없었지만 그런 대학을 만들자고 주장하는 이들이 있었다. 에르크슬레벤도 해외에는 대학 학위를 받은 여성이 있다는 걸 알았다.[20] 그럼에도 여성이 남성과 같은 학교에서 배우는 것은 물론이고 교육을 받는 것 자체가 부적절하다며 반대하는 남성들이 많았다.

1753년 의사 세 명이 에르크슬레벤을 '돌팔이'라며 고소했고, 면허가 없는 사람의 의료행위를 금지하는 시 조례가 만들어졌다. 아직 학위를 얻지 못한 에르크슬레벤은 개업의 활동을 못 하게 되었다. 법정에 낸 서면 답변에서 그는 의학 교육을 전혀 받지 않은 '돌팔이'와 자신은 다르다고 맞섰다. 그해 말 그는 학위 취득시험을 보게 해달라고 요청했고 대학 총장은 이를 받아들였다. 독일의 여성 교육에 변화가 시작됐음을 알리는 결정이었다.[21] 에르크슬레벤은 의사로 일한 지 거의 10년이 지난 1754년에야 비로소 의사라는 직함을 사용할 수 있었다.

현대 과학의 혁명

여성 과학의 전환기에 살았던 이들 중에는 여성 최초로 대학의 물리학 교수가 된 볼로냐의 철학자 라우라 바시Laura Bassi(1711~1778)도 있다. 중세 후기 해부학에서는 주로 남성 과학자가 여성의 신체를 연구했지만, 18세기의 여성들은 해부학이 남성만의 영역이 아니었음을 보여주었다. 의사와 치료사가 되겠다며 에르크슬레벤의 뒤를 따른 여성이 많았지만 대개들 비슷한 사회적, 법적 문제를 마주해야 했다. 모란디의 길은 더 특이하다. 가족과 이웃을 돌보는 것은 오랫동안 여성이 해왔던 일이며 의사가 되는 것도 그 연장선에 있었다. 반면 해부학자가 되어 시체를 절단하고 그 안을 들여다보는 것은 치유가 아니라 신체의 복잡한 작용을 이해하기 위해서였다. 이는 고대부터 남성의 특권으로 여겨온 일이었다. 모란디는 이른바 '과학혁명'의 역사에서 베살리우스만큼 중요하다. 베살리우스의 위상과 명성은 훌륭한 저서뿐만 아니라 사회적 지위, 교육 접근성, 자금지원 덕분이기도 했다. 남성들은 충분한 재능을 입증하면 됐지만 같은 시기를 살았던 여성 대부분에게 이는 불가능한 일이었다. 그래서 해부학자로 성공한 모란디는 더욱 특별하다. 그의 작업은 과학적으로도 사회적으로도 혁명적이었다. 그는 자신의 사회적 지위와 볼로냐의 영향력 있는 과학자들, 개혁가들과의 관계를 활용해 해부학자로서 비범한 경력을 쌓았다.

18세기 의학에 종사한 여성들은 제한된 방식으로 의술을 추구해야 했던 한계가 있었지만, 업적은 남성 동료들 못지않았다. 우주의 구조에서부터 인체 가장 작은 부분의 복잡한 작동에 이르기까지, 심오한 비밀이 드러나는 시기가 근대 초기였다. 과학사에서 이 시대의 혁명은 앞서 나간 남성 개인들의 발견에 기인했을 뿐 아니라 여성들이 교육과 직업의 기회를 얻은 변화의 시작이기도 했다. 모란디와 에르크슬레벤은 특별한 사람들이었지만 그들이 성공은 과학의 본질이 바뀌고 있다는 신호이기도 했다.

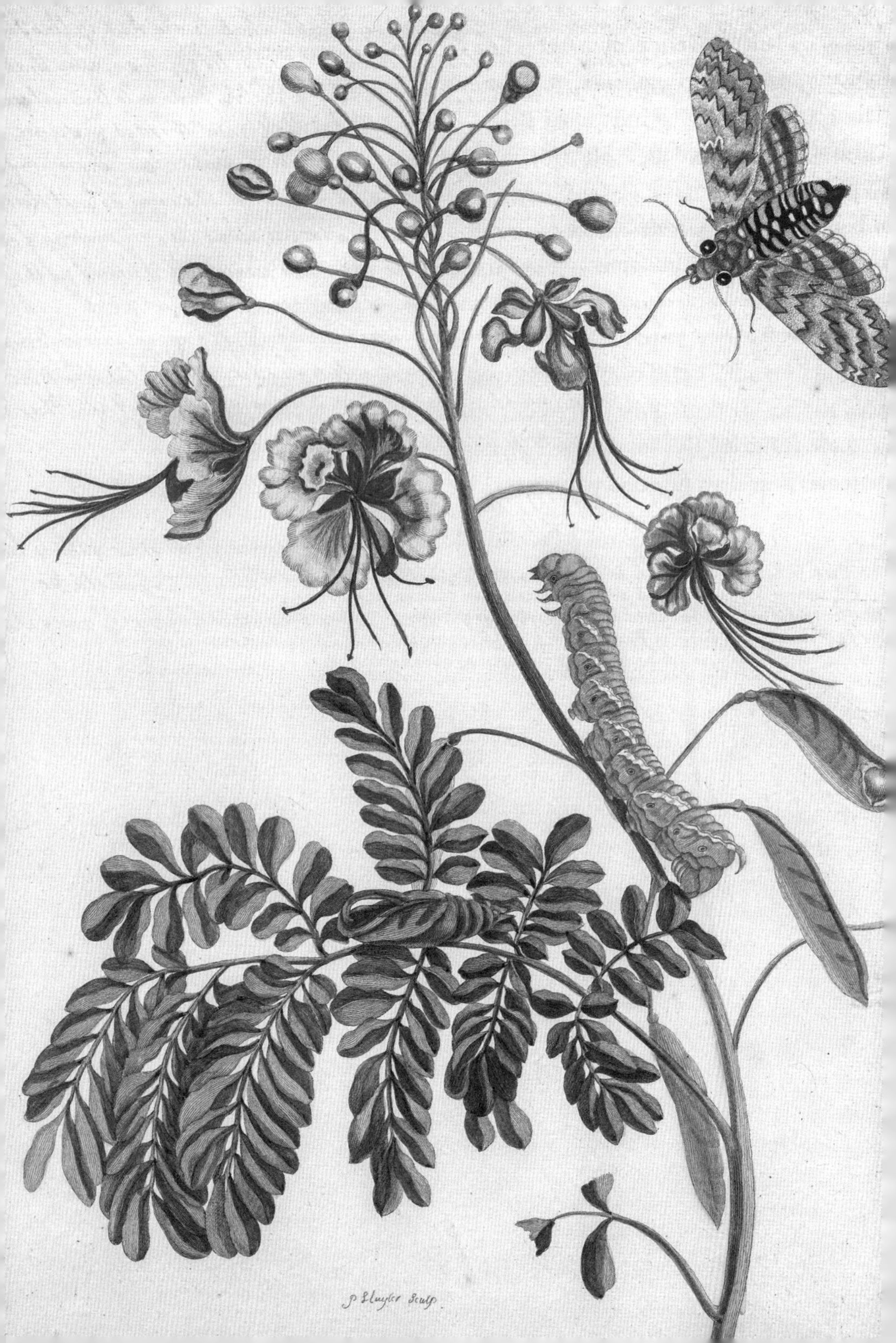
P Sluyter Sculp.

6장

대항해 시대의 제국과 착취

신비로운 세계의 자연을 수집하다

1766년 부되즈Boudeuse호와 에투알Etoile호 두 척이 루이 부갱빌Louis Bougainville 제독의 지휘 아래 프랑스 낭트를 출발했다. 루이 15세는 프랑스 제국의 이름으로 태평양 탐험에서 발견한 땅들을 차지했다. 부갱빌 제독이 부되즈호의 조타석에서 키를 잡고 있을 때, 에투알호의 선실에서는 키가 작고 수염이 없는 매끈한 얼굴을 한 장 바레Jean Baret가 자신을 고용한 필리베르 코메르송Philibert Commerson의 선실에 짐을 풀고 있었다. 고용인과 한방을 쓰는 것은 이례적이었기 때문에 두 사람은 심한 뱃멀미로 같은 객실에 묵어야

← 마리아 메리안은 1705년 책 『수리남 곤충의 변태』에서
공작화를 먹고 사는 옅은 녹색 애벌레의 수명 주기를 그렸다.

한다고 선원들에게 설명했다. 그러나 진짜 이례적인 것은 장 바레라는 인물 자체였다. 그의 진짜 이름은 잔 바레Jeanne Baret(1740~1807), 탐사에 참여하려고 남장을 한 여성이었다.

코메르송은 왕에게 개인적으로 고용된 탐험대의 박물학자였다. 왕은 그에게 보조원과 삽화가를 고용하라고 2,000리브르를 지급했다.[1] 코메르송의 보조원은 여성이었는데, 1689년 만들어진 프랑스 해군 규정에 따르면 여성은 해군 함정에 장기간 머물 수 없었다. 그러니 바레가 변장하는 것 말고는 방법이 없었다.

바레와 코메르송의 정확한 관계는 불분명하다. 1766년 원정 이전에 바레는 2년 동안 파리에서 돈을 받으며 코메르송의 보조원으로 일했다. 또 그 전에 바레는 코메르송의 아내가 죽자 그의 집에 가정부로 들어갔다. 당시 바레는 임신 5개월이었으며 법률 서류에서 아이 아버지의 이름을 밝히기를 거부했기 때문에, 누구의 아이인지는 확인할 수 없다. 코메르송은 루아르 계곡Val de Loire*에서 식물을 채집했고 바레 역시 거기서 약초를 캐 약제상이나 의사들에게 팔았기 때문에, 그곳에서 만나 연애를 했다고 보는 학자도 있다.[2] 어떤 관계였든 간에, 두 사람이 헤어지지 않았다는 사실은 분명하다.

바레는 태평양을 횡단하며 탐험했으며 유럽 여성들, 특히 바레 같은 노동계급 여성들은 발을 들이기 힘든 곳들을 방문했다. 상류층 박물학자들은 종종 해외 탐사 때 하층계급의 보조원을 고용했지만 여성을 데리고 가는 경우는 드물었다.[3] 코메르송의 보조원으로서 바레는 현장에서 물품

* 프랑스 중부를 가로지르는 루아르강을 따라 늘어선 계곡으로 프랑스의 정원, 프랑스의 요람으로 알려졌다. 루아르 계곡의 일부는 유네스코 세계문화유산으로 선정되었다.

잔 바레

JEANNE BARET

잔 바레는 탐험대의 보조원으로 배를 타기 위해 남자로 변장했다.
세계를 일주한 최초의 여성이다.

을 나르고 동식물 표본을 수집했으며 리우데자네이루에서 마다가스카르에 이르기까지 전 세계의 식물 표본을 모았다. 누가 봐도 바레는 단순한 보조원이 아니었다. 부갱빌은 그를 "전문 식물학자"라고 불렀다.[4] 파리 국립자연사박물관에는 코메르송이 수집한 표본 1,735개가 있다.[5] 그의 이름이 발견자로서 표본들 아래에 적혀 있지만, 그 수집과 보존 과정에는 바레가 분명 관여했을 것이다.

3년간 이어진 이들의 항해는 프랑스 최초의 세계 일주 항해이기도 했으며, 바레는 남성으로 변장했을지언정 이 업적을 달성한 최초의 여성이었다. 그의 신원이 언제 밝혀졌는지는 승선원마다 설명이 달랐지만, 원정 중에 그가 여성임을 알았음이 확실하다. 선원들은 1769년에 프랑스로 돌아왔지만 바레는 인도양의 프랑스령 모리셔스섬에서 코메르송이 사망할 때까지 함께했다. 몇 년 후 프랑스로 돌아온 바레는 탐험에 참여한 일로 조사를 받아야 했다. 해군 규정을 어긴 것은 사실이지만 부갱빌이 그의 신원을 보증해줬다. 해군은 처벌 대신 1785년부터 1년에 200리브르씩 연금을 주며, 바레를 '여성 특별인사'라 불렀다.[6]

바레의 이야기는 여성들이 남성만의 영역에 진입하기 위해 가야만 했던 극단적인 여정을 보여준다. 그러나 그의 이야기는 프랑스 제국주의와 식민지화의 어두운 이야기와 떼어 놓을 수 없다. 그는 땅을 차지하기 위한 제국의 원정에 참여했으며, 제국에게 그 땅이 원주민의 터전이었는지 여부는 중요하지 않았다. '7년 전쟁'*에서 패해 아메리카 식민지를 잃은 프

* 1756년에 시작된 7년 전쟁은 오스트리아 합스부르크가가 프로이센과의 왕위 계승 전쟁에서 패배해 독일의 슐레지엔 지역을 빼앗긴 뒤, 이를 되찾기 위해 프로이센을 상대로 벌인 전쟁이다. 여러 유럽국가와 식민지들까지 참여하며 세계대전급으로 확장됐다. 식민지에서 벌어진 전쟁에선 영국이 프랑스에 승리하면서 북아메리카와 인도를 차지했다.

랑스는 세계무대에서 약화된 힘을 되찾으려 했다. 코메르송과 바레는 군대와 동행했고, 그들의 역할은 해군의 식민지 관련 임무 가운데 중요한 부분이었다. 유럽 군대의 활동은 과학 탐구와 밀접하게 관련되었기 때문이다. 외국 영토의 신비로운 자연을 수집하고 카를 린네Carl Linnaeus*의 분류체계로 통합하는 것은 세계의 다른 지역을 유럽이 지배한다는 것을 보여주는 상징이었다. 식품이나 의약품, 염료의 재료가 되는 외국 식물을 거래하면서 유럽국은 경제력을 키웠다. 특히 프랑스는 위상이 낮아진 상태였고, 식물학이 경제를 활성화하고 유럽 최대강국으로 다시 부상하게 해줄 열쇠라고 여겼다.[7]

유럽 과학에 원주민의 지식을 활용하다

코메르송과 바레 이전에도 제국의 힘을 이용해 과학을 발전시키려 한 이는 많았다. 유럽의 무역로와 군대는 18세기에 이미 세계로 뻗어나갔다. 바레가 남장을 하고 배에 오르기 약 70년 전, 독일의 마리아 메리안Maria Merian(1647~1717)은 야생의 곤충을 관찰하기 위해 라틴아메리카로 떠났다. 그러나 메리안은 변장을 하지 않았다. 대신 그는 탐험을 막을 여러 장애에 대비해 미리 탐험 후에 펴낼 책의 삽화와 구독권을 팔아 자금을 마련했다. 과학 연구를 위해 대서양을 가로지르는 항해 비용을 스스로 마련한 그 시대의 유일한 여성이었다.

메리안은 어려서부터 식물과 곤충에 호기심이 많았지만 과학으로

* 스웨덴 출신의 식물학자로 현재의 동식물 분류법의 시초다.

네덜란드에서도 무역로를 따라
과학탐사가 이뤄지기는 했지만,
여성은 무역회사에서 일하거나
과학기관의 자금지원을 받을 수 없었다.

발을 들인 발판은 예술적인 재능이었다. 1647년 프랑크푸르트의 예술가 집안에서 태어난 그는 아버지 마테우스 메리안에게서 그림을 배웠고 아버지가 숨진 뒤에는 양부인 야콥 마렐 밑에서 계속 교육을 받았다. 10대 시절의 일기로 볼 때, 메리안의 삽화 스타일은 열세 살에 거의 완전히 자리를 잡았으며 자연과학에 대한 애정이 예술에도 반영됐음을 알 수 있었다. 그는 1660년부터 애벌레의 번식과 먹이 실험을 기록했다. 관찰일지와 함께 알에서 배설물에 이르기까지 애벌레의 생애를 묘사한 수채화 삽화를 넣었다. 실생활에서 직접 곤충을 관찰했다는 점에서, 메리안은 죽은 곤충이나 표본을 주로 들여다보던 다른 박물학자들과는 달랐다. 그는 부지런히 관찰해 유용한 결과물을 만들었다. 이탈리아 생물학자 마르첼로 말피기Marcello Malpighi가 1699년 곤충의 변태에 대한 책을 출간하기 10여 년 전에 이미 메리안은 관찰일지에 누에의 변태를 기록했다.[8]

메리안은 평생 예술적 기량을 키웠고 예리한 시각으로 과학적 정확성을 추구했다. 1665년 요한 그라프Johann Graff와 결혼해 요한나 헬레나와 도로테아 두 딸을 낳은 뒤에도 그는 변함이 없었다. 1675년 메리안은 3권으로 된 『새로운 꽃에 관한 책Neues Blumenbuch』의 첫 권을 펴냈다. 세 권의 책에는 각각 12종의 꽃과 곤충 삽화가 들어있다. 1679년에는 『애벌레의 놀라운 변태와 이상한 개화Der Raupen wunderbare Verwandlung und sonderbare Blumennahrung』라는 두 권짜리 책을 냈다. 일지에서 시작된 그의 스타일은 책에서도 이어졌으며, 곤충의 한살이와 서식지가 아름답고 정확한 삽화로 생생하게 살아났다.

1691년 메리안은 그라프와 이혼하고 두 딸과 함께 암스테르담으로 이사했는데, 당시 여성으로서는 드문 일이었다. 암스테르담은 세계 무역의 중심지였다. 동인도와 서인도제도를 비롯해, 네덜란드 제국이 차지한 세계 곳곳의 신비롭고 경이로운 자연 수집품들이 이곳으로 모였다. 거기에 이끌린 메리안은 동인도회사의 이사이자 자연사 관련 수집에 앞장섰던 시장을 찾아갔다. 표본을 본 순간 그는 크게 실망했다. 살아 있는 표본을 관찰하는 데 익숙했던 그는 스스로 자료를 찾아 나서기로 마음먹었다. "이 모든 이유로, 나는 이곳의 신사분들이 표본을 수집한 고온다습한 수리남*으로 멀고 돈 많이 드는 항해를 하기로 결심했다. 그래서 계속 관찰을 이어갈 수 있었다."[9]

네덜란드에서도 무역로를 따라 과학탐사가 이뤄지기는 했지만, 여성은 무역회사에서 일하거나 과학기관의 자금지원을 받을 수 없었다. 유럽인들은 여성이 배에 타면 남성보다 더 위험에 처한다고 생각했는데, 그런 두려움 대부분은 여성의 생식과 관련돼 있었다. 어떤 의사들은 적도 이남에서는 여성이 불임이 된다고 주장했으며 어떤 의사들은 더운 기후에서는 백인 여성이 생리가 많아져 자궁에 치명적인 출혈이 일어날 것이라고 걱정했다.[10] 하지만 메리안은 확고했고 자금도 충분했다. 1699년 쉰두 살

* Suriname. 남아메리카에 위치한 국가. 남쪽으로 브라질, 북쪽으로는 대서양에 접한다. 인구는 60만 명이다.

마리아 메리안

MARIA MERIAN

독일의 박물학자이자 식물학자인 메리안은
생태계를 이해하는 데 큰 도움을 주었다.

의 메리안은 딸 도로테아와 함께 네덜란드의 식민지 수리남으로 향했다.

네덜란드는 1667년 수리남을 식민지로 만들고 아프리카인과 아라와크Arawak 원주민을 노예로 삼아 커피, 목화, 사탕수수, 코코아 재배 경제를 구축했다. 수리남은 잔인한 노예제도로 악명이 높았다. 이런 상황에서 메리안은 과학 연구를 수행했다. 수리남에서 21개월을 보내며 아직 분류되지 않은 다양한 살아 있는 곤충을 관찰하고, 곤충의 생애주기와 그들이 먹는 식물을 삽화로 남겼다. 네덜란드로 돌아온 뒤인 1705년, 그 결과물을 담아 『수리남 곤충의 변태Metamorphosis insectorum Surinamensium』를 출간했다. 곤충과 그 먹이 식물의 한살이를 그린 이 책은 상호 연결된 자연 생태계를 담은 전례 없는 연구였다. 60개의 아름다운 삽화와 곤충을 새롭게 분류한 연구로 이 책은 자연사에서 사랑받는 걸작이 됐다.

메리안이 내륙을 돌아다니며 새로운 표본을 많이 발견한 데에는, 자신을 안내하고 지식을 나눠준 현지 노예들의 노동력이 있었다. 삽화 중에 선명한 빨간색과 노란색의 공작화를 먹고 사는 옅은 녹색 애벌레가 있는데, 메리안은 노예 여성에게 공작화가 낙태에 쓰인다는 얘기를 들었다고 적었다. "그들은 이것을 낙태를 유도하는 데 썼다. 그들은 자식이 자신처럼 비참한 노예로 살기를 바라지 않았다."[11] 토착 식물에 대한 메리안의 묘사는 식민지가 노예들에게 얼마나 잔인했으며, 메리안 같은 유럽 과학자들이 노예의 지식을 활용하고 착취하기가 얼마나 쉬웠는지를 보여준다. 메리안은 책에서 "나의 인디언"이라 불렀던 노예 여성 한 명을 네덜란드로 데려가기도 했다.[12]

노예제의 폐허

메리안의 작업을 가능하게 한 세계의 노예무역은 19세기 유럽에서 종말을 고했지만, 그 흔적은 남아 있다. 자연의 동식물을 하나의 지배적인 체계에 따라 분류하는 것은 제국과 국가의 우선순위였다. 알려지지 않은, 때로는 위험한 외국의 풍경을 기록하면서, '탐험'은 유럽 남성의 '남자다움'의 상징이었다.[13] 그럼에도 19세기에는 메리안의 시대보다 해외로 향하는 여성이 많아졌다. 특히 영국은 자연사 연구에 열심이었고 자연사에 관해 집필하고 출판하는 여성도 많았다. 이는 제국이 계속 팽창했기 때문이기도 했다. 박물학자 겸 작가인 사라 보디치 리Sarah Bowdich Lee(1791~1856)가 1816년 아프리카의 황금해안Gold Coast*에 도착한 것은 메리안이 수리남으로 항해한 지 한 세기가 지난 뒤였지만 여전히 과학은 제국주의와 묶여 있었다.

보디치 리는 임신한 상태에서 남편 토머스 보디치Thomas Bowdich와 지금의 가나에 있는 케이프코스트Cape Coast를 처음 여행했다. 토머스는 왕립아프리카회사Royal African Company**의 하급 직원이자 아프리카상업회사African Company of Merchants의 작가로도 일했는데, 영국이 관할하는 케이프코스트와 원주민 왕국 아산테Asante 사이의 평화조약을 협의하는 임무를 맡았다. 지금도 남아 있는 케이프코스트성城은 1807년에야 폐지된 대영제국의 국제 노예무역의 흔적이다. 이 성은 아프리카 해안에 흩어져 있는 수십 개의 '노예의 성' 중 하나다. 이곳의 지하 감옥에는 '중간항로'라 불리던 항로를

* 서아프리카 기니만 주변의 영국 식민지로 현재의 가나(Ghana)다.

** 영국이 아프리카 서부의 상품 교역과 노예무역을 위해 설립한 상업회사.

타고 아프리카 서부에서 대서양 건너 서인도제도로 실려갈 아프리카인들이 갇혀 있었다. 황금해안은 유럽 밖에 세워진 세계 최대의 유럽식 요새 군락이었다.[14] 보디치 리가 과학에 공헌하기 시작한 곳은 문자 그대로 노예제의 폐허 위였다.

보디치 리는 황금해안에서 지역 동식물을 연구하고 열대 서아프리카 식물을 체계적으로 수집한 최초의 유럽 여성이었다. 영국으로 돌아온 토머스는 아산테 원주민과의 협상, 아산테 왕국에 대한 인류학적 설명, 지리와 자연사 관찰을 포함해 『케이프코스트성부터 아산테까지의 임무Mission from Cape Coast Castle from Ashantee』를 펴냈다. 자연사 연구의 대부분은 아내가 했지만 책에는 남편의 이름만 실렸다.

보디치 부부는 다음에는 시에라리온 탐사 계획을 세웠다. 영국이 노예무역을 폐지한 뒤 자유를 얻은 아프리카인들의 정착지로 세워진 곳이다. 독립적으로 탐사하기 위해 부부는 1819년 파리로 이사했다. 부부는 저명한 박물학자이자 동물학자인 조르주 퀴비에Georges Cuvier* 로부터 자연사를 배우고 자연사 문헌을 영어로 번역해 항해 비용을 벌었다. 보디치 리는 〈패류학貝類學의 요소Elements of Conchology〉, 〈퀴비에 조류학鳥類學Ornithology of Cuvier〉 등 퀴비에의 글을 번역하면서 동시에 자신의 저서 『박제술剝製術: 자연사의 수집, 준비, 설치의 기술Taxidermy: Or, Art of Collecting, Prepare and Mounting Objects of Natural History』을 펴냈다. 이 책은 6쇄까지 나왔는데 모두 익명으로 출판됐다.[15]

1822년 돈을 마련한 부부는 시에라리온으로 향했지만 보디치 리

* 동물의 화석을 해부학적으로 비교 연구한 동물학자이자 비교해부학자. 진화론에 반대하고 천재지변 등의 격변이 반복되면서 멸종이 일어나고 새로운 종이 생긴다고 주장했다.

가 임신을 해 마데이라*에서 멈췄다. 딸 유지니아 키어를 낳은 후 가족은 감비아강의 배서스트로 이사했다. 1824년 토머스가 사망했다. 보디치 리는 시에라리온까지 가지 못하고, 두 달 더 아프리카에 머물다가 영국으로 돌아갔다. 귀국 길에 표본이 모두 망가졌지만, 그는 작업을 중단하지 않았다. 이듬해 토머스의 마지막 원고인 『마데이라와 포르토 산토로의 여정Excursions in Madeira and Porto Santo』을 출간했다. 그러나 20종의 새로운 물고기를 기록한 색인을 비롯한 대부분의 작업은 보디치 리가 혼자 해냈다. 퀴비에는 이 책의 프랑스어 판에 분류 메모를 추가했고, 알렉산더 훔볼트Alexander Humboldt**는 이 책에 기록된 관찰을 극찬하며 추천사를 썼다.[16]

남편이 숨지고 돈벌이가 필요해진 보디치 리는 대중적인 자연사 책을 내는 일을 계속했다. 가장 인기를 끈 것은 1828년부터 10년 동안 12권에 걸쳐 펴낸 『영국의 민물고기Fresh-water Fishes of Great Britain』였다. 수채화로 어류를 아름답게 그려냈을 뿐만 아니라 물고기 분류의 최신 연구로, 영국에서 아직 출판되지 않은 퀴비에의 연구까지 담았다. 그는 남편의 파트너로 과학자의 경력을 시작했지만, 일생 20권의 저서를 남기며 스스로 성공을 일궜다.

보디치 리는 메리안과는 달리 공개적으로 노예제에 반대했다. 노예제의 끔찍함을 담은 소설 『부룸 노예The Booroom Slave』를 썼고, 노예제 폐지론자들에게 인용되기도 했다.[17] 그러나 앞선 여성들과 마찬가지로 그의 과학적 탐험 역시 제국주의의 팽창과 노예무역의 유산이었다. 여성을 과학

* 아프리카 북서부 대서양에 있는 포르투갈령 섬.

** 독일의 지리학자, 박물학자, 탐험가. 일생의 연구를 집대성해 〈코스모스(Kosmos)〉라는 저작선집을 남겼으며, '지리학의 아버지'로 불린다.

과 발견에서 배제하는 관행에서는 벗어났는지 몰라도, 세 여성의 이야기는 야만과 식민지 착취의 역사와 복잡하게 엮여 있다.

3부

장기 19세기*

*
역사가 에릭 홉스봄(Eric Hobsbawm)이 1789년부터 1914년까지 일어난 역사를 서술한 책의 제목이 『장기 19세기(The long 19th century)』였다. 또 이탈리아 경제학자로 세계체제론을 이끈 중심인물 가운데 하나인 조반니 아리기(Giovanni Arrighi)도 20세기의 경제체제를 그 이전부터 구축돼온 자본주의 시스템의 연장선에서 해석하는 『장기 20세기(The Long Twentieth Century : Money, Power, And the Origins of Our Times)』를 썼다. 여기에 빗대 3부 제목을 '장기 19세기(The Long Nineteenth Century)'라 붙인 것으로 보인다.

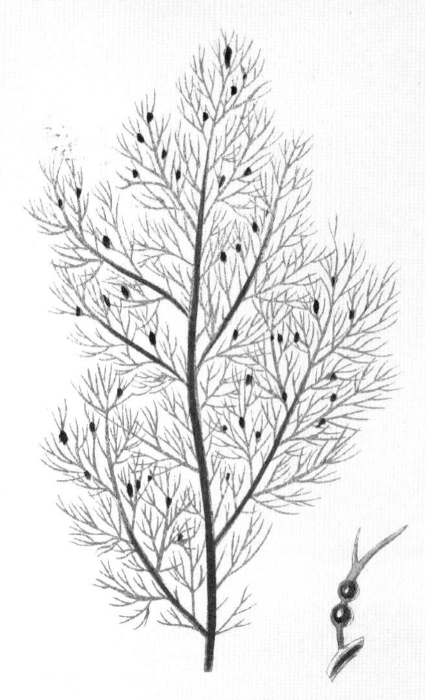

195.—Cystoclonium purpurascens, *Harv.*

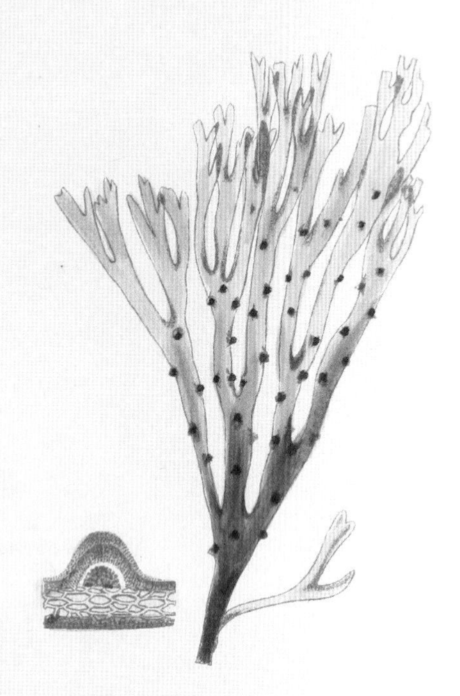

196.—Gracilaria multipartita, *J. Ag.*

197.—Gigartina pistillata, *Lamour.*

198.—Gracilaria confervoides, *Grev.*

7장

과학에 관해 쓰고 알리다

여성들에게 다가온 새로운 기술, 새로운 기회

1884년 영국 저널리스트 플로렌스 밀러Florence Miller(1854~1935)가 여성의 상태를 조사해 보도했을 때에는 이미 진전이 있었다. 해방을 위해 먼 길을 걸어와야 했던 것은 사실이지만, 더 많은 여성이 교육과 정치 논쟁과 사회 개혁에 어느 때보다 많이 뛰어들어서 경력을 쌓고 예전에는 생각도 못 했던 소득을 얻었다. 하지만 밀러가 보기엔 앞으로 걸어가야 할 길이 많이 남아 있었다. "마음의 가치를 더욱 높이 평가하고 고양해야 한다. 마음의 영향력이 더욱 커질 것이며, 그에 따라 여성들이 처한 조건들도 달라질 것이다." 그는 이렇게 적었다. "어떤 사람들은 이런 사실을 좋아하지 않을 것

← 마거릿 개티의 『영국의 해초』 2권 43면. 1872년 런던에서 발간했다.

이다. 앞날을 쉽사리 예측할 수는 없다. 하지만 아무도 우리를 막을 수 없다. 우리가 혼북*으로 되돌아가게 만들 수 없는 것처럼." 밀러에 따르면, 이렇게 여성들의 마음속에서 새롭게 발견된 가치는 기술의 진보, 특히 글을 타고 퍼져나갔다. 밀러는 "사상가들의 말을 복제할 수 있게 해준 인쇄술, 인쇄기를 돌리고 결과물을 빠르게 쏟아내게 하는 증기기관, 지구를 돌며 소식을 전하는 전신電信 덕분에 역사상 전례가 없이 정신적인 힘이 중요해지고 있다"[1]고 했다.

19세기는 정말 그랬다. 새로운 인쇄기술이 도입되고 동시에 여성 작가들이 유례없이 늘어났다. 인쇄와 출판의 모든 면은 점점 더 빠르고 효율적으로 변했다. 1814년 영국에서 도입된 증기 인쇄기는 시간당 1,000~2,000쪽을 찍어냈다. 이전의 수동식 인쇄기는 200~400쪽을 찍어내는 데에 그쳤다. 밀러가 글을 쓴 1884년에는 전기로 작동하는 회전식 인쇄기가 도입되어 시간당 거의 2만 부를 생산했다. 동시에 문자 해독률은 올라갔고 책과 신문, 정기 간행물 등 온갖 유형의 문서에 대한 수요가 생산과 함께 증가했다. 인쇄기의 생산성이 높아지고 독자들의 수요가 늘자 출판사들은 어쩔 수 없이 여성 작가들에게 눈을 돌렸고, 여성들은 새롭게 열린 기회를 붙잡았다.

출판과 문학 시장의 변화는 과학과 자연사에 관한 정보의 생산과 유통에 지대한 영향을 미쳤다. 1815년에는 자연사, 과학, 의학, 기술을 전문으로 다루는 10여 개의 상업 잡지가 있었는데, 1830년에는 그 수가 세 배가 되었다.[2] 1840년대와 1850년대 사이, 출판업자들이 증기 인쇄기를 사용할 무렵에 과학 서적의 수는 세기 초에 비해 네 배 늘었다.[3] 엘리트와

* 15세기 이후 영국에서 유행했던 어린이들과 여성들을 위한 교양서적들.

상류층 등 소수만을 위한 이전 세기의 과학과는 달리, 19세기 초의 과학 출판물은 대중들의 사회적, 지적 수요에 초점을 맞추었다.

과학의 독자층이 다양해진 만큼 창조하는 사람들도 다양해졌다. 여성들이 대학이나 연구기관 등 엘리트 서클에 자리 잡을 기회는 20세기에 이르러서야 늘어났지만, 과학과 자연사를 소비하는 대중의 열망과 결합해 더 많은 작가가 필요했고 여성들이 과학의 세계로 들어갈 길이 열렸다. 여성들은 과학의 독자이자 소비자로서뿐만 아니라 자연과 과학에 대한 대중들의 담론과 신뢰를 형성하는 작가이자 교사로서 스스로 자리를 찾아갔다.

과학 글쓰기에 이어져온 모계 전통

빅토리아 시대의 이런 흐름을 이끈 초창기 여성 작가 중의 한 명이 제인 마셋Jane Marcet(1769~1858)이었다. 1769년 새해 첫날 런던에서 태어난 그는 스위스 태생의 부유한 은행가였던 앤서니 홀디먼의 열두 자녀 중 첫째였다. 딸과 똑같이 '제인'이라는 이름을 가진 어머니는 집에서 아이들을 가르쳤다. 큰딸 제인은 당시의 상류층 가정에 널리 퍼진 수준 높은 교육을 받았고, 그중에는 일종의 기초 과학교육도 포함돼 있었다. 제인이 과학에 본격적으로 뛰어들게 된 것은 1799년 알렉산더 마셋Alexander Marcet과 결혼하면서였다. 알렉산더는 스위스 출신으로 뒤에 영국에 귀화했지만, 명망 있는 내과의사인지라 영국의 지식계와 긴밀한 관계를 맺었고 제인도 그 네트워크의 덕을 보았다.

제인이 화학에 관심을 두게 된 것도 알렉산더를 통해서였다. 지금

인쇄기의 생산성이 높아지고 독자들의 수요가 늘자
출판사들은 어쩔 수 없이 여성 작가들에게 눈을 돌렸고,
여성들은 새롭게 열린 기회를 붙잡았다.

도 남아 있는 알렉산더의 회고록에는 1801년 제인에게 화학을 가르치려고 노트를 큰 소리로 읽어주었다는 내용이 있다. 또 그 해에 험프리 데이비Humphry Davy*가 왕립학회에서 공개 화학강의를 시작했는데, 제인과 알렉산더도 그 강의를 들었다. 알렉산더는 '제인이 봄과 여름에 『화학에 관한 대화Conversations on Chemistry』를 쓰기 시작했고, 이 책은 곧 인기를 끌게 될 것'이라고 했다.[4] 제인은 원고 초안을 다른 화학자들에게 보여줘 조언을 받아 원고를 고쳤고, 남편은 팩트를 체크하고 수정하는 작업을 도왔다. 대개 과학자 커플이 함께 일하면 그 공적은 남편의 것이 됐지만 제인과 알렉산더의 경우에는 제인의 것으로 돌아갔다(4장 참조).

1806년 제인의 책 『대화』가 출간됐다. 이 책은 19세기 전반기 영어로 출간된 책 중 가장 많이 팔린 책 가운데 하나이다.[5] 마이클 패러데이Michael Faraday도 이 책의 제3판을 읽고 과학을 해야겠다는 영감을 받았다고 했다. 패러데이는 제인의 책을 만든 제본소의 견습생으로 일하다가 이 책을 접했다. 『대화』는 1853년까지 16판에 걸쳐 발간됐다. 그러나 제인의 이름이 표기된 것은 1837년 '마셋 부인Mrs. Marcet'이라는 이름이 저자 자리에

* 1778~1829. 왕립학회장을 지냈던 영국의 화학자.

적히면서부터였다.

제인 마셋은 여성을 독자 대상으로 대화 형식을 빌려 책을 썼다. 책의 등장인물인 'B부인'은 '에밀리'와 '캐롤라인' 자매를 가르치면서 활발한 토론을 통해 다양한 화학적 개념으로 인도하고, 마침내 상호 이해에 도달한다. 이런 형식이 19세기 초 여성들이 널리 활용한 과학 글쓰기의 '모계 전통'의 특징이다. 토론은 대개 집안에서 이뤄졌고, 어머니나 여성 가정교사가 이끌었다. 현대의 독자들에게는 집이 여성을 구속하고 억압하는 공간처럼 보일 수 있지만, 여성에게 과학을 가르치는 전문성을 부여함으로써 이들은 가정영역에서뿐만 아니라 과학영역에서도 권위자가 됐다. 제인은 여성 독자들을 위해 화학을 실험실에서 끌어내 집으로 옮겨왔다. 『대화』는 영국에서 인기를 끌었을 뿐 아니라 미국에서도 여러 여학교와 여자대학의 표준 교과서가 됐다.[6] 제인은 똑같은 대화 형식을 빌어 1816년에는 『정치경제학에 대한 대화』를, 1829년에는 『채소의 생리학에 대한 대화』를 펴냈다.

신성을 과학에 녹인 글쓰기

19세기 후반이 되자 모계 전통은 구식이 되었다. 여성 작가들은 여성뿐만 아니라 남성도 독자로 삼고 싶었다. 모계 전통 방식의 글쓰기는 점점 인기가 없어졌다. 1864년 마거릿 개티Margaret Gatty(1809~1873)는 제인 마셋의 문체가 싫다며 자연주의자 윌리엄 하비William Harvey를 비롯한 친구와 동료들에게 편지를 보냈다. "마셋 부인의 책은 읽지 않겠어요. 그의 작품이 싫어요."[7] 마거릿은 제인의 스타일과 다르게 글을 썼을 뿐 아니라, 정기간행

제인 마셋

JANE MARCET

유명한 과학 작가이자, 널리 인기를 끈 『화학에 관한 대화』(1806년)의 저자이다. 이 책은 19세기 초 영어로 쓴 책 중 베스트셀러였다.

마거릿 개티

MARGARET GATTY

마거릿 게티는 작가이자, 잡지 편집자였다. 그의 『자연에서 온 우화』는 19세기 후반 가장 유명한 어린이책이었으며, 『영국의 해초』 두 권은 놀라운 삽화가 담긴 해양생물학 안내서이다.

물에 글을 썼다는 점에서 매체도 달랐다.

마거릿은 1809년 6월 3일 해군 군목이던 알렉산더 스코트와 메리 프랜시스의 딸로 태어났다. 메리 프랜시스는 마거릿이 두 살 때 사망했고 마거릿과 언니 호라티아를 돌보는 일은 아버지에게 맡겨졌다. 아내가 죽은 뒤 스코트 목사는 가족과 친구들을 피한 채 서재 안으로 숨어들어갔다. 마거릿과 호라티아는 아버지의 따뜻한 정을 받아보지는 못했지만, 아버지의 많은 책을 접할 수 있었다.[8] 자매는 가정교사로부터 피아노, 그리기, 읽기와 쓰기 같은 기본 교육을 받았다. 그러나 훗날 마거릿이 쓴 저작의 기반은 시와 이야기를 쓰면서 자매 스스로 익힌 것이었다. 자매는 1828년에는 '블랙백 클럽Black Bag Club'이라는 쓰기 모임을, 1832년에는 '펀 클럽Fun Club'을 만들었다.[9]

마거릿은 1839년 목사 알프레드 개티Aflred Gatty와 결혼하고 열 명의 자녀를 둔 후 펜을 내려놓았다. 마거릿은 목사의 아내로서 남편이 이끄는 공동체와 신자를 돌보는 일에 몰두했고, 어머니로서 온갖 집안일을 하느라 바빴다. 그러다 1848년 일곱 번째 아이를 낳은 후 건강이 나빠져 헤이스팅스 해변으로 요양을 떠났다. 주치의는 그에게 아름다운 삽화로 영국 해조류를 소개한 윌리엄 하비의 『피콜로지아 브리태니카Phycologia Britannica』 한 권을 주었다.[10] 마거릿은 곧 해초와 해양 생물에 매료됐다. 집으로 돌아온 뒤 새로운 관심거리를 쓰려고 다시 펜을 들었다. 여생 동안 그의 상상력을 사로잡은 주제였다.

마거릿은 1855년 첫 책인 『자연에서 온 우화Parables from Nature』를 펴냈다. 이 책은 19세기 말까지 어린이 책으로 엄청난 인기를 끌었다. 각 장에는 자연물을 의인화하여 교훈을 이끌어내는 내용을 담았다. 자작나무는 산비둘기와 대화를 하고, 식충동물은 해초와 내기를 하는 식이다. 그는

1860년에 펴낸 『사람의 신성한 얼굴: 그 외 다른 이야기The Human Face Divine: And Other Tales』를 비롯해 여러 편의 우화집을 펴냈다. 가장 눈에 띄는 것은 1862년 발간한 『영국의 해초British Sea-Weeds』로, 지역 해양식물을 멋진 삽화와 함께 소개한 두 권짜리 책이었다. 14년 동안 직접 수집하고 관찰한 조류와 해조류 표본을 망라한 작품이었다. 책 외에도 마거릿은 『언트 주디스 매거진Aunt Judy 's Magazine』 등 여러 간행물에 자연사에 대한 글을 썼다. 아이가 열 명인 부부는 돈이 궁할 때가 많았지만 다행히 마거릿이 글을 써서 수입을 보충할 수 있었다. 스스로 돈을 버는 여성을 바라보는 사회의 부정적인 시선이 점점 줄어들면서, 마거릿은 과학 저술을 통해 명성과 소득을 모두 얻을 수 있었다.

마거릿의 작업 전체에서 자연에 대한 연구와 신에 관한 사색의 결합이 발견된다. 여성들의 자연에 관한 연구에는 신학이 중요한 요소일 때가 많았다. 성공회 목사 윌리엄 페일리William Paley와 그가 1802년 펴낸 『신성의 존재와 속성에 관한 자연신학적 증거들Natural Theology or Evidences of the Existence and Attributes of the Deity』이 여성들에게 큰 영향을 미쳤다. 페일리는 자연 속에 신의 존재 증거가 있으며, 자연에 관한 새로운 발견은 신성이 얼마나 지혜롭고 강력하고 목적의식적인지를 보여줄 것이라 믿었다. 그는 동식물의 단순한 존재조차도 의도적인 설계를 반영하고, 자연의 복잡함을 들여다보는 것은 신성한 창조자를 만나는 것이고, 자연을 연구하고 숙고하는 것은 신성한 지식을 찾는 것이라고 했다. 빅토리아 시대에는 여성을 가정과 따뜻한 마음의 수호자로 여겼으며, 자연과의 관계로 도덕성과 신성을 가르치는 것은 여성의 전문적인 영역이라고 봤다. 페일리와 여성들이 쓴 자연신학 전통 이론서는, 특히 19세기 중반 찰스 다윈Charles Darwin의 진화론에 대해 논쟁이 붙었을 때, 과학과 자연사의 대중서에 큰 영향을 미쳤다.[11]

다윈의 진화론을 둘러싼 논쟁

페일리의 자연신학 전통 아래에서 글을 쓴 여성들은 궁극적으로 진화론과 그리고 토머스 헉슬리Thomas Huxley와 존 틴달John Tyndall이 중심이 된 세속주의 과학의 권위에 맞서야 했다.[12] 마거릿은 자연도태를 통한 진화와 그것이 만들어내는 물질적 세계관을 거부했다. 그는 다윈의 『종의 기원On the Origin of Species』이 나온 지 2년 만인 1861년 단편 〈열등한 동물들Inferior Animals〉을 출간해 다윈의 자연선택설에 공개적으로 맞섰다. 위계질서에 대한 진화론의 해석에 의문을 제기하는 도덕적인 내용이었다. 다윈의 이론에 대응한 초창기 논평가이자 인기 있는 작가였던 마거릿은 다윈에 대한 세간의 생각에 큰 영향을 미쳤다.[13] 비록 역사와 과학이 그의 의심에서 나온 건 아니었지만, 수백 년 동안 여성은 참여할 수 없던 공공의 영역에서 그가 과학적 토론에 참여한 것은 중요한 의미가 있었다.

애러벨라 버클리Arabella Buckley(1840~1929)도 다윈의 자연선택설에 대해 논평을 했지만, 마거릿과 달리 그는 진화와 영성을 상호 배타적이라고 생각하지 않았다. 버클리는 24세에 유명한 지질학자 찰스 라이엘Charles Lyell의 비서가 되어, 1875년 라이엘이 사망할 때까지 11년 동안 일했다. 덕분에 버클리는 영국 과학계 인사들과 긴밀한 관계를 유지했는데, 그중에는 다윈뿐 아니라 다윈과 자연선택설을 공동 연구한 앨프리드 월리스Alfred Wallace도 있었다. 버클리는 다윈과 동시대인들 사이의 분열을 잘 알았다. 이들 중에는 인간의 도덕과 같은 소위 '더 높은' 본능으로의 진화는 창조자나 신의 개입 없이 자연선택 체계에서 온 것은 아니라고 생각하는 이들이 많았다.

다윈은 1871년 저서 『인간의 유래와 성선택The Descent of Man, and Selection

19세기 마리오니의 회전식 인쇄기를 묘사한 판화. 이 인쇄기는 시간당 7,000장을 출력했다.

in Relation to Sex』에서 동시대인의 우려를 다루면서, 인간의 도덕성은 자연선택을 통해 세대에서 세대로 이어져 자손의 생존율을 높이는 속성이라고 설명했다. 버클리는 이 주장이 설득력이 있다고 생각했다. 다윈의 책이 출판된 지 석 달 뒤 『맥밀런 매거진Macmillan's Magazine』에 〈다윈주의와 종교Darwinism and Religion〉라는 제목으로 글을 기고해 다윈을 옹호했다. 버클리가 발표한 최초의 글이었다. 버클리는 자연도태로 인해 신에 대한 믿음과 영혼의 불멸이 위태로워지지는 않으며, 인간 의식의 우월성이 약화되는 것도 아니라고 단언했다. 그는 생존을 위한 효도가 공동체를 보살피는 본능, 즉 자기 이익이 아닌 자기 희생을 우선시하는 본능으로 진화했다고 주장했다. 다윈의 글을 상리공생의 관점에서 바라보고 옹호한 작가는 그가 처음이었다.[14]

버클리는 1881년 펴낸 어린이 책 『생명과 아이들Life and Her Children』과 1883년 발표한 〈생존 경쟁의 승자들Winners in Life's Race〉에서 다시 진화를 다뤘다. 그는 다양한 형태의 삶을 통해, 낮은 단계의 생명 형태에서 진화의 승자인 인간까지 이어지는 상상력 가득한 진화의 서사시를 엮어냈다. 자연선택의 기초적인 내용만 설명한 건 아니었다. 10년 전 맥밀란 매거진에 썼던 것에서 한층 심화된 견해를 선보였다. 그는 공동체를 위한 희생과 협업을 통해 종이 살아남는 과정을 그렸다. 버클리는 대중이 다윈의 자연선택설을 받아들이는 데 큰 영향을 미쳤다. 19세기의 가장 인기 있는 과학 저술가로서 자연선택 이론을 스스로 발전시키며, 다윈이나 월리스를 비롯한 남성 과학자들과도 우정을 이어갔다. 1876년부터 1901년 사이에 버클리는 과학책 10권을 발표했다. 그의 저작 중 가장 창의적이라고 꼽히는 『과학의 마법세계The Fairy-Land of Science』와 그 후속편인 『마법의 안경을 통해Through Magic Glasses』도 이 시기에 나왔다.[15] 두 책에서 그는 동화적 언어와 상상력을 가지고 자연계의 마법과 경이를 조명했다.

과학적 성취라고 하면 일반적으로 과학 이론이나 발명, 발견을 말하지만 19세기 여성 과학 저술가들의 작업은 좀 달랐다. 과학계의 관행이나 제도는 찰스 다윈이나 마이클 패러데이 같은 사람을 위한 것이었다. 여성들은 자신들을 허용하지 않는 연구기관이나 대학같은 과학계의 틀을 넘어 자신의 공간을 만들어냈다. 19세기 영국에서는 여러 문화적 변화가 합쳐지면서 과학과 공적인 생활에서 새로운 기회가 열렸고, 여성들은 망설임 없이 이를 포착했다.

1. Belladonna purpureus. 2. Belladonna blanda. 3. Belladonna purpureus pallida.

Day & Haghe, Lith.rs to the Queen

8장

식물학, 여성의 과학이 되다

빅토리아 시대에 불어 닥친 자연사 광풍

빅토리아 시대 영국인의 자연사에 관한 관심은 열광이라고밖에 표현할 수 없다. 19세기 대중들이 자연 세계의 지식과 이미지를 얼마나 많이 소비했는지, '마니아', '열정', '광기' 같은 단어를 쓰지 않고는 제대로 그려낼 수가 없다. 광적인 정원 가꾸기, 양치류 수집, 곤충 채집, 나비 마니아, 수족관 열기, 화석 사냥과 암석 채집 등이 열병처럼 휩쓸었다.[1] 이런 열광적인 분위기가 식물학이나 곤충학, 패류학, 해양생물학, 지리학을 연구하는 이들에게도 영향을 미쳤다. 그러나 이에 동참하기 위해 특별한 훈련을 받거

← 벨라도나 릴리 석판화: 1841년 런던에서 출판된
제인 라우던의 『여성 꽃 정원용 관상용 구근식물』 의 아마릴리스 벨라도나이다.

나 관련 과학 교육을 받거나 과학계의 일원이 될 필요는 없었다. 그저 열정이면 족했다.

사람들은 이제 막 인쇄된 책과 정기간행물 수백 권을 가지고 자연사에 대한 갈망을 충족시킬 수 있었다.[2] 신문마다 실리는 자연사 칼럼은 익숙한 풍경이 됐고, 자연주의자와 대중적인 과학 저술가는 온갖 열망에 기대어 경력을 쌓아갔다. 자연사의 인기가 커지면서 과학과 자연에 대한 여성의 글도 넘쳐났다. 이론과학은 여전히 남성 과학자의 영역이었지만, 자연사는 점점 더 여성의 영역으로 변해갔다.[3]

자연사는 추상적인 이론을 넘어 사람들을 관찰로 이끌었다. 신성한 창조자의 증거와 아름다움은 식물의 잎맥, 하루살이의 미세한 털들, 추종을 불허하는 곤충의 다양한 색깔 등 자연 세계에서 발견될 터였다. 자연사는 본질적으로 평등했고, 그래서 여성은 수집가이자 관찰자 혹은 작가이자 독자가 될 수 있었다. 자연사는 여성에게 자연을 탐사하고 신기한 것들을 모으고 복잡성을 들여다보게 해주었으며, 무엇보다도 고등교육과 학계에서 배제된 여성에게 글을 쓸 공간을 열어주었다. 빅토리아 시대 사람들의 광적인 관심 덕에 여성 작가의 저술에 대한 수요와 독자층은 꾸준히 이어졌다.

여성의 과학이 된 식물학

여성들은 식물학과 그 형제격인 정원 가꾸기, 원예학에 대해 가장 많은 글을 썼다. 식물학은 오랫동안 산파이자 치유자이자 돌보는 사람인 여성들이 의학적 목적으로 활용해온 분야였다. 18~19세기 여성 작가와 독자에

프리실라 웨이크필드

PRISCILLA WAKEFIELD

프리실라 웨이크필드는 여성이 쓴 최초의 체계적인
식물학 입문서 『식물학 입문』을 펴냈다.

게 식물학은 영적인 의식을 고양하는 원천이자 자연과의 관계를 통해 여성성을 배양하는 방법이었다. 당시의 문화적 관점에서는 다른 어떤 과학보다도 식물학이 어머니이자 아내인 여성의 본성과 일치했다.[4] 19세기에 식물학은 무엇보다 여성에게 '적합한' 영역이 됐다. 식물학을 통해 여성들은 식물에 대한 열정을 표출했으며 관련된 저술을 소비하고 양치식물을 열성적으로 끌어 모아 키웠다.

19세기가 시작되기 직전인 1796년 프리실라 웨이크필드Priscilla Wakefield(1751~1832)는 『식물학 입문An Introduction to Botany』을 펴냈다. '퍼밀리어 레터스Familiar Letters' 시리즈의 하나였던 이 책은 여성이 쓴 최초의 본격 과학 저술이었다. 10대 자매가 가정교사에게 배운 내용을 서로에게 편지로 설명해주는 형식으로, 린네의 식물 분류체계도 소개했다. 스웨덴 식물학자 카를 린네Carl Linnaeus는 1735년 『자연의 구조Systema Naturae』를 출간했다. 1799년 기준으로 식물의 분류체계는 무려 55가지에 이르렀지만, 린네의 분류가 18세기 후반부터 19세기 초반까지 가장 널리 인정을 받았다.[5]

린네는 생식기관이 식물의 생물학적 분류에서 가장 중요하다고 주장하면서 수술과 암술을 기준으로 전체적인 분류체계를 구성했다. 수술의 개수에 따라 식물의 강綱을 정하고 암술의 개수로 목目을 나눴다. 생식기관은 식물의 유전적, 계통발생적 패턴과는 상관없기 때문에, 이 분류는 자연 자체에 근거를 뒀다고 할 수 없는 인공적인 체계였다.[6] 하지만 린네의 체계는 이해하기 쉬웠으며, 눈에 보이는 식물의 겉모습만 가지고 쉽게 분류할 수 있었다. 게다가 광범위한 종에 일관되게 적용할 수 있었다.[7] 여성들이 과학에 입문할 때 이 분류를 선호한 것은 단순함 때문만은 아니었다. 일단 식물을 암수의 해부학적 특징에 따라 분류하면, 저자들이 19세기의 기준에 맞춰 남성적, 여성적 성역할을 식물에 투영하는 것은 간단한 수순이었다.

이런 식의 젠더 고정관념이 여성을 집 안에 가둬두는 억압적이고 퇴행적인 당대의 관행처럼 보일지라도, 감성과 낭만과 여성성을 끌어안으며 과학에 대해 글을 쓸 여지를 만들어준 것은 분명하다. 여성의 과학저술이 지닌 이런 특징은 여성 작가에 대한 문화적 관념과 맞아떨어졌으며, 역설적으로 그들의 식물학 저술에 특별한 권위를 실어주기도 했다. 예를 들어 프랜시스 로덴Frances Rowden(1774~1820, 1840 추정)은 1801년 『식물학 연구에 관한 시적인 소개A Poetical Introduction to the Study of Botany』를 썼는데, 여성과 여자아이에게 이상적인 여성성을 가르치기 위해 린네의 식물 분류를 시로 소개하는 방식을 택했다. 예를 들면 암술 하나에 수술 여섯 개가 달린 은방울꽃의 분류를 설명하면서 남성들에 둘러싸여 구애를 받으면서도 순결을 지키는 처녀로 의인화해 여성의 겸양과 순결을 찬양하는 식이었다.[8] 이렇듯 여성 작가들은 식물학에 린네의 분류를 여성화해 적용하곤 했다.

식물학 밖으로 여성성을 불러내다

1830년대에 이르자 남성 과학자들은 자연사를 대중과 분리해 전문화하려고 시도했다. 오로지 여성의 영역으로 여기던 식물학을 여성이 접근할 수 없는 학문과 전문 과학으로 가져와 다시 통제하려 했다. 식물학자 존 린들리John Lindley는 특히 여성에게서 식물학을 빼앗아 오겠다고 목소리를 높인 사람이었다. 그는 1829년 런던 대학교 취임 강연에서 "근래에 이 나라에서 식물학의 중요성을 평가절하하고 남성의 심오한 사상과 관련된 직업이 아닌 숙녀들의 즐거움을 위한 일인 양 취급하는 것이 유행이 됐다"고

18~19세기 여성 작가와 독자에게
식물학은 영적인 의식을 고양하는 원천이자
자연과의 관계를 통해 여성성을 배양하는 방법이었다.

주장했다.

이후 수십 년 동안 식물학은 린들리가 주장한 것처럼 여러 방식을 통해 여성적 즐거움과 남성적 진지함으로 갈렸다.[9] 첫째, 린들리가 지지한 '자연계통 분류' 체계가 점점 린네의 체계를 위협했다. 린네의 체계는 식물을 쉽게 식별할 수 있게 해줬지만 불완전했다. 반면 자연계통 분류체계는 식물을 분류할 때 유전 패턴과 계통발생적 관계를 고려했다. 린들리가 자연계통 분류를 지지한 것은, 이 체계에서는 린네의 분류에서처럼 여성과 여성성이 곧바로 연결되지 않았기 때문이었다. 이런 변화 속에서 식물학의 언어는 문학적이고 서사적인 식물학 저술과 좀 더 전문화되고 비개인적인 저술로 나뉘었다. 이전에는 하나의 여성적인 형태로 존재했던 식물학이 이제는 아마추어적인 '숙녀들의 과학'과 남성이 지배하는 '직업적인 과학'의 두 갈래로 나뉜 것이다.[10]

식물학의 미래에 웨이크필드나 로덴처럼 인기 있는 여성 작가들의 자리는 없어질 판이었다. 1830년대가 되자 여성의 전통적인 식물학 글쓰기에 속했던 가족 이야기, 모성적인 스토리텔링, 대화와 편지 같은 스타일은 빛을 잃기 시작했고, 1850년대에는 거의 사라졌다.[11] 식물학에 대해 계속 글을 쓰고 싶은 여성들은 좀 더 전문적이고 과학적인 저술 방식을 채

택해야 했으며 자신의 글을 읽을 독자가 누구인지도 다시 생각해야 했다.

대중적인 식물학 저술가로서 이런 변화를 지켜본 제인 라우던Jane Loudon(1807~1858)은 글을 쓸 때 선택을 해야 한다는 사실을 깨달았다. 그는 식물학과 원예에 관한 책 다섯 권을 내고 여성 잡지 『레이디스 가든 매거진Ladies' Garden Magazine』과 『레이디스 컴패니언The Ladies' Companion』을 편집했다. 그의 책 중에 1840년 출간한 『숙녀들을 위한 식물학Botany for Ladies』과 이듬해 내놓은 『꽃밭으로 향하는 숙녀들의 동반자The Ladies' Companion to the Flower Garden』가 특히 인기가 많았다. 『숙녀들을 위한 식물학』을 내놓을 무렵에는 린네의 분류체계가 이미 힘을 잃었기 때문에 라우던도 자연계통 분류 방식을 채택했지만, 여전히 여성 독자들을 염두에 두고 책을 썼다. 그러나 10여 년이 지난 1851년 책의 두 번째 판을 낼 때는 주된 독자로 설정했던 '여성들Ladies'을 빼고 제목을 『현대 식물학Modern Botany』으로 바꿨다.[12]

또 다른 식물학 저자인 리디아 베커Lydia Becker(1827~1890)도 1887년 『초심자를 위한 식물학: 식물의 자연계통 분류를 위한 간략한 개요Botany for Novices: A Short Outline of the Natural System of Classification of Plants』를 출판하면서 비슷한 선택을 했다. 라우던처럼 그 역시 젊은 여성들에게 식물학을 소개하는 내용을 담았지만, 제목이나 책 자체에는 이를 명시하지 않았다. 베커는 이 책을 이니셜로 출판했다. 여성들의 전통적인 식물학 저술과 달리 저자든 독자든 성별 표시를 전혀 하지 않았다. 그는 여성의 권리와 평등한 교육을 열렬히 옹호했으며, 1868년 영국 과학진흥협회British Association for the Advancement of Science 앞에서 마음에는 성별이 없다며 "남성과 여성의 지능은 신체의 특별한 조직에 상응하고 의존하는 구별이 없다"고 주장했다.[13] 베커가 성별을 드러내는 표기를 없앤 것은, 성별에 바탕을 둔 구분을 흐려 젠더 중립적 과학이 되려는 선택이었다. 그러나 이는 가정의 문화와 감성,

리디아 베커

LYDIA BECKER

수전 데이커가 그린 리디아 베커 유화.
베커는 편집자, 과학 작가, 여성 인권 옹호자였다.

낭만이나 도덕처럼 여성의 영역으로 여겨진 것과 거리를 둔 저술 방식이었고 린들리가 분명히 밝힌 것처럼 '남성적인 과학'의 모델을 따른 것이었다. 여성 독자들을 위한 식물학 책 시장이 줄어든 것도 과학에서 여성적 글쓰기의 자리를 지우는 데 한몫했다.[14]

내러티브가 바뀌다

세기말에 이르러 식물학에서 여성의 지위는 크게 바뀌었지만, 엘리자베스 엘미Elizabeth Elmy(122쪽 참조)는 남성적인 과학 글쓰기의 새로운 규칙을 따르지 않은 예외적인 존재로 남았다. 그는 앞선 여성들의 전통적 식물학 글쓰기 방식을 따른 어린이용 식물학 책 두 권을 썼다. 1895년 펴낸 『아기 새싹들Baby Buds』과 1896년에 내놓은 『인간이라는 꽃: 출생 생리학과 성별 관계에 대한 간단한 설명The Human Flower: A Simple Statement of the Physiology of Birth and the Relations of the Sexes』이 그것이다. 흥미롭게도 그는 대중적인 과학 저술가나 식물학자가 아니었다. 엘미는 무엇보다도 페미니스트였고 여성 교육과 해방 운동가였으며, 이런 목적을 위해 식물학을 끌어왔다.

엘미는 특히 여성의 성적 해방에 관심이 많았다. 그는 여성의 동의 없는 성관계에 반대하고, 전염병법Contagious Diseases Acts* 폐지를 주장했다. 엘미는 당시에는 합법이던 아내 강간을 중지하고 범죄로 처벌하라고 공개적으로 요구한 최초의 인물이었다.[15] 그가 성적 동의를 중시한 것과 전염병

* 영국 군인들의 성병 감염을 막는다는 명분으로 공창 제도를 명문화한 법. 1864년 영국 의회에서 통과됐으며 1886년 폐지됐다.

여성 그룹과 리디아 베커가 영국을 의인화한 가상인물, 존 불에게 여성의 투표권을 요구하고 있다.
만화잡지 『펀치』 1870년 5월 28일에 실린 존 테니얼의 정치 풍자 만화이다.

법에 반대해 행동에 나선 것은 서로 이어져 있었다. 전염병법은 성병이 퍼지는 것을 막기 위해 도입된 일련의 공중보건 조치 가운데 하나였다. 이 법은 경찰에게 성 노동자로 보이는 여성을 강제 구금하고 조사할 권한을 주면서 정작 성 구매자 남성은 처벌을 피한 채 질병을 계속 퍼뜨리도록 놔뒀다는 점에서, 여성을 차별적으로 겨냥했다. 영국 문화에서 젠더적 이중 잣대는 여성의 성생활을 범죄로 규정한 반면 남성의 성생활에는 제한을 두지 않았다. 엘미는 성적 동의와 성매매 처벌이라는 두 이슈를 결합시켰으며 식물학 저술은 이중 잣대에 맞선 싸움의 연장선에 있었다.[16]

처음에 엘리스 엘데머Ellis Ethelmer라는 필명으로 출판한 『아기 새싹들』은 식물학 입문서 형태로 된 어린이용 성교육 책이었고 『인간이라는 꽃』

은 청소년을 위한 책이었다. 『아기 새싹들』에서 엄마로 보이는 화자는 식물의 번식을 가지고 아이들에게 인간의 성 해부학과 성행위, 관계 등을 설명한다. 이 화자는 아이에게 성 역할과 생식뿐 아니라 성적 책임도 가르친다. 성행위부터 임신까지 과정을 보여주면서 남성과 여성이 똑같이 성과 번식에 기여한다고 설명한다.[17] 엘미는 남성과 여성은 "그런 목적으로 서로에게 다가가기" 때문에 꽃가루를 옮겨주는 벌이 필요 없다면서 성행위에서의 동의를 강조했다.[18] 19세기 후반에, 그것도 어린이에게 남성과 여성의 성 정체성에 대한 문화적 이중 잣대를 설명한 것은 급진적인 행위였다. 이미 출판 시장에서 사라진 여성적인 글쓰기의 전통으로 되돌아간 것은 엘미가 신중하게 독자들을 골랐음을 보여준다. 그는 아직 성적 재생산을 배우지 않은 아이들과 청소년들에게 직접 말을 걸면서 남성과 여성의 성에 대한 문화적 신념을 바꾸려 했다. 여성의 전통 식물학 글쓰기에서는 인간에 대한 비유와 교육적 교훈을 쉽게 연결할 수 있었기 때문에 엘미의 필요에 잘 맞았다. 엘미는 여성 해방을 위한 넓은 행동주의에 과학을 활용했다는 점에서 중요하다.

19세기에 식물학에 관한 여성들의 글은 서술의 형태와 의제 양 측면에서 믿기 어려울 만큼 다양했다. 세기초의 프랜시스 로덴은 젊은 여성들에게 겸양과 순결의 미덕을 심어주려고, 세기말의 엘미는 아이들에게 성교육하려고 식물학을 활용했다. 이들의 의제는 서로 반대일 때도 많았지만 식물학 그리고 대중화된 과학 저술 시장은 그들이 목소리를 낼 공적인 공간을 열어줬다. 그러나 남성 과학자들이 식물학을 자신들의 영역으로 제한하고 "남성의 진지한 사고"의 영역에 가두면서 여성들의 공적 공간이 닫혔고 한때 열렸던 과학으로의 길도 막혔다.

엘리자베스 엘미

1833년 12월 15일 ~1918년 3월 12일)

엘미는 1833년 맨체스터에서 감리교 목사인 아버지와 노동계급 출신인 어머니 사이에서 태어났으나 열두 살에 고아가 됐고 외조부인 리처드 클라크가 양육을 맡았다. 할아버지가 충분한 돈을 남겨준 덕에 엘미는 사립 여학교인 풀넥모라비아 학교에 진학했고 뒤에 이 학교의 교장을 지냈으며 1865년에는 맨체스터 여성교장협회를 창립했다.

1850년대까지 엘미는 20여 개의 페미니스트 단체에 가입했고 여성해방과 참정권 운동에 열성적이었다. 예순다섯 살에 식물학에 뛰어든 것은 전염병법을 폐지하기 위한 행동의 일환이었다.

그가 1895년 출간한 식물학 입문서 『아기 새싹들』은 엘리스 에델머라는 필명으로 썼는데, 식물의 번식을 통해 아이들에게 인간의 성을 가르치는 내용을 담고 있다. 곧이어 엘미는 젊은 여성들을 위한 성교육서인 또 다른 식물학 책 『인간이라는 꽃』을 펴냈다. 전작과 같은 주제를 조금 더 성숙한 연령대의 독자들을 위해 다듬은 책이다.

엘미는 1918년 사망했다. 동시대를 살았던 사람들에게 엘미는 여성의 자유를 위해 싸운 영향력 있는 인물이었지만, 새롭거나 혁신적인 발견을 한 것은 아니어서 식물학에서 그의 중요성은 별로 알려지지 않았다.

9장

가정에서 병원으로

미국에서 간호사가 된다는 것

19세기 초, 미국에서 '간호'는 지금처럼 전문적으로 훈련을 하는 학교나 협회도 없고 간호의 내용이 규정된 직업도 없었다. 간호가 공식적이고 합법적인 의학 분야가 된 것은 남북전쟁 이후였다. 그러나 간호학의 뿌리는 가정에서 여성들이 전담하다시피 했던 돌봄의 영역으로 거슬러 올라간다. 이 책에서 이야기하는 다른 분야와 달리 간호 영역에서는 언제나 여성이 압도적이었다. 간호의 기초는 엄격한 성 역할에 따라 여성에게 가장 적합하다고 여겨진 유형의 일에 기반을 두었기 때문이다. 여성의 집안일과

← 간호사들이 헨리스트리트 구제소를 나서고 있다. 이 구제소는 1895년 릴리안 월드가 뉴욕 로어이스트사이드의 가난한 사람들에게 의료와 교육 서비스를 제공하기 위해 설립하였다.

간호는 긴밀히 이어져 있어 19세기 간호의 전문화 과정에도 큰 영향을 미쳤다. 남북전쟁으로 인해 미국의 간호학은 여타 나라와는 다른 방식으로 형성됐으며, 여기에 미국 간호사들이 외국에서 배워온 아이디어와 방법론을 합치면서 19세기와 20세기 초 미국의 특성에 맞는 독특한 직업이 만들어졌다.

오늘날 우리는 대개 간호라고 하면 아프고 다친 이들을 돌보는 일을 떠올린다. 이는 원래 여성들이 집과 마을에서 해오던 일이었다. 근대 이전은 물론이고 근세에 이르기까지 아이를 받고 아픈 이를 치료하는 것을 비롯해 가족을 돌보는 일은 여성이 평생 해야 할 일로 여겨졌다.[1] 그렇다고 비숙련 노동이었다고만 볼 수도 없는 것이, 많은 여성이 강의를 듣거나 책과 안내서를 읽으며 의학을 스스로 공부했기 때문이다.[2] 앞선 세대의 여성들에게서 전승된 경험과 지혜도 똑같이 중요하게 활용됐다. 하지만 19세기가 될 때까지 여성들은 치료와 전문지식의 대가를 받지 못했으며 제도권 시설에서 일하는 것도 아니었다. 의료 서비스의 중심은 병원이 아니었고, 대부분은 집에서 여성 가족 구성원이나 이웃의 치료를 받았으며 여유가 있는 환자들만 의사의 진료를 받았다. 이러한 맥락에서 보자면 의사들은 여성들이 오랫동안 유지해온 간호의 영역을 침범한 것이었다. 그러나 간호하는 여성들은 의사와는 정반대 취급을 받았다.

19세기 초 미국에는 공공 병원이 있었지만, 대개는 개혁 성향의 기관이 설립해 운영하는 병원들이었기에 급성 질환이나 외상보다는 만성 질환과 빈곤에 초점을 뒀다. 몸을 움직일 수 있는 여성 환자가 간호사로 일하기도 했는데, 이들은 의료서비스를 제공했다기보다는 청소나 세탁처럼 가사노동에 가까운 일을 했다.[4] 19세기 중반 산업화와 도시화로 미국 경제가 근본적으로 바뀌자 여성들이 지역사회에서 간호 서비스를 제공하게 됐으며 고용되어 돈을 받고 일하는 방식으로 전환됐다.[5] 중국 왕조의 '할머니들'(27쪽 참조)처럼 이들도 대부분 나이가 많았고, 남편이 죽은 뒤 집 밖으로 나가 일해야 하는 처지였다.[6] 이들 중 상당수는 오늘날 간호사가 일하는 병원이 아닌 환자의 집에서 그들을 돌봤다.

남북전쟁 시기의 간호

미국의 간호학은 엄격한 성 역할뿐 아니라 노예제도, 나중에는 전쟁의 영향을 받았다. 미국으로 끌려온 노예들은 그들의 전통문화에서 널리 쓰인 치료법을 알고 있어, 여성 노예는 자주 다른 노예들과 백인 주인 가족을 돌봤다.[7] 산파 경력을 가진 여성 노예는 노예주에게 부가 가치가 있어 다른 가족에게 빌려주기도 했다.[8] 남부의 여성 노예가 맡았던 돌봄 노동은 주인집 아이들을 돌보고 가정을 관리하는 '흑인 유모'의 문화적인 이미지로 각인됐다.[9] 남북전쟁 동안 북부에서는 특히 흑인 여성들이 군 병원에서 간호사로 일하거나 노예제가 사라진 도시에서 산파로 일했다.[10]

'간호사nurse'라는 명칭이 항상 아프거나 다친 이들을 돌보는 사람을 뜻하지는 않았다. 오히려 수유와 관련된 일을 지칭할 때가 많았다. 여성 노예나 고용된 여성이 주인집 아기에게 젖을 먹이고 돌보고 청소년기까지 양육하는 가사노동을 뜻했다. 1861년 『뉴욕타임즈』의 한 페이지에 40여 개의 간호사 구인 광고가 실렸는데 그 중 단 두 건만이 "병약한 여성"을 돌볼 간호사를 찾는 내용이었다.[11] 대부분은 "아기가 태어나는 순간부터 돌봐주고" "손수 아이를 키우며" 재봉을 포함한 다른 집안일들도 할 지원자를 찾았다. 광고에서 원하는 간호사 겸 재봉사는 남의 가정을 위해 일하

1898년 미국-스페인전쟁 시, 조지아주 치커모가의 군 간호사들.

는 사람이고, 주인집 가족을 따라 도시 외곽으로 옮겨가기도 했다.[12]

남북전쟁으로 의료 인프라가 부족해지자 훈련된 간호 인력은 점점 더 필요해졌다. 공식 교육은 받지 않았지만, 오랫동안 가족을 돌본 경험이 있는 여성들은 전쟁에 도움이 될까 해서 병원으로 향했고 간호사로 봉사했다. 거의 2만 명에 달하는 다양한 배경을 가진 여성들이 전쟁 중에 간호사로 자원했다. 수간호사와 관리인들은 그들을 인종과 계급 즉 사회적 직위에 맞춰 재빨리 분류했다. 백인 여성은 수간호사와 간호사로 일했지만, 흑인 여성은 요리사와 세탁부로 밀려났다.[13]

여성들이 남북전쟁에서 경험을 쌓은 데다 조직을 만들려는 움직임을 보이면서 간호는 서서히 전문화됐다. 전쟁으로 무너진 가정에서는 딸들을 훈련시켜 일터로 내보내야 했다는 점도 어느 정도 작용했다.[14] 전쟁 중에 의료 분야에서 전문지식을 쌓은 여성을 중심으로 1870년대 초 간호

학교가 세워져, 미국 역사상 최초의 '정규' 간호사가 될 여성을 훈련하기 시작했다.

나이팅게일 모델과 미국의 간호학

초창기 미국의 전문 간호는 플로렌스 나이팅게일Florence Nightingale(1820~1910)의 영향을 많이 받았다. 1859년 출판된 그의 저서 『간호 노트Notes on Nursing: What It Is, and What It Is Not』의 미국판은 1860년에 나왔다.[15] 나이팅게일은 크림전쟁* 때 간호 행정을 혁신해 찬사를 받았지만, 당대의 여성이라면 어느 시점에는 '누군가의 건강을 책임져야 한다'는 측면에서 '모든 여성은 간호사'라는 점도 이해하고 있었다. 그는 치료를 잘하려면 먼저 환경을 갖춰야 한다는 간호 접근법을 택했다. 그의 관찰에 따르면 환자가 적절치 못한 환경에서 치료를 받으면 여러 질병에 걸렸다. 실내 공기가 깨끗하지 않고, 온도가 적절히 유지되지 않고, 치료 일정이나 관리 일정이 경직되고, 병원이나 가정 내 병실이 위생적이지 않은 것 등이 약이나 수술보다 환자의 회복에 더 큰 영향을 미쳤다.[16]

그의 의학적 접근법은 간호학에 반영됐지만, 19세기에 의학 분야에서 일한 다른 여성들은 나이팅게일의 젠더화된 간호 철학에 비판적이었다. 나이팅게일은 훌륭한 간호사의 자질은 모범적인 여성성 자체에 있다

* Crimean War, 1853년부터 1856년까지 흑해의 크림반도에서 벌어진 전쟁. 러시아에 맞서 오스만 제국, 영국, 프랑스 등이 맞붙었다. 오스만 제국이 쇠퇴한 틈을 타 러시아가 동방정교회를 보호한다는 명분으로 파병했고, 영국과 프랑스가 이를 견제하려 나서면서 전쟁이 벌어졌다. 이때 나이팅게일은 전쟁터에서 군 관리를 설득해 병원 운영 원칙 등을 세우는 등 의료행정가로 활약했다.

고 했다. 그러나 의사가 되고 싶은 여성은 아픈 사람을 돌보는, 여성들에게만 요구되는 미덕을 버려야 했다. 역사학자 패트리셔 단토니오Patricia D'Antonio는 이렇게 썼다.

> "간호 지식은 의학 지식과 구별됐다. 여성이 배우고 책임져야 하는 것은 신선한 공기, 온기, 적절한 환기, 영양가 있는 식단, 모범적인 위생 상태, 조용한 환경 등 '일상적인 위생 지식'이었다."[17]

나이팅게일의 영향력은 컸지만 19세기 간호 교육이 모두 그 모델을 따르지는 않았다. 1839년 의사들은 이미 신체와 의료에서 과학 지식을 강조하는 간호 교육 과정을 개발하기 시작했다. 필라델피아의 남성 의사들은 출산한 여성들만 보살피는 산파와 별개로 여성을 훈련하는 간호 교육 프로그램을 만들었다. 이런 간호사들은 의사의 과학적 권위를 강화하는 데 도움이 됐다.[18] 의사들이 치료 과정에서 관찰과 객관적 과학 원칙을 고수하면서, 환자의 상태에 대한 정보를 수집하고 혁신적인 치료법을 고안하도록 돕는 훈련된 간호사들이 필요했다.[19] 고도로 훈련된 의사들의 계급 질서에서 간호사들이 중간 위치를 차지하자 집이나 병원에서 이미 일하던, 과학에 기반한 의학에 끼어들 자격이 없는 것으로 무시당하던 간호사들도 재평가받기 시작했다.[20]

간호학에서 인종 통합 시작

남북전쟁 당시 간호학이 인종과 계급에 따라 분리되었던 것처럼, 전문 간호도 비슷한 패턴을 따랐다. '등불을 든 여인The Lady with the Lamp'이라는 나이팅게일의 이미지*는 심하게 젠더화 되었으며 동시에 백인 지배적이었다. 그러나 남북전쟁 이후 사회 전반에 퍼져 있던 인종 장벽에도 불구하고 흑인 여성들은 전문 간호에서 뛰어난 역량을 보였다. 뉴잉글랜드 여성아동병원에서 공부한 흑인 여성 메리 마호니Mary Mahoney (1845~1926)는 1879년 아프리카계로는 처음으로 미국에서 정식 간호 학위를 받았다. 간호 교육이 인종적으로 통합되기 시작했음을 보여주는 역사적인 순간이었다.

1845년 매사추세츠주 보스턴에서 태어난 마호니는 해방된 북부 지역에서 살았다. 그러나 도망노예법Fugitive slave laws**은 여전히 남아 흑인들은 거주나 고용에서의 차별과 함께 인종차별적인 폭력이 난무하는 환경에서 자랐다.[21] 백인 여성들처럼 흑인 여성들도 개인 가정에서 간호사로 일했지만, 흑인 여성들에게는 인종 구분에 따른 역할이 추가되어 간호 업무에 더해 집안일까지 해야 했다. 백인 여성들은 의사들과의 업무 관계나 간호 교육을 통해 새로운 권위를 얻었지만, 흑인 여성들은 그렇지 못했다.[22] 1865년 개인 가정의 간호사로 일하기 시작한 마호니도 이런 인종 구분의 제약을 받았다.

의학계에서 여성의 권리를 요구해온 여성들이 의사와 간호사를 키우기 위해 보스턴에 뉴잉글랜드 여성아동병원을 세운 것은 이 무렵이었다.[23] 인종을 분리하던 다른 병원과 달리 이 병원에는 온갖 배경의 환자들이 모두 입원할 수 있었다. 병원이 마호니가 살던 록스베리로 이전한 지 6년째 되던 해인 1878년에, 병원에서 임시로 요리와 청소와 빨래를 하던 마

* 밤마다 전쟁터의 야전병원에서 램프를 들고 환자들을 돌본 것에서 붙여진 나이팅게일의 별명.

** 특정 주에서 다른 주로 또는 공유된 영토로 도망간 노예의 반환을 규정한 법률.

제1차 세계대전,
간호사들이 회복한 환자에게
작별 인사를 한다.

릴리안 월드
LILIAN WALD

릴리안 월드는 특히 공중보건 분야를 대표하는 인물이다. 그는 1895년 뉴욕에 '헨리스트리트 방문간호 서비스'를 창립해 로어이스트사이드의 빈곤층에게 의료와 교육 서비스를 제공했다.

메리 마호니
MARY MAHONEY

1879년 메리 엘리자 마호니는 아프리카계로는 처음으로 미국에서 정식 간호 학위를 받았다. 그는 개인 가정에서 간호를 시작해 개인 간호사로서 성공적인 커리어를 이어갔고, 그의 성공은 흑인 여성이 간호사로 교육받을 기회를 넓혔다

호니는 16개월짜리 간호사 교육 프로그램을 시작했다.[24]

10년도 더 전에 만들어진 당시의 교육 프로그램은 아주 엄격했다. 학생들은 매일 16시간씩 자기가 맡은 병동을 관리한 후, 적절한 환자식과 외과적 간호 기술, 가정 내 간호 등에 대한 강의를 들었다. 학생들은 여러 부서를 돌면서 임상 경험을 쌓았다.[25] 마호니는 1879년 졸업했으며 그 후 20년 동안 흑인 간호사 다섯 명이 같은 교육을 받았다.[26]

이제 자격증을 따고 교육의 권위를 두른 마호니는 다시 개인 가정에서 간호를 시작했다. 개인 간호사로서 그가 거둔 성과는 보스턴 의학도서관이 관리하는 간호 등록부에서 확인할 수 있다. 이 등록부는 간호사를 고용하려는 고객을 위한 추천 목록인데, 마호니를 고용했던 사람들은 모두 그를 '우수한 간호사'라고 평가했다.[27] 하지만 '우수한 간호사'라고 해도, 마호니를 비롯한 흑인 여성들은 여전히 차별과 모욕을 받았다. 개인 집에 고용된 다른 백인 노동자와 달리 흑인들은 집주인 가족과 같은 공간에서 밥을 먹을 수 없었다. 마호니도 어쩔 수 없이 부엌에서 끼니를 때워야 했지만, 그는 다른 하인들과 같이 식사를 하지 않을 때에는 자신도 고용주와 같은 공간에서 밥을 먹게 허락하라고 요구했다.[28] 훈련을 받은 숙련된 간호사 마호니를 둘러싼 이런 일화는 19세기 간호사들이 겪어야 했던 숱한 갈등과 모순을 보여준다.

진보 시대의 간호학

의료계에는 여성이 의학 지식을 쌓는 것을 회의적으로 보는 이들이 여전히 많았지만, 정식 교육을 받은 간호사는 하인이 아니라 지식 노동자라는 새로운 정체성이 자리를 잡아갔다. 1890년 미국에서 정식 교육을 받은 간호사는 500여 명이었는데, 세기가 바뀔 때에는 3,500여 명으로 늘었다.[29] 20세기 초 간호학에서는 전문적, 사회적, 과학적 측면에서 근본적인 변화가 일어났다. 병원이나 가정에서의 간호는 더욱 전문화됐으며 간호 교육도 더 엄격해지고 표준화됐다. 자원봉사 단체나 부유한 여성의 자선 활동에 뿌리를 둔 간호학은 공중보건 개혁의 중요한 원동력이 되기 시작했다.

간호학에서의 이런 변화는 역사가들이 명명한 진보 시대에 이뤄졌다. 진보 시대는 19세기 후반과 20세기 초반 미국에서 광범위한 사회, 정치적 개혁운동이 벌어지던 시기를 가리킨다.

다른 분야도 마찬가지였지만 간호학과 공중보건 분야에서도 진보 시대 개혁을 주도한 여성들이 있었다. 1889년 젊은 독일계 유대인 여성, 릴리안 월드Lillian Wald(1867~1940)는 뉴욕병원 간호사 훈련 학교에 들어갔다. 중산층 가정에서 태어나 뉴욕주 로체스터에서 자란 월드는 언니의 출산을 돌보면서 간호사가 되고 싶다고 생각했다. 하지만 역사가 마조리 펠드Marjorie Feld가 말하듯, 삶과 일에서 월드의 야망은 훨씬 원대했다.[30] 1891년 간호학교를 졸업한 그는 뉴욕시의 청소년정신병원에서 일하다가 곧 병원에 환멸을 느끼고 맨해튼의 여자 의과대학에 들어갔다.[31]

월드는 중산층 출신으로 부유하고 개혁적인 여성들과도 인맥이 두터웠으며 그들과 함께 일했다. 1893년 그는 간호학교 동창생 메리 브루스터와 함께 뉴욕의 가난한 이주민들이 밀집한 로어이스트사이드로 이사를 했다. 두 사람은 2년 동안 공동주택에 살며 지역사회를 연구한 뒤, 헨리스트리트 방문간호 서비스Henry Street Visiting Nurse Service를 세웠다. 간호사가 지역사회에 거주하면서 교육과 의료서비스를 제공하는 이런 시설을 보통 구제소Settlement House라고 불렀다. 월드는 회고록에서 간호사로서 받은 교육이 빈곤층을 돕는 데에 가치 있게 쓰였다고 썼다. "내가 환자를 돌보는 교육을 받았다는 사실이 기뻤다. 그 덕분에 내게 깨달음을 준 이웃들과 유기적인 관계를 맺을 수 있었다."[32]

월드와 브루스터는 변호사와 노조 조직가, 사회개혁가들뿐 아니라 간호사들도 고용했다.[33] 헨리스트리트 방문간호 서비스는 간호사를 지역에 파견하고 모든 지역민이 의료서비스에 접근할 수 있도록 차등비용제를 도입했다. 월드는 이런 새로운 제도를 설명하기 위해 '공중보건 간호public health nursing'라는 용어를 만들었는데 여기에는 교육도 포함됐다.[34] 19세기 초와 마찬가지로 이때도 대부분의 사람은 아플 때 병원에 가지 않았다. 월드는 엄청난 치료비뿐 아니라 집을 떠나 병원에서 치료를 받는 여성들이 겪어야 하는 사회적 압력에도 민감하게 반응했다.[35] 그는 회고록에 자신과 간호사들이 환자가 적절한 치료를 받고 있다는 걸 입증하기 위해 의사의 권위에 맞서야 했던 일들도 기록했다.[36]

마호니와 월드는 백인이 우세한 기독교 간호계에서 이례적인 존재였다. 월드는 야심을 품고 집 밖으로 나가 일을 했다. 중산층 여성의 교육에 대한 전통적인 관념을 뒤집은 것이다. 레즈비언인 그는 결혼해 아이를 낳는 대신 여성 친구들과 친밀한 파트너와 함께 공동체에서 살았다.[37] 미국 간호학의 역사는 복잡한데, 여기에는 남북전쟁처럼 큰 파장과 개별 간호사의 사생활처럼 작은 힘이 모두 중요하게 작용했다. 간호사의 일 전반에 나이팅게일의 생각이 널리 스며들어 있었지만 절대적이지는 않았다. 아프리카계 노예 여성의 돌봄 노동에서 중산층 여성의 야심 찬 사회개혁 프로그램에 이르기까지, 19세기에 교육받고 간호사로 일했던 여성들의 다양한 경험이 오늘날 우리가 아는 간호사라는 직업의 형성에 큰 영향을 미쳤다.

FIRST WOMAN'S MEDICAL COLLEGE BUILDING.

AS IT APPEARED AT THE FIRST COMMENCEMENT IN 1850, LOCATED AT 229 (OLD NUMBER) ARCH STREET, BELOW SEVENTH.

10장

가정의와 여성 의사

여성 의사 되기

의료는 비교적 짧은 기간에 표준화된 직업이다. 남성이든 여성이든 의과대학에서 공식 교육을 받고 공식 인증과 의사면허를 취득한 것은 현대에 들어서 나타난 일이다. 19세기는 간호가 직업으로 인식된 시기이자 의학이 형성되는 시기였다. 병원은 치료의 중심지가 되었고 의료 행위는 더욱 규제되고 형식을 갖춰갔다. 흥미롭게도 대학에서 여성의 의학 공부를 제한하는 규정은 없었는데, 이 자체가 여성들이 의사가 되는 길을 막기도 했다. 그 결과 19세기에 의학 교육을 받으려던 많은 여성은 이주를 선택했

← 펜실베이니아 여자 의과대학. 19세기와 20세기 초 유명한 여성 의사를 많이 배출했다. 특히 의학을 공부하기 위해 미국으로 이민 온 여성도 많았다.

다. 세계 곳곳의 여성들이 여성 의과대학에서 공부하기 위해 미국으로 향했다. 더 나은 교육기관을 찾아 유럽을 횡단한 여성들도 적지 않았다. 유럽에서 의학 교육을 받으려는 여성들은 수 세기 동안 여성을 배제해온 대학의 관습에 맞서야 했다.[1]

19세기 독일은 국가가 의학을 엄격하게 규제했다. 국가가 관할하는 대학에서 교육받지 않으면 개업할 수 없었다. 그런 학교 중 어느 곳도 여성을 받아들이지 않았다. 그러니 법적으로 독일 여성은 의사 직함을 가질 수 없었다. 이때 안나 피셔-뒤켈만Anna Fischer-Dückelmann은 의대에 진학하기로 마음먹었다. 뒤켈만은 중산층 의사 가정 출신으로, 여성과 어린이의 건강을 위해 치료와 채식 식단을 포함한 자연 요법을 중시했다.[2]

독일의 개혁 성향 여성들은 더 나은 교육, 특히 의학 교육을 받을 수 있어야 한다고 주장했다. 당시 독일의 초등교육은 남성과 여성의 서로 다른 성 역할을 바탕으로 구성되었다. 남자아이들은 대학과 시민 생활을 준비하기 위해 자기계발에 중점을 둔 빌둥 원칙에 따른 교육을 받았고, 여자아이들은 가정과 가족에 대한 여성의 의무를 우선시하는 베스티뭉에 초점을 맞춘 교육을 받아야 했다.* 여성에게 의무교육을 넘어선 교육은 불필요하며 극단적으로는 장차 여성의 생식능력을 해칠 것이라 주장하는 이들도 있었다.[3] 여성이 대학에 들어갈 수 있다 해도 성별에 따라 엄밀히 분류된 초등교육을 받고서는 대학교육을 받을 준비를 할 수 없었다. 그래서 뒤켈만은 남편과 함께 공부하면서 수학과 라틴어를 배워 이를 보충했다.[4]

1885년 30대에 가까운 나이에 남편과 아이까지 둔 뒤켈만은 독

* 둘 다 교육의 의미를 담고 있지만 독일어의 빌둥(bildung)이 문자 그대로의 교육인 것과 달리 베스티뭉(bestimmung)에는 천직, 사명 등 정해진 운명이라는 뜻이 담겨 있다.

일의 규제를 피해 스위스 취리히 대학교에 가려고 계획했다. 취리히에서는 1860년대 후반 이미 여성도 의학교수가 될 수 있어 다른 나라 여성들도 취리히로 향하기 시작했다. 취리히에서는 독일어로 수업을 했기 때문에 특히 독일 여성에게는 좋은 기회였다.[5] 뒤켈만은 취리히에서 교육과 임상 경험을 쌓으면서 세 아이를 키우고 가르쳤다.[6] 쉽지 않은 일이었다. 뒤켈만이 후에 "어떤 일을 하라는 인도도 없고 강력한 의지도 없다면" 돌볼 가족이 있는 사람은 의대 공부를 해서는 안 된다고 썼을 정도였다.[7] 그는 1896년 산부인과 학위를 취득하고 드레스덴의 로슈비츠 지역으로 이사해 1914년까지 여성과 아동을 위한 병원을 운영했다.[8]

뒤켈만은 가족에 대한 의무가 여성이 반드시 해야 할 일이라고 봤지만, 여성으로서 의무와 의사로서 의무가 서로 배타적이라고는 생각하지 않았다. 그는 가족 주치의 또는 가정의라는 개념으로 얼핏 상반된 두 가지 역할을 하나로 합쳐, 인기 의학 저서 『가정의로서의 여성Die Frau als Hausärztin』에서 이를 공식화했다. 이 책은 1,000쪽 분량으로 인체 해부학에 관해 500개가 넘는 삽화를 포함한다. 가정의로서 여성에 대한 그의 철학은 여성 의사들이 여성 환자를 가장 잘 치료할 수 있다는 믿음과 결합해 있다. 의대에 다니는 동안 그는 여성들, 특히 가난한 여성들이 남성 의사들과 학생들에게 형편없는 대우를 받는 모습을 목격했다. 이에 대응하기 위해 그는 여성들에게 자신과 가족을 치료할 수 있도록 또는 남성 의사들로부터 어떤 학대를 당했는지 알 수 있도록 인체에 대한 정보를 주려고 노력했다. 뒤켈만은 몇 권의 의학 저서를 남겼으며 가장 유명한 『가정의로서의 여성』은 여러 언어로 번역돼 1981년까지 출간됐다.[9] 그는 독일 의료기관의 대대적인 개혁을 주장하지는 않았지만, 남성 의사들의 결점을 조명하고 여성 의사의 지위를 높이고 가정에서 여성들의 의학지식을 고양하기 위해 비판적인 목소리를 냈다.

여성 의학 교육

아마도 19세기에 의사로서 가장 유명했던 인물은 엘리자베스 블랙웰 Elizabeth Blackwell(1821~1910)일 것이다. 1821년 영국에서 태어난 블랙웰은 1832년 가족과 함께 미국으로 이주했다. 그는 진보적인 퀘이커교도*로 노예제 폐지에서 여성 참정권에 이르기까지 사회 이슈에 폭넓게 관여했다.[10] 그가 뉴욕의 제네바 의과대학교에 입학하는 과정에서 겪은 일은 의학을 배우려던 여성들이 어떤 모욕을 받았는지를 잘 보여준다. 블랙웰의 입학 지원을 거부한 책임을 피하고 싶었던 교직원들은 학생회에 이 문제를 떠넘겼다. 교수진이 이미 그의 입학을 거부하기로 했다는 사실을 알지 못한 채, 학생회는 블랙웰을 비웃고 놀리며 입학을 승인했다.[11] 몇 주 뒤 블랙웰은 캠퍼스에 도착했고 온갖 뒷얘기는 다른 학생들에 대한 이야기처럼 보였지만, 그가 졸업한 이듬해인 1894년까지 학교는 여학생 입학을 허용하지 않았다.[12]

블랙웰은 미국에서 처음으로 의학 학위를 받은 여성인 데다가, 당시에는 몹시 드물게 남녀 공학에서 공부했다. 블랙웰이 어렵게나마 남녀 공학에서 성공을 거둔 것을 보면, 19세기 후반 여성 의학 교육 개혁가들의 목

* Quaker, 17세기 영국에서 조지 폭스(George Fox)가 제창한 기독교 교파. 퀘이커 교도들은 신 앞에 만인이 평등하다는 의미에서 자신들의 조직을 '종교친우회(Religious Society of Friends)'라고 부르며 목사나 장로 같은 직제를 두지 않는다.

안나 피셔-뒤켈만

ANNA FISCHER-DŰCKELMANN

독일 의사이자 보건 교육자로
여성과 어린이에게 가장 적합한
가정의학 철학을 개척했다.

엘리자베스 블랙웰

ELIZABETH BLACKWELL

엘리자베스 블랙웰은 아마도 근대에
가장 유명한 여의사임이 분명하다.
그는 뉴욕여성아동병원을 설립하고
여동생 에밀리와 함께 여성 의대를
설립하는 등 여성 의학 교육에 힘썼다.

표는 달성된 셈이었다. 개혁가들은 처음에는 여학교 설립에 초점을 두지 않았다. 여자만의 대학에서는 여성이 통합 교육을 받지 못한다고 봤기 때문이었다. 여성 의학 교육을 주장한 사람들은 대체로 블랙웰처럼 의사였다. 남녀가 같이 공부해야 여성들이 남성과 똑같은 자격을 갖추는 것이며, 이는 의사로서 여성의 명성을 보장하는 데에 필수적이라고 생각했다.[13] 그러나 블랙웰이 예외적으로 남녀 공학에 들어갔음에도 의대들이 계속 여성 입학을 막자 전국에서 여성 의대가 설립되기 시작했다. 이런 대학들은 미국인은 물론 외국 여성들까지 그들의 열망을 실현할 수 있게 해주었다.

1868년 엘리자베스 블랙웰과 동생 에밀리는 엘리자베스가 10년 전에 세운 뉴욕여성아동병원 산하에 여성 의대를 만들었다. 많은 여성이 여기서 공부하거나 임상 경험을 쌓았다. 뉴잉글랜드여성아동병원을 설립한 마리 자크레프스카Marie Zakrzewska(1829~1902)도 그중 하나였다. 종교단체들도 여성 의학 교육기관을 세웠다. 퀘이커교도들은 1850년 필라델피아에 펜실베이니아 여자 의과대학(WMCP)을 설립했다.[14]

이 학교에서 교육을 받은 유명한 여성 의사들 가운데 여러 명이 인도, 일본, 필리핀, 시리아, 러시아 등 먼 나라로 갔다.[15] WMCP는 다른 나라의 여성도 교육해야 한다는 사명감을 가졌다. 의학을 배우고 싶어 하는 여러 식민지국의 여성들이 선교사의 지원을 받았다. 미국에서는 특히 '의료 선교사들'이 WMCP 같은 여성 의대에서 훈련을 받았고, 이들은 자기네 나라로 돌아가 개원을 한 뒤에도 선교 활동을 계속했다. 주로 WMCP에서 장학금을 받고 공부한 사람들이었다.[16] 이들은 의심할 여지없이 의학 공부의 선구자들이었지만 식민주의와 미국 제국주의의 흐름에 휩쓸리기도 했다. 식민지에서 선교하는 개혁 성향의 종교단체들이, 식민지 주민들 처지에서는 토착 의학 전통을 말살하고 서양의 종교와 과학적 이익을 대변하는 도구이기도 했다.[17] 어떤 여성은 그 물살 속에서 헤엄쳤고 어떤 여성들은 그 힘에 저항했다.

국경을 넘은 의대생들

인도에서 미국으로의 긴 여정을 떠난 아난디바이 조쉬Anandibai Joshee(150쪽 참조)가 WMCP에 입학할 수 있었던 것은 개신교 선교사들 덕분이었다. 조쉬는 지금의 뭄바이 근처에 있는 브라만* 가정에서 자랐다. 아버지는 힌두교 관습에 반대하며 조쉬를 어린 시절부터 학교에 보냈고, 고팔라오 조쉬라는 이름의 친척에게 맡겨 가르치게 했다. 조쉬는 열두 살 때 고팔라오와 결혼했다.[18]

조쉬는 의학을 배우고 싶었지만 힌두 사회에서 낙인찍히기 딱 좋은 일이었다. 그는 편지에서 남편과 함께 길을 가다가 괴롭힘을 당한 경험을 털어놓기도 했다. 고팔라오는 미국인 선교사 몇 명이 지역에서 활동한다는 것을 알고 그들에게 조쉬가 미국에서 의학 공부를 할 수 있도록 도와달라고 했다. 하지만 그 결실을 이끌어낸 것은 조쉬 자신이 선교사들과 맺어온 친분이었다. 뉴저지에 살던 테오도시아 카펜터Theodicia Carpenter라는 여성은 선교 신문에서 의학 공부를 도와달라는 조쉬의 호소를 읽고 도움을 주겠다고 나섰다. 카펜터와 조쉬는 긴밀히 연락을 했고, 1883년 18세의 조쉬는 미국에 도착했고 카펜터를 '이모'라 불렀다.[19]

의학을 향한 조쉬의 열정은 지역사회에 큰 반향을 일으켰다. 유학을

* 인도의 신분제인 카스트제도 중 가장 상층 계급

떠나기 전 세람포르 대학에서 사람들 앞에 선 그는 "인도는 힌두교 여성 의사들이 많이 필요하며, 나는 그중의 하나가 되기 위한 자원자"라고 연설했다.[20] 미국에서도 조쉬의 포부에 많은 관심을 보였다. 그는 곧 유명인사가 됐다. 독실한 힌두교도인 조쉬는 미국인들이 본 최초의 인도 여성이자 의사가 되겠다는 목표를 가진 최초의 인도 여성이었다. 조쉬 자신도 이를 잘 알아 힌두교 여성을 대표하는 일종의 친선대사처럼 선교사 친구들과 동료 의대생들에게 자신의 종교와 문화를 알렸다. 그는 인도인들에게 미국 문화를 소개한 최초의 인도인이기도 했다.[21]

1883년 가을 조쉬가 WMCP에 입학할 때 다른 나라에서 온 동급생들도 여럿이었다. 조쉬는 그들과 달리 개신교로 개종하지 않았다. 아유르베다* 전통 의학에 관한 관심도 버리지 않았다. 심지어 브라만 힌두교도들의 산과 진료에 대한 논문도 썼다.[22] 결핵에 걸리는 등 학창 시절의 상당 기간을 아픈 상태로 보내야 했지만 어려움 속에서도 1886년 졸업해 인도 여성 처음으로 의학 학위를 받았다. 그의 학위 취득에 대중들은 환호를 보냈다. 영국의 빅토리아 여왕도 축전을 보냈다.[23] 인도 콜라푸르의 통치자는 조쉬에게 '콜라푸르 여성 의사'라는 공식 직함으로 앨버트 에드워드병원**의 여성 병동을 운영해달라고 요청했다. 조쉬는 이를 수락했으나 인도로 돌아온 뒤 건강이 더 나빠져 정기적으로 환자를 돌볼 수 없었다. 힌두 여성을 위한, 여성에 의한 의학을 고국으로 들여오려는 큰 목표를 향해 더는 나아갈 수 없었다. 조쉬는 겨우 21세에 세상을 떠났다.[24]

* Ayurveda, 고대 인도 힌두교에서 행했던 전통 의학으로 허브, 오일 마사지, 명상 등을 통한 인체의 균형과 자연 치유력을 강조한다.

** 인도 마하라슈트라주에 있는 병원으로 1875년 영국 왕세자의 방문을 기념해 지어졌다. 지금은 주에서 운영하는 공공병원이 됐으며 공식 명칭은 라자르쉬 차트라파티 샤후 마하라지 공립의학대학 병원이다.

선교사들의 의학과 원주민 공동체

개혁의 도구로 의학 교육에 관심을 가진 미국 선교사들은 열악한 북미 원주민 사회로 들어갔다. 이들은 원주민을 동화시킨다는 진보 시대의 목표에 맞춰 기독교의 교리와 서양 의학을 지역 공동체에 전파할 원주민 의사를 키우려 했다. 오마하Omaha도 그런 동화 프로그램 대상 원주민 부족 중 하나였다. 오마하 의사이자 개혁가였던 수전 라플레쉬 피코트Susan La Flesche Picotte(1865~1915)는 부족과 선교사들 사이의 복잡하고 문제 많은 관계를 헤쳐가야만 했다.

라플레쉬는 부족이 어려움을 겪고 있던 시기에 태어났다. 19세기 초에 천연두가 오마하를 휩쓸어 인구의 절반이 숨졌다. 생존의 위기에 몰린 오마하 부족은 정부와 조약을 맺어 보호를 받는 대신 땅의 일부를 넘겼다.[25] 연방정부는 조약을 멋대로 이용해 부족의 토지를 몰수하고 생계에 타격을 입히면서 동화 압력을 가하기 시작했다. 동화파에 속했던 라플레쉬의 아버지는 딸이 태어나기 10년 전인 1855년 부족을 지키기 위해 조약에 서명하고[26] 개신교 선교사들을 불러들여 보호구역에 학교를 세우도록 했다. 선교사들과 인류학자 앨리스 플레처Alice Fletcher를 포함한 백인 개혁가들은 라플레쉬가 교육을 받는 데 중요한 역할을 했다. 라플레쉬가 받은 어린 시절의 교육은 홈스쿨링과 뉴저지 엘리자베스 여학교Elizabeth Institute for Young Ladies의 정규 교육을 결합한 것이었다. 그는 17세에 집으로 돌아와 보호구역 안에 퀘이커교 선교사들이 세운 학교에서 부족 아이들을 가르쳤다. 플레처는 햄프턴연구소의 원주민을 위한 실험적인 교육 프로그램에 라플레쉬와 그의 형제들의 자리를 마련했다. 라플레쉬는 장로교로 개종한 뒤 1886년 졸업했다.[27]

수전 라플레쉬 피코트
SUSAN LAFLESCHE PICOTTE

오마하족의 의사이자 개혁가이다.
그는 전통적인 진보 "선교 의학" 교육을
받아 종종 원주민 공동체의 요구와
충돌하기도 했다.

펜실베이니아 여자 의과대학 THE WOMAN'S MEDICAL COLLEGEOF PENNSYLVANIA

펜실베니아 여자 의과대학의 1911년 졸업앨범의 여대생들 그는 햄프턴연구소에서 WMCP를 나온 의사 마서 월드론Martha Waldron을 만났다. 월드론은 개혁 단체인 코네티컷 인디언 협회를 통해 라플레쉬가 WMCP 의과대학에 갈 돈을 마련할 수 있도록 도왔다. 역사학자 세라 프리파스-카피트Sarah Pripas-Kapit는 라플레쉬야말로 교육을 받고 백인 개혁가들과 교류하며 미래의 오마하 부족 '의학 선교사'가 될 이상적인 후보라고 말했다. 백인 개혁가들은 서구 문화와 의학을 교육받은 원주민 전문가들이 자신들의 공동체로 돌아가 자신의 집단을 키워야 있다고 믿었다.[28] 원주민들의 선교와 개혁에 대한 이러한 온정주의 문화는 '인디언*들의 동화'를 바라보는 진보 시대의 전형적인 태도였다.[29]

라플레쉬는 1889년 WMCP를 수석 졸업하고 1년간의 인턴 기간을 마친 뒤 오마하 인디언 학교의 의사가 됐다. 학교와 연계된 개혁 단체와 오마하 보호구역에서는 그가 의료 활동을 하면서 '의료 선교사'로 일할 거라고 기대했다. 거기에는 기독교의 종교적 가르침만이 아니라 백인 중산층 가정의 성별 분업을 퍼뜨리는 일도 포함됐다. 개혁 활동은 사적인 영역에서 이뤄졌으며 위생이나 가정 상황을 개선한다는 목표 아래 부족민 개개인에게 조언하기도 했다. 라플레쉬도 의술을 펼치면서 "여성들에게 집안일을 돕고 요리와 간호, 특히 청결에 관한 몇 가지 실용적인 방법을 가르치려" 애썼다.[30]

라플레쉬는 부족들에게 백인들의 습관을 퍼뜨리는 것이 도움이 될 거라 믿었다. 그러나 그의 낙관주의는 금주운동에 참여하면서 시들해졌다.[31] 학교에서 몇 년간 일하면서 건강마저 나빠지자 그는 남편 헨리 피코

* 지금은 공식적으로 아메리카 원주민(Native Americans)이라고 하지만, 당시만 해도 인디언이라는 잘못된 명칭이 통용됐다.

1910년 네브래스카주 디케이터에서 수전 라플레쉬 피코트(두 번째 줄에 챙 있는 모자를 쓰고 있다).

트와 함께 네브래스카주로 옮겨가 개업의로 일했다. 그러다 19세기 말쯤, 자신이 옹호해온 많은 개혁이 실상은 부족을 해치고 있다는 사실을 깨닫게 됐다. 개혁가들은 티피*가 비위생적이라며 판자를 댄 목조가옥을 세우게 했는데 이것이 오히려 인구과밀을 유발하고 질병을 퍼뜨렸다. 공동체 안에 알코올 중독자가 늘었고 정부의 부패한 할당 정책**은 원주민들이 얼마 안 남은 땅마저 잃게 만들었다.[32]

라플레쉬는 건강이 나빠져 1915년 9월 18일 사망했다. 개혁주의 의사로서 그가 남긴 것은 복잡하다. 그는 연방정부의 원주민 동화정책을 지지했지만, 정부의 부패와 부족의 쇠퇴를 보며 믿음이 약해졌다. 그런데도 그는 평생 선교사들이나 개혁파 여성단체와 협력했다. 그의 병원 건립에

* 아메리카 원주민들이 살던 원뿔형 텐트.

** 토지를 부족 전체의 소유로 본 원주민들의 전통적인 개념을 뒤집고 개인별 할당을 실시, 원주민 문화의 근간을 흔든 도스법(The Dawes Act)을 가리킨다.

연방정부가 자금 지원을 거부했을 때에는 장로교 선교사들이 나서서 돕기도 했다.[33] 프리파스-카피트는 이렇게 적고 있다.

> "라플레쉬는 원주민을 '보호'하겠다며 만든 조치를 경계했고 인디언사무국*에 적대적이었지만 진보적인 여성단체들이 지원하는 공중보건이나 금주 조치가 원주민과 백인 모두에게 도움이 되고 영향을 주길 바랐다."[34]

19세기에 의학 교육을 받고자 한 여성들은 의학의 전문화에서 식민주의까지 복잡한 힘의 교차로를 지나는 항해를 해야 했다. 때로 의술을 배우기 위해 이들은 막대한 대가를 치러야 했다. 하지만 그들의 업적이 단순히 그들의 의지만은 아니었다. 기술이 발달하고 외국 여행이 쉬워지고 선교사와 식민지 개혁가들이 세계 곳곳에 자원과 네트워크를 구축하면서 어느 때보다 여성이 전문교육을 받을 기회가 늘었다. 많은 여성이 개혁주의의 명분에 동참하면서도 온정주의와 동화주의 정책에 저항했고, 지역에서 의료를 하겠다는 신념을 지켰다. 권위를 인정받기 위해 투쟁하며 여성 의사들과 그 지지자들은 남성 중심의 의료시설과 비슷하거나 때로는 더 나은 의학 교육 인프라를 만들었다. 여성 의사들의 이야기는 의학사의 주변부가 아니라 의료의 전문화에 필수적이다.

* 1824년 원주민 보호구역을 관리하기 위해 미국 연방정부 내에 세워진 기구. 19세기 미국 정부의 '동화정책'을 대변했다. 1960~70년대 민권운동과 함께 일어난 원주민 운동의 영향으로 동화정책은 폐기됐으며 현재는 원주민들이 운영하고 있다.

아난디바이 조쉬

1865년 3월 31일 -1887년 2월 26일

인도 최초로 의학 학위를 받고 여성 의사가 된 아난디바이 조쉬는 1865년 3월 31일 뭄바이가 있는 마하라슈트라주 칼리얀에서 태어났다. 아버지 간파트라오는 여성이 교육을 받아선 안 된다는 힌두교의 전통을 깨고 어린 딸을 학교에 보냈으며 남편 고팔라오 조쉬도 아내의 교육에 돈을 댔다. 그러나 조쉬는 겨우 열두 살일 때 결혼을 했고 남편 때문에 고통을 받았다. 인도에서 함께 살았던 몇 년 동안 남편에게 언어적, 신체적으로 학대를 당한 일을 언급하기도 했다.[35]

조쉬는 15세 때 의학을 공부하기로 결심했다. 당시 갓 태어난 아들을 잃고 병마저 얻은 뒤 살아남기 위해 이런 선택을 한 것으로 보인다. 몇 년 동안 계획을 세우고 지역 사회의 지지를 얻은 그는 1883년 4월 7일 캘커타 Calcutta*를 출발해 미국으로 갔으며 그 해 말 펜실베니아 여자 의과대학(WMCP)에서 공부를 시작했다. 그는 산부인과를 공부한 뒤 고국으로 돌아가 다른 인도 여성들을 도울 수 있기를 바랐다.

3년 뒤 의대를 졸업하면서 '콜라푸르 여자 의사'가 되어 앨버트 에드워드 병원의 여성 병동을 운영해달라는 콜라푸르 통치자의 제안을 받아들였다. 그러나 공부를 하는 동안 조쉬는 결핵에 걸렸고 인도로 돌아온 후 건강이 급격히 나빠져 병원 일을 시작하기도 전인 1887년 2월 21세의 젊은 나이로 사망했다. 짧은 생애에도 불구하고 그는 인도 여성으로서 전례 없는 성취를 이뤄냈고, 인도의 여성들에게 기회의 문을 열어줬다.

* 오늘날의 콜카타(Kolkata).

4부

20세기, 제2차 세계대전 이전

β AURIGÆ DEC 1889
5 10 15 20 25 30

11장

"세계를 움직이는 강력한 지렛대!"

여성 계산원

1899년, 파리 천문대의 천문학자 도로테아 클룸케Dorothea Klumpke(1861~1942)는 세계 여성 참정권 운동 단체들이 모인 국제여성대회에 참석하려고 런던을 방문했다. 6월 26일부터 7월 7일까지 다양한 직업을 가진 여성들이 여성 교육에서부터 정치와 산업계의 여성 문제에 이르기까지 여러 주제에 대해 입을 열었다. 6월 29일 웨스트민스터 타운홀의 '스몰홀'에서는 과학 섹션이 개최됐는데, 클룸케는 천문학 분야의 여성을 대표해 연설했다. 그는 천문학에서 여성들의 활동을 3단계로 구분했다. 첫째는 고대 시기, 두 번째는 계몽주의와 르네상스 시기, 그리고 세 번째는 클룸케 등

← 1890년 하버드 대학 천문대의 여성 계산원.

프랑스 오드센주 뫼동 파리 천문대.

이 활동하는 20세기로의 전환을 앞둔 당대였다. "우리 여성들은 날마다 몸을 구부려 마이크로미터*의 세계를 알아내려고 사진 속 하늘을 들여다보고 별들의 위치를 측정하며 우리 세기의 유산이 될 천체 목록을 만들고 있습니다." 그는 말했다. "몇몇 국립 천문대에서 여성들이 행성과 혜성과 유성 들을 발견했지요. … 그리고 그들이 계속해서 결과를 생성하는데 필요한 자질도 발견했습니다. 집중력과 열정, 그것이 세계를 움직이는 강력한 지렛대입니다!"[1]

클룀케가 말한 천문학 분야 여성 역사의 세 번째 시기는 "여성 계산원"의 시기였다. 1880년부터 대략 1930년까지 세계 곳곳의 천문대에서 여

* 1×10^{-6}미터

성 계산원 수백 명이 고군분투하고 있었다. "파리, 희망봉, 헬싱포르,* 툴루즈, 포츠담, 그리니치, 옥스퍼드…" 클륌케는 천문대를 나열했다. 이 시대에는 천문대에서 일하는 여성이 유례없이 많았으며 "새로운 요소, '평등'이 나타나고 있다"고 말했다. 클륌케의 시각으로 보자면 이 새로운 시대는 평등으로 향해가고 있었다. 당시 그는 파리 천문대에서 천문학자로 측정국장 지위에 올라 아래에 5명의 계산원을 두고 있었다. 그러나 이 분야에서 계산원으로 일을 시작한 여성 대부분에게는 그렇게 승진할 기회가 없었다.

계산원의 일은 과학 연구에 필요한 계산을 하는 것이다. 이 고독한 계산원이라는 직업에는 마리아 쿠니츠가 케플러의 『루돌프 표』를 수정해 『우라니아 프로피티아』를 내던 시절로 거슬러 올라가는 긴 역사가 있다(45쪽 참조). 쿠니츠는 여성 계산원의 초기 사례라고 볼 수 있다.[2] 계산원들이 그룹으로 묶여 함께 일하기 시작하면서 '빅 사이언스'라 불리는 여러 현대 과학 프로젝트에 통합돼 더 큰 영향력을 미치게 됐다.[3] 클륌케가 "우리 세기의 유산이 될 천체 목록"이라고 부른 〈천체 목록Astrographic Catalogue〉 편찬 작업도 그런 프로젝트였다. 1887년 클륌케의 파리 개인 천문대에서 시작된 이 프로젝트는 전 세계 20개 천문대에서 얻은 사진과 측정치들, 목록을 합쳐 밤하늘 전체를 조망하려는 계획이었다. 이 야심 찬 프로젝트를 완성하려면 세심하고 반복적이며 지루한 수많은 시간의 계산 노동이 필요했고, 방대한 계산원이 그 일을 떠맡아야 했다.

18세기에 니콜-르네 르포트와 제롬 랄랑드, 알렉시-클로드 클레로가 핼리 혜성의 경로와 근일점을 추정했던 것도 계산원들을 동원한 공동

* 핀란드 수도 헬싱키를 스웨덴어로 부르는 이름.

작업의 초창기 사례가 될 것이다(50쪽 참조).[4] 클레로는 혜성의 궤도를, 르포트와 랄랑드는 토성과 목성이 혜성에 미치는 중력을 계산했다. 클레로는 그 결과를 가지고 최종 계산의 오류를 점검했다. 마지막에는 각자의 작업을 혜성의 근일점을 추정하는 최종 계산으로 합쳤다. 이렇게 세 사람이 계산 내용에 따라 작업을 나눴던 방식은 훗날 더 큰 규모 작업의 모델이 되었다.[5]

이 작업 모델은 얼추 1880년대에 시작돼 20세기 초 전자 계산 장치로 대체되기까지 이어졌으며, 여성 계산원은 세계의 어느 천문대에서나 볼 수 있었다. 이런 여성 인력풀이 만들어진 것은 세 가지 현상이 겹쳐졌기 때문이었다. 먼저, 여자 대학이 많이 만들어지면서 대학교육을 받은 여성이 크게 늘었다. 둘째, 차별적인 고용 관행 탓에 여성들은 대학이나 정부의 과학 분야에서 전문적인 지위를 얻지 못했으며 계산원은 그들이 얻을 수 있는 몇 안 되는 일자리 가운데 하나였다. 마지막으로, 과학 구조가 더 많은 예산과 작업 인력에 기반한 '빅 사이언스'로 옮겨가면서 여성 대졸 인력을 흡수했다.[6] 여성들은 계산원이 됨으로써 힘들게 교육받은 것을 의미 있는 일에 쓸 기회를 얻었지만, 그들의 작업은 명성을 안겨주는 것도 조건이 대단히 좋은 것도 아니었다.

하버드 천문대의 계산원들

계산원은 천문대에서 가장 낮은 직위에 속했다. 급료는 적었으며 승진 기회도 별로 없었다. 그들의 일은 천문대에서 관측하고 연구를 주도하는 남성들의 일과는 별개의 것으로 분류됐다. 이런 일자리를 여성에게 내준 것은 여성 평등에 대한 진보적인 신념과는 별 연관이 없었으며, 그저 엄청난 양의 계산을 하기 위해 돈을 덜 줘도 되는 인력풀을 끌어다 쓴 것일 뿐이었다. 여성들은 업무가 제한되어 남성들이 이미 구축한 지위를 위협하지 않을 것이었다. 하버드 천문대의 책임자인 에드워드 피커링Edward Pickering이 천문대를 여성 계산원으로 가득 채운 것도 바로 그런 생각에서였다. 그는 1898년 하버드 천문대 연례보고서에서 "최대의 효율을 얻기 위해서는, 숙련된 관측자들이 훨씬 더 낮은 급여를 받는 조수가 똑같이 잘 할 수 있는 일에 시간을 할애해서는 안 된다"고 썼다.[7]

하버드 천문대는 1875년에 처음으로 여성 계산원 애나 윈록Anna Winlock을 고용했다. 피커링이 6년 뒤 자신의 가사도우미였던 윌리어미나 플레밍Williamina Fleming을 고용하면서 여성 계산원은 한 명 더 늘었다. 1883년 피커링은 항성들을 촬영하고 분광형을 분류하는 대규모 프로젝트인 '헨리 드레이퍼 메모리얼Henry Draper Memorial'을 시작하면서 계산원을 더 늘렸다. 고故헨리 드레이퍼Henry Draper*의 부인인 애나 드레이퍼에게 자금을 지원받아, 플레밍과 피커링은 1885년부터 1900년 사이에 여성 스무 명을 고용했다. 그중에는 드레이퍼의 조카인 앤토니아 모리Antonia Maury와 애니 캐넌Annie Cannon, 헨리에타 리비트Henrietta Leavitt, 마거릿 하우디Margaret Harwoody** 등이 있었고 20세기에는 그 수가 더 늘었다.

계산원들은 천문대의 방 안에 틀어박혀 매일 밤하늘을 찍은 사진 유리판들을 들여다보며 별의 위치를 계산하고 별 사이의 거리와 밝기를 측정했다. 매일 같은 시간 되풀이되는 작업이지만 정확성도 요구됐다. 훈

* 1837~1882. 미국의 의사, 아마추어 천문학자. 천체 사진의 개척자로 알려져 있다.

** 지금은 이들 모두 계산원이 아닌 여성 천문학자들로 평가받는다.

윌리어미나 플레밍

WILLIAMINA FLEMING

윌리어미나 플레밍은 첫 하버드 계산원 중
한 명이자 천문 사진 큐레이터였다.
그는 말머리성운을 비롯하여 10개의 신성과
300개가 넘는 변광성, 59개의 성운을 발견했다

련된 여성들이 앞에 놓인 모든 사진에 세심한 주의를 기울여야 했다. 반복적인 작업이었고 지위는 낮았지만, 이 여성들 가운데 많은 이들이 이 틈새 작업에서 새로운 영역을 개척했다. 원래 필사와 기초적인 계산만 맡았던 플레밍은 10개의 신성新星*과 300개가 넘는 변광성,** 59개의 성운을 발견했다. 천문대에서 처음으로 항성 스펙트럼 분류체계를 만들기도 했다. 모리는 플레밍의 분류를 발전시켜 자신만의 확장된 체계를 만들었다. 캐넌은 행성을 누구보다 많이 분류했는데, 수십 년 동안 대략 35만 개를 분류했고 300개의 변광성과 5개의 신성을 찾아냈다. 또 선배들이 만든 두 종류의 분류체계를 '하버드 분류 계획'으로 통합했으며, 이 체계는 지금까지도 사용되고 있다. 리비트는 1,777개의 변광성을 발견했을 뿐만 아니라 우주 공간에서 거리를 측정하는 데에 열쇠가 되는 항성의 밝기와 그 변화 주기의 관계를 처음으로 알아냈다.

천문대의 다른 관리자들에 비하면 피커링은 계산원을 많이 지원해 주는 편이었고, 계산원들이 이룬 성과를 사람들 앞에서 인정하며 논문에 이름을 올려주기도 했다. 하지만 그의 진보성에는 한계가 있었다. 애나 윈록이 1875년 처음 일하기 시작해 1906년까지, 계산원의 시급은 내내 25센트였다. 특히 싱글맘인 플레밍에게는 불만스러운 일이었다. 1900년 3월 한 저널에서 플레밍은 좌절감을 토로하며 이렇게 적었다. "(피커링은) 책임이 무엇이든, 시간이 얼마나 오래 걸리든 내게 너무 힘든 일은 없다고 생각하는 것 같다 … 가끔은 포기하고 다른 사람 혹은 내 일을 할 만한 남자에게 연봉 2,500달러를 준들 나에게 1,500달러를 주고 얻어내는 것만큼 얻

* 백색왜성에 수소를 비롯한 물질이 유입되면서 급격한 핵 반응이 일어나 별이 밝아지는 현상

** 광도가 변하는 별.

애니 캐넌, 헨리에타 리비트

ANNIE CANNON & HENRIETTA LEAVITT

애니 캐넌(왼쪽)은 항성 스펙트럼 분류체계를 개발하여 약 35만 개의 별을 분류했다. 헨리에타 리비트는 변광성을 전문적으로 연구했으며, 리비트 법칙이라고도 불리는 주기-광도 관계를 발전시켰는데 이는 우주 공간에서 거리를 측정하는 필수 도구이다.

어낼 수 있는지 알아보라고 하고 싶을 때가 있다. 그런데 여성이라 그렇게 요구하기가 힘들다. 계몽된 시대라는 지금도!"[8]

플레밍은 불만은 많았지만 1911년 숨을 거둘 때까지 천문대에 남았다. 『뉴잉글랜드 매거진』은 이듬해 플레밍의 경력과 천문학에서 여성들이 한 역할을 높이 평가했다.

> "천문학에서 (여성 계산원의) 능숙한 실행, 세부사항에 주의를 아끼지 않는 인내심, 빠른 이해력 등이 재차 돋보였다. 그들에게 명성을 안겨준 이런 요인들은 주부이자 가정 관리자 능력의 더 넓은 표현일 따름이다. 과학의 세계에서 여성들은 얼마나 뛰어난 성과를 거뒀든 남성의 경쟁자가 되지 못했다. 오히려 남성들의 일을 보완하고 확장하며 때로는 협력자로 제안하고 계획하여 그들의 일을 완성할 수 있게 도왔다."

심지어 여성 계산원은 아무리 획기적인 일을 했어도 남성과의 관계 속에서만 규정되는 존재였다.

계산원이라는 직업을 가졌기에, 날마다 계산과 측정과 목록 만들기 같은 일을 되풀이해야 했고 남성 상관들과의 관계 속에서 부수적인 존재에 머물러야 했다. 모리는 이를 참을 수 없었다. 이론적인 작업에 참여하고픈 욕망을 억누를 수도 없었다. 피커링은 계속 일해주기를 바랐지만, 1892년 계산원을 그만뒀다.[9] 천문대를 떠난 뒤, 모리는 피커링에게 자신의 분류체계를 온전히 자신의 것으로 표기해 달라고 요구하는 편지를 보냈다. 그는 "나는 정교하게 비교하고 깊이 생각하며 그 체계를 만들었으므로 내 이론으로 인정받을 권리가 있다"고 썼다.[10] 하지만 피커링은 그의 요구를 일부만 받아들였다.

그리니치 천문대 계산원들의 명암

비용을 절감하기 위해 여성 계산원을 고용한 하버드 천문대의 프로그램은 성공적이었다. 세계의 다른 천문대들도 이를 따라 여성을 고용했다. 하버드와 마찬가지로 다른 천문대도 위계 구조나 급여는 똑같이 차별적이었다. 1889년 왕실 천문학자인 윌리엄 크리스티William Christie가 이끌던 영국 그리니치 천문대는 계산원 고용에 책정된 예산을 40% 늘려 '숙녀 계산원' 프로그램을 만들었다.[11]

여성이 그리니치에 고용된 것은 이 계산원들이 처음이었다는 사실은, 20세기로 전환하던 시점까지도 천문학에서 여성이 일할 기회가 얼마나 적었는지를 보여준다. 여성 단과대학을 나와 종합대학 시험을 통과한 여성들조차도 일자리를 찾기는 거의 불가능했다. 당시 여성 단과대학에는 별도의 천문학 수업이 없었고 대개는 수학이나 물리학에 포함하여 가르쳤다. 학생들이 계산에는 능숙해졌지만, 천문학 분야에서 일할 기회를 얻기는 애당초 힘든 커리큘럼이었다.[12] 천문학자들은 천문대에서 서로의 경험을 전수하며 성장했다. 그러나 여성들은 망원경 같은 장비에 접근하기도 힘들었다. 대학 밖의 천문대는 더 심했다.

1890년 그리니치가 처음 고용한 여성 계산원은 에디스 릭스Edith Rix와 해리엇 퍼니스Harriet Furniss, 앨리스 에버릿Alice Everett 세 명이었다. 이듬해 애니 러셀Annie Russell이 추가됐다. 그리니치의 조직 구조에서 이들은 '여분 인력'으로 여겨졌다. 그리니치가 공무원 조직인 한, 여성들은 임시직일 뿐이었으며 그나마도 최하위직이었고 승진할 기회는 없었다.[13] 여태까지 계산원은 열서너 살 된 남자아이들이 다른 직업을 찾기 전에 몇 년 정도 일하다가 떠나는 자리였다. 반면 여성 계산원은 모두 대학을 나왔으며 에버릿과 러셀은 어렵기로 유명한 캠브리지 대학의 트라이포스 수학 시험*을 통과했다. 그럼에도 여성 계산원들은 10대 소년들과 똑같이 월 4파운드의 급여를 받으며 같은 일을 했다. 에버릿만 급여가 조금 높아 6파운드를 받았다. 월급이 4파운드라는 얘기를 들었을 때 러셀은 거튼 대학를 나와 캠브리지 트라이포스를 통과한 자신이 그것밖에 못 받는다는 사실을 믿기가 힘들었다. 러셀은 천문대 행정담당인 허버트 터너에게 그 액수는 "너무 적어서 그걸로는 먹고살 수가 없다, 나는 캠브리지의 수학 트라이포스를 통과했는데도 차이가 없느냐"고 묻는 편지를 보냈다.[14] 변화는 없었다. 퍼니스는 1년 만에 천문대를 떠났고 이듬해 릭스도 그만뒀다. 그리니치는 후임자를 찾으려 했지만, 그 돈을 받고 그렇게 낮은 자리에서 일하려는 사람이 없었다. 프로그램이 시작된 지 2년이 지나자 남은 계산원은 에버릿과 러셀밖에 없었다.[15]

두 사람의 업무시간은 천문대의 다른 직원들과 같았다. 주중에 오전 9시부터 오후 1시까지 근무했고, 주 사흘은 오후에도 2시부터 4시 30분까지 일했다. 주 사흘은 두 시간에서 네 시간 정도 야간근무를 했다.[16] 계산원들은 데이터 기록 부서, 천체물리학이나 기상학 연구 부서, 천체의 자오선 통과를 추적하는 부서, 태양 사진 작업을 하는 부서 들을 오가며 날마다 바쁘게 뛰어다녔다. 하버드의 계산원들과 달리 에버릿과 러셀은 남성들과 떨어져서 일하지 않았고 관측기구를 사용하기도 했다. 1892년 에버릿은 국제 공동연구인 〈천체 목록〉 작업에 들어가 사진판을 개발하고

* 주로 공개토론 형식으로 이어지던 캠브리지 대학의 수학 학위 시험이 18세기 후반부터 지필고사로 바뀌면서 도입된 시험제도. 수학 트라이포스의 문제들은 산술, 대수, 기하학, 천문학과 역학 등의 최고 난이도 문제들을 짧게는 사흘에서 길게는 일주일 동안 풀어야 했다.

1911년 하버드 대학 천문대 책임자 에드워드 피커링과 계산원들.
윗줄(왼쪽에서 오른쪽으로): 마거릿 하우디, 몰리 오라일리, 에드워드 피커링,
이디스 길, 애니 캐넌, 애벌린 릴런드, 플로렌스 쿠시먼, 매리언 화이트 .
아랫줄(오른쪽에서 왼쪽): 그레이스 브룩스, 어빌 워커, 요한나 매키,
앨타 카펜터(피커링 앞), 메이블 길, 이다 우즈.

측정했다. 그리니치에서 〈천체 목록〉의 일환으로 처음 측정을 시작한 사람이 그였다. 러셀은 다른 일도 하면서 매일 분광관측촬영 수석 조교인 월터 마운더Walter Maunder 밑에서 태양 흑점사진을 보고 측정하는 일을 맡았다.

1891년 에버릿과 러셀은 마운더의 도움을 받아 왕립천문학회에 들어가려 했지만 두어 명의 예외를 빼면 여성은 여전히 이 학회에서 배제되었다. 1892년 1월 왕립천문학회는 공식적으로 에버릿과 러셀의 회원 가입을 거부했다. 학회 측은 위로의 뜻에서 이들이 모임에 참석하는 것은 허가했지만, 에버릿은 다른 기회를 노렸다. 먼저 더블린에 있는 던싱크 천문대의 항성 촬영 프로그램에 지원했다. 에버릿보다 열 살은 어리고 경험도 적은 남성을 대상으로 한 일자리였다. 다음에는 독일 포츠담 천체물리학 천

문대*에 지원했다. 포츠담 쪽에서 그를 받아들였다. 1895년 에버릿은 독일 최초의 여성 천문학자로 기용됐다. 같은 해 러셀은 마운더와 결혼했고 직장을 떠나야 했다. 기혼 여성은 공무원으로 일할 수 없기 때문이었다. 이 조항은 1946년까지 계속됐다. 두 사람이 그만둔 뒤 아무도 대신하려는 사람이 없어서 그리니치의 '숙녀 계산원' 프로그램은 단명으로 끝났다.

호주의 계산원들과 〈천체 목록〉

그리니치와 함께 호주 퍼스, 멜버른, 시드니, 애들레이드 네 곳의 천문대도 〈천체 목록〉 작업에 참여했고, 여성 계산원을 고용했다. 네 천문대가 전체 연구에서 밤하늘 면적 18퍼센트의 천체 목록을 만들어야 했기 때문에 계산원들로부터 최대한의 성과를 뽑아내야 했다. 1891년부터 1963년까지 4곳에 고용된 여성은 61명으로, 이들은 '천문학 조수' '천체 측정원' '직원' '하급 계산원' '천문 계산원' 등으로 불렸다.[17] 알려진 이들도 아니었고 이름조차 기록되지 않은 이들이 많아서 이들이 했던 일을 자세히 알기는 어렵다. 지역 언론들은 〈천체 목록〉 프로젝트 기사에서 이들을 '여자들' '숙녀들' 따위로 퉁치기 일쑤였다. 프로젝트와 관련된 논문에 여성 개인의 이름이 실린 것도 세 편에 불과했다.[18] 천문대들은 연례보고서에서 그들을 그저 '측정원'이라고만 기록했다.[19] 계산원들은 저임금에 직급도 낮은 익명의 노동력일 뿐이었다.

메리 그리어Mary Greayer는 생애가 알려진 드문 여성 계산원 가운데 한

* 포츠담 라이프니츠 천체물리학연구소 부설 천문대로 1874년 세워졌다.

명이다. 그리어는 1890년 애들레이드 천문대에 고용되어 야간근무를 하며 수백 개 항성의 소멸을 관측했다. 그는 천정天頂*의 항성들을 관찰하는 주된 관찰자로, 1894~1898년 〈천체 목록〉 가운데 멜버른이 맡은 구의 주요 별 3분의 1 이상을 관측했다.[20] 1893년 그리어는 여성으로는 처음으로 남호주 천문학회에 가입했지만, 1898년 결혼과 함께 천문대를 떠나야 했다. 1898~1918년 멜버른 천문대에서는 또 다른 여성 계산원 샬럿 필Charlotte Peel이 별을 측정하고 좌표를 조정하고 다른 이들의 착오를 점검했다.[21] 필은 1900년 천문대에 정규직으로 고용됐다. 호주 천문학 분야의 첫 여성 정규직 직원이었다.

여성 계산원들이 남성들의 집중력을 흐리는 걸 막기 위해 그들은 근무시간 내내 따로 일했다. 그리어처럼 야간관찰을 하는 사람이 아니면 근무시간은 보통 평일에는 오전 9시부터 오후 5시까지, 토요일에는 오전 9시부터 정오까지였다. 주 40시간 넘게 일하고 1년에 40파운드를 받았으니, 남성들이 받는 돈의 절반 정도였다. 1902년 영연방 정부는 이런 임금 차별을 합법화해, 여성이 남성 급여의 54퍼센트 이상을 받지 못하도록 법제화했다. 1913년 퍼스 천문대에서 일하던 프루던스 윌리엄스Prudence Williams, 미니 하비Minnie Harvey, 에델 앨런Ethel Allen, 이다 토틸Ida Tothill 등 네 명의 여성 계산원이 임금 인상을 요구했다. 놀랍게도 천문대 측은 그들에게 급여를 올려주고 계약 기간을 3년에서 1년 더 연장하기로 약속했다.[22]

---

* 관측자의 머리 위에서 지표면과 수직으로 직선을 그을 때, 이 직선이 천구와 만나는 지점을 가리킨다. 쉽게 말해 관측자 머리 꼭대기의 하늘을 뜻한다.

도로테아 클럼케가 국제여성대회에서 천문학 분야 여성들의 연구에 대해 했던 말은 어떤 측면에서는 옳았다. 여성들은 실제로 전 세계의 천문대에서 열심히 일했고, 그들의 연구는 "세계를 움직이는 강력한 지렛대"였다. 그러나 진정한 평등, 즉 동등한 임금과 직위와 존중은 아직은 먼 이야기였다. 여성 계산원들의 업무는 끝나지 않을 것 같은 지루한 노동이었고 복잡한 작업이었다. 그러나 남성 천문학자들은 여성 계산원의 일을 자신들이 시간을 들일 만한 가치가 없는 하찮은 노동으로 평가절하했다.

하지만 여성 계산원의 노동은 천문학 분야에서 초창기의 '빅 사이언스' 프로젝트를 만들어냈다. 천체망원경을 돌린 기어는 그들의 노동이었다. 하버드 천문대의 여성 계산원 프로그램이 만들어지기 전까지 변광성은 천문학계의 흥미를 별로 끌지 못했는데, 건판 사진술이 쓰이고 여성 계산원들의 노동이 투입되면서 학문의 변화가 일어났다. 1959년까지 여성들은 현재까지 알려진 1만 4,708개의 변광성 중 75퍼센트 이상을 발견했다.[23] 변광성이라는 천문학의 특정 분야는 단지 여성들이 작업했다는 이유로 '여성의 일'로 정의됐다. 그런 노골적인 배제 속에서, 그런 종속적인 지위에서 여성들은 혁신적이고 비상한 일을 해냈다.

12장

집 안이 바로 실험실

일상의 과학

20세기가 되면서 과학과 기술에서 사회적, 경제적 이익을 뽑아내려는 열기가 극으로 치달았다. 세계가 다 그랬지만 특히 미국이 심했다. 이른바 '진보 시대'의 특징은 제조업에서 선교에 이르기까지 과학과 기술의 원칙을 광범위하게 수용했다는 점이었다. 하지만 진보주의자들이 더 나은 사회를 만들어줄 혁신의 잠재력과 과학적 사고를 극찬하는 와중에도 여성들은 여전히 전문적인 과학과 기술로 나아갈 수 없었다. 그 대신 여성들은 집이라는 '분리된 영역'에서, 청소하고 아이들을 키우고 음식을 만들면서 과학을 접목시키는 그들만의 방법을 찾았다. 어떤 여성들은 거기서 더 나아가 집 안에 실험실을 만들어 연구했다. 과학적 사고와 관행을 매일매일의 생활과 연결 지으면서 많은 여성이 자기만의 방식으로 과학에 참여했고, 과학의 변두리로 밀려난 자신과 다른 여성을 위한 공간을 열었다. 과학계 바깥에 있으면서도 여성들은 혁신과 개혁이라는 진보의 물결에 온몸으로 참여했다. 그들이 어떤 방식으로 참여했는지를 이해하려면, 과학적으로 관리되는 가정 또는 집 안에 차려진 실험실을 과학적 지식을 생산하고 가치를 얻는 공간으로 바라보는 시각이 필요하다.

가정공학

1913년 여성잡지 『굿 하우스키핑』에는 뉴저지주에 사는 해리엇 길레스피Harriet Gillespie라는 여성이 하인 없이 꼬박 1년을 살았다며 남들에게도 권유하는 글이 실렸다.[1] 길레스피는 집 안에 만든 '실험실'에서 끝없는 집안일을 관리하는 새로운 기술과 불필요한 동작을 줄이는 과학적인 방법을 실험했다. 그는 여성들이 이런 새로운 방법으로 가사노동을 표준화하고 하인에게 나가는 돈을 아끼라고 강력히 권했다. 젊은 여성 가사도우미들이 "가게, 공장 또는 다른 업종으로 옮겨가 정규 근무 시간 동안 일하고 일요일을 쉬며 여가 시간을 즐기고 독립심을 느끼기" 때문에, 가사도우미 자체가 줄어들고 있다는 사실이 중산층 여성들 눈에는 분명히 보인다고 그는 적었다.[2]

길레스피는 "바닥과 마루와 가구를 닦아주는 공기 청소기"와 처음에는 다소 비용이 들어가는 세탁기 같은 신기술을 활용해 집안일을 줄이는 방법을 설명했다. '가정공학자'*가 되는 것이 얼마나 이로운지 설명이

* 가정생활을 관리하는 사람을 뜻하는 말로, 문자 그대로의 의미는 가정기술자다. 가정에 고용돼 일→

더 필요하다면 "해링턴 에머슨Harrington Emerson*이나 프레드릭 테일러Frederick Taylor**, 프랭크 길브레스Frank Gilbreth 등이 효율성이라는 주제로 쓴 글을 읽거나 그들이 가정에서 활용한 방법을 참고하라"고 권했다. "이런 식으로 모든 여성은 스스로 가정공학의 가치를 깨닫기 시작할 것"이라고 했다.

새로운 과학과 기술을 중산층 가정이라는 '닫힌 영역'으로 불러들인 가정공학domestic engineering, 가정과학domestic science, 가정경제학home economics은 20세기 초에 사회와 경제 구조의 변화를 가져왔던 거대한 역사의 한 부분이었다. 노동과 생산의 과학적 관리는 산업에 혁명을 일으켰다. 길레스피가 거론한 테일러를 비롯한 엔지니어들은 경제적 산출량을 늘리기 위해 효율성에 관한 과학적 이론들을 발전시키고 이를 제조업 등 여러 산업에 적용했다. 테일러는 노동자 개개인의 특성을 제거하면 비효율적인 업무 관행을 줄일 수 있다고 믿었다. 관리인들이 미리 계획해 노동자에게 업무를 할당하고, 이를 수행하는 모든 노동자의 일을 표준화하는 것도 한 방법이 될 터였다. 관리직과 생산직의 엄격한 분업에 과학적으로 검증된 업무 방식을 결합하면 효율성이 높아지고 기업의 이익이 늘어날 것이었다.

테일러를 비롯해 과학적 경영을 주장한 사람들은 주어진 일을 수행하는 이상적인 방식이 있다고 믿었다. 노동자들을 연구해 그들이 일을 끝내는 데에 걸리는 시간과 일의 질을 측정한 후 이상적인 방식을 도출하고 그 방식을 모든 노동자에게 적용할 수 있다고 생각했다. 숙련된 기술과 장

→하는 전문적인 직업을 가리킬 때도 있지만, 다소 비하적인 의미의 가정주부라는 표현을 대체하는 말로도 널리 쓰인다.

* 1853~1931. 미국 효율성 이론가로 에머슨 인스티튜트 등의 컨설팅 회사를 세웠다.

** 1856~1915. 미국 공학자로 자동차 산업 발전의 바탕이 된 대량생산 시스템을 고안했다. 철저한 분업으로 효율성을 높인 그의 생산모델은 '테일러 시스템'이라 불린다.

과학적 사고와 관행을 매일매일의 생활과 연결 지으면서
많은 여성이 자기만의 방식으로 과학에 참여했고,
과학의 변두리로 밀려난 자신과
다른 여성을 위한 공간을 열었다.

인을 중시하는 노동문화 속에서 처음에는 테일러의 발상이 좋은 반응을 얻지 못했으나, 과학적 관리로 생산성을 높일 수 있다는 것이 널리 알려지자 기업과 외국 정부 들이 관심을 보이기 시작했다. 산업계 밖에서는 그 시대의 광범위한 사회정치적 진보 운동과 연결되면서 '테일러리즘Taylorism'이 대중화됐다. 과학과 기술을 현대 생활에 적용해 효율성과 번영, 사회개혁을 이룬다고 믿었다.

역사학자 엘리사 밀러Elisa Miller는 과학과 기술이 집으로 들어간 것은 가정 경제 역사의 두 번째 물결이라고 했다. '합리적인 가정 관리'의 첫 번째 물결은 전통 가족 구조를 보전하고 도덕적, 영적 은혜를 누리려면 가정을 잘 관리해야 한다고 강조한 선교 개혁파들에게서 찾아볼 수 있다. 19세기 후반 사회문화적 환경에 과학적 관리가 도입되고 여성이 대학에 갈 기회가 늘면서, 가정이라는 영역에서 과학기술의 진보를 받아들인 가정학은 하나의 학문 분야가 됐다.[3] 가정학을 공부하는 학생들은 위생 이론의 혁신을 가정에 적용하려면 요리 못잖게 생물학과 화학을 배워야 했다. 길레스피의 글에서 보이듯 기업의 효율성을 높이고자 했던 과학적 관리자들과 공학자들은 효율성의 원칙을 가정에도 적용하는 걸 지지했다. 길레스피 같은 진보적인 사람들은 가정 관리와 가정생활의 근본적인 구조를 개선하기 위해 과학의 가능성에 열광했다.

산업에서 과학적 관리가 점점 자리를 잡아가는 것을 본 많은 여성 저술가는 그런 원리를 가정에도 적용해야 한다고 주장했다.[4] 메리 패티슨Mary Pattison은 1915년 『가정공학의 원리The Principles of Domestic Engineering』라는 책을 냈다. 길레스피처럼 가정실험실을 운영한 결과를 담은 보고서였다. 서문에서 패티슨은 "흔히들 말하는 '하인 문제'를 해결"하는 것이 책의 목적이라고 밝혔다. 책의 말미에 새로운 가정용 기술들을 열거하며 활용을 권했다. 예산을 짜고 생활용품 관리 시스템을 만드는 등 가정공학의 장점들을 설명하면서, 하인을 없애고 집안일을 비천한 노동으로부터 끌어올린다는 사회개혁 목표를 그렸다. 이들은 가정공학을 옹호하면서 하인을 없애는 것을 노예제 폐지에 비유했지만, 정작 하인은 가정공학의 바탕이 되는 과학적 원리를 배울 능력이 없다고 여겼다. '주부들이 직접 일하라'고 한 데에는 그런 이유도 있었다.[5]

이런 정서는 길레스피의 글이 게재된 『굿 하우스키핑』에 그대로 반영돼 있다. 가정의 신기술 도입이라는 주제를 담은 투고들은 겉으로는 계급 연대를 지지하지만, 진보 안에서의 계급적, 인종적 계층화를 그대로 보여준다. 예를 들어 앨라배마에 산다는 어떤 독자는 하인이 '유색colored'일 때 신기술을 가정에 어떻게 통합할 것인지에 대해 조언을 하면서 이렇게 적었다. "주부들은 대개 이들 노동계급이 노동절약형 가사용품을 활용하는 것을 만족스럽지 못하거나 어리석다고들 생각하는데, 그게 사실일 때도 있다."[6] 여성들은 가정공학과 가정학을 통해 과학을 배우고 가정 내에 적용할 수 있었지만, 그런 기회 조차 여전히 상대적 특권이었다. 과학적 관리가 빛을 발하는 시대에도 돈이 없어 대학에 못 간 여성들, 가정공학에 대한 책조차 살 수 없는 여성들은 고된 집안일에 시달려야 했다. 남의 집

하인으로 일하는 백인 이민 여성들이나 유색인종 여성들은 과학적 관리는커녕, 관리할 집 자체가 없는 경우가 많았다.

길브레스 시스템

길레스피가 가정공학을 예찬하면서 언급한 인물 중 하나인 프랭크 길브레스와 그의 아내 릴리언Lillian(1878~1972)은 20세기 초반 떠오르는 과학적 관리 분야에서 중요한 연구를 내놓았다. 1878년 캘리포니아의 오클랜드에서 태어난 릴리언 몰러Lillian Moller는 부유한 대가족 출신이었다. 아버지는 성공한 기업가였고, 집에는 하인이 여럿 있었다.[7] 릴리언은 버클리 캘리포니아 대학교에서 공부하고 석사학위를 받았다. 릴리언의 가족은 뒤에 로드아일랜드의 프로비던스로 옮겨갔다. 릴리언은 1915년 응용심리학으로 박사 학위를 받았다. 원래 릴리언은 대학 학장이 되고 싶었지만 1904년 건설업자 프랭크 길브레스와 결혼한 뒤 꿈이 바뀌었다. 부부는 대가족을 꾸리고 싶었고 사업도 하고 싶었다.[8]

부부는 프랭크가 건설업을 하면서 발전시킨 효율적인 건설 방법에 관한 책을 썼다. 부부의 연구는 업무를 잘게 쪼개 부분별로 작업 시간을 측정하고 할당하는 테일러의 '스톱워치' 연구를 기반으로 했다. 이들은 일을 완수할 때 노동자들의 움직임을 추적하기 위해 필름 기술을 이용하여 '동작 연구' 시스템을 개발했다.[9] 1912년에 시작된 길브레스 부부의 연구는 과학 경영 운동에 불을 지핀 테일러주의로부터 멀리 떨어져 나왔다. 특히 릴리언은 자신이 배운 것을 활용해 경영의 심리적 차원을 연구했다.[10] 이들이 새롭게 내놓은 '길브레스 시스템'은 단순히 노동자에게 일을 더 빨

릴리언 길브레스

LILLIAN GILBRETH

심리학자이자 산업 엔지니어인 릴리언 몰러는
남편 프랭크 길브레스와 함께 새로운 시간과 동작 관리 방법을 개발하였다.
남편이 죽은 뒤 릴리언은 산업 디자이너로 다시 시작하여
새로운 동선 절약형 부엌 디자인과 가사 관리 방법을 개발하였다.

리 하도록 권고하는 것을 넘어 불필요한 움직임을 제거하기 위한 동작 연구를 포함했다. 또 테일러주의가 가져오는 노동자의 비인간화와 작업의 비인격화로 인한 노동자의 불만도 다루었다.[11]

10년 넘게 부부가 함께 사업을 하고 책을 쓰고 논문을 내고 강연을 하며 성공적인 동반자로 살았지만, 1924년 프랭크가 55세에 심장마비로 갑자기 숨지면서 결혼생활은 슬프게 끝나버렸다. 릴리언에게 열한 명의 아이가 있었고 수입은 불안정했다. 프랭크가 사망한 뒤, 릴리언은 외부에 내세울 남성 없이는 남편과 함께한 컨설팅 사업을 유지하기 힘들다는 것을 깨달았다. 고객들은 계약 갱신을 거부하거나 취소했으며, 여성 경영컨설턴트를 고용하려는 새 고객은 거의 없었다.[12]

역사학자 로렐 그레이엄Laurel Graham에 따르면, 릴리언은 1920년대에 자신을 산업 디자이너로 재창조해 경력을 되살리고 살길을 찾았다. 가스, 전기 제품 판매에 투자한 전력공급업체들로부터 효율적인 주방 디자인 의뢰를 받기 시작했다.[13] 그는 가전제품과 찬장, 조리대를 가장 효율적으로 배치하는 데에 동작 연구를 응용했고, 고객사들은 그의 전문지식과 새 디자인이 집안일을 얼마나 쉽고 즐겁게 바꿔줄 수 있는지를 팸플릿으로 만들어 부엌 설계를 홍보했다.[14] 디자인에 초점을 맞춘 것은 경력 후반부의 일이었지만, 이 프로젝트는 릴리언에게 가장 수익성 높은 일이었다. 부엌 모델 디자인은 상업적 범위가 넓었고 릴리언은 과학적 가정 경영의 역사에서 빼놓을 수 없는 인물이 됐다. 그레이엄은 유명한 가정주부이자 부엌 디자이너라는 릴리언의 이미지는 실제 릴리언의 가정생활에서 나온 것이라기보다는 부엌 마케팅의 산물이라고 했다. 릴리언은 집안일을 스스로 하기에는 너무 바빠 하인을 고용하고 아이들에게 잡동사니 일들을 맡기는 구조를 만들었다. 하지만 마케팅에서는 소비자들이 릴리언의 방식을 따라 하고 물건을 사들이게끔 모든 것을 혼자 해내는 릴리언의 이미지를 만들었다.

가정공학, 가정학 등등 가정의 과학적 관리 프로그램은 여성을 가정의 영역에 가둬두려는 사회규범 속에서도 여성들이 과학에 참여하는 하나의 방식이었다. 이 영역은 세기의 전환기에 과학적, 기술적 진보를 향한 열정이 삶의 모든 측면에 스며들었음을 보여주는 한 예다. 동시에, 여성들이 삶을 개선하기 위해 과학이 만들어준 도구들을 어떻게 찾아내고 활용했는지를 보여준다. 여성들은 실험실이나 연구소 밖에 있을지언정 누가 봐도 과학이라 할 만한 일들을 했다. 여성들은 그렇게 집에서 과학의 공간을 만들어냈고, 그 결과 때로는 남성이 지배하는 과학계에 자신들만의 방식으로 들어갔다. 가정공학자들이 과학적인 원리로 가정생활을 재구성하는 동안, 여성들은 집 안에서, 특히 애비 래스롭Abbie Lathrop은 헛간에서 과학을 재구성했다.

애비 래스롭의 가정 실험실

애비 래스롭은 1868년 일리노이에서 태어났다. 정규교육을 거의 못 받았고, 학교 교사로 잠시 일하다가 매사추세츠주로 이주해 양계 사업을 시작했지만 실패했다. 대신 쥐를 기르는 데에는 성공했다. 처음에는 반려동물이나 모양과 행동이 특별한 동물을 기르는 '애호가'에 가까웠지만, 실험대

1939년 텍사스주, 부엌에 있는 여성. 효율적인 부엌 디자인은
20세기 과학과 기술이 가정으로 들어온 중요한 경로였다.

상이 필요했던 과학자들에게 생쥐를 팔기 시작하면서 래스롭의 쥐 사육은 점점 본격적인 연구 작업이 돼갔다.[15] 쥐는 수명이 짧아 실험대상으로 쓰기 좋았다. 애호가로서 얻은 지식은 과학자들이 실험에서 변수를 쉽게 통제할 수 있게 쥐를 맞춤 생산하는 데에 도움이 됐다.[16]

래스롭의 쥐 사육이 과학 연구 사업으로 진화한 것은 1908년 키우는 쥐들에게 피부병이 나타나면서였다. 래스롭은 쥐를 판매하면서 친해진 과학자들에게 이유를 알아봐달라고 요청했다. 실험실에서 래스롭의 쥐를 써왔던 펜실베이니아 대학교의 병리학자 레오 뢰브Leo Loeb는 쥐의 피부병이 종양임을 알아냈다. 이 일을 계기로 뢰브와 래스롭은 쥐의 종양과 관련해 그 후 오랜 세월 이어질 공동 연구를 시작했다.[17]

두 사람이 함께 실험을 설계하고, 래스롭이 집과 농장에 실험실을 만들어 실험했다.[18] 여성인데다 정규교육도 거의 받지 않았는데 이례적인 방식으로 전문 과학에 발을 들였다는 점 때문에 래스롭은 세간의 눈길을 끌었다. 1909년 『브루클린이글』 신문은 그를 소개하면서 "이 작은 생물을 본능적으로 좋아하는 보기 드문 여성"이라고 적었다.[19] 『로스앤젤레스타임스』도 마찬가지로 래스롭이 쥐를 무서워하지 않는 여성이라고 표현하긴 했지만, "돈이 된다는 것을 안 뒤에" 두려움을 극복했다는 설명을 덧붙였다.[20]

진보 시대의 백인 상류층과 중산층 여성들은 과학에 참여할 기회가 적긴 했어도 아예 없지는 않았다. 해리엇 길레스피나 메리 패티슨은 과학적 사고에 바탕을 둔 가정관리 시스템을 만들면서 새로운 위생 이론을 받아들이고, 세탁 같은 번거로운 집안일을 자동화하는 신기술을 수용했다. 가사노동을 도와주던 이들이 더 높은 임금을 찾아 공장으로 점점 이동해가던 경제적 상황 변화에 대응하는 것이기도 했다. 산업 컨설턴트로 커리어를 시작한 릴리언 길브레스는 가사와 양육을 여성의 일로 보는 시각을 지렛대 삼아 경력을 키웠다. 애비 래스롭은 대학 문턱도 밟아보지 못했지만 뉴잉글랜드의 농가에서 암 연구에 크게 기여했다. 이 여성들은 젠더화된 사회문화적 구조가 여성들이 있어야 할 곳으로 규정한 장소에서, 바로 그 장소를 자원으로 삼아 주류 제도권 밖에서도 과학을 수행할 공간을 만들어왔음을 보여준다.

CONTROL
Public
Health
BIRTH
REVIEW
Public
BIRTH
Public
Health

13장

출산의 자유와 우생학 운동

새로운 급진적 여성

20세기로의 전환기는 유럽과 미국에서 여성들에게 반란의 순간을 의미했다. 출산권, 여성 참정권, 노동 개혁 등에서 공격적 행동주의를 동반한 페미니즘의 첫 물결이 일어났다. 엄격한 가부장제와 산업화하는 사회에서 자신의 위치에 만족하지 못한 여성들은 사회주의와 무정부주의 운동에 매료됐다. 이들이 보기에 종교나 자원봉사 조직을 통해 개혁하겠다는 중산층의 신중한 접근은 지나치게 보수적이었고, '진보주의자'가 약속한 진보에도 역시 퇴행적인 부르주아적 가치가 들어있었다. 이들 새로운 급진적

← 여성참정권 운동가이자 산아제한 운동가인 키티 매리언(Kitty Marion, 독일 출신으로 런던으로 이주해 활동함)이 『산아제한리뷰』를 판매하고 있다. 1915년 뉴욕시.

여성 운동가들은 거대한 변화를 요구했으나 격렬한 반발에 부딪히곤 했다.

이른바 '산아제한' 운동이라고 불린 출산의 자유와 가족계획은 페미니즘이 내놓은 가장 급진적 제안 중 하나였다. 여성 의사들과 급진적 활동가들은 영국과 미국에서 산아제한 투쟁을 주도했고, 투쟁의 명분을 강화하기 위해 사회문제를 과학적으로 해결하려고 대서양을 가로지르며 열정을 불태웠다. 그러나 이 운동의 한 갈래는 결국 출산을 통제하여 인간 상태를 개선하려는 유전학의 한 분야인 우생학 운동으로 흡수됐다. 산아제한 운동의 이야기는 20세기 초 사회적, 정치적 생활에서 과학이 어떤 복잡한 역할을 했는지와 맥을 같이 한다.

산아제한 운동

영국과 미국보다 훨씬 앞서 네덜란드 여성 알레타 야콥스Aletta Jacobs(1854~1929)가 세계 최초로 산아제한 전문병원을 열었다. 야콥스는 네덜란드에서 대학에 들어가 의학 학위를 받은 첫 번째 여성이었다. 의사이자 여성참정권자, 평화 운동가였던 그는 의료계의 반대에도 불구하고 병원을 열었다. 야콥스는 여성을 진료하면서 여성들이 몸에 해로운 조건에서 긴 시간 노동한다는 것을 알고 나서 여성 건강관리와 노동권 보장 운동을 함께 펼쳐나갔다. '여성참정권동맹'을 공동 설립하고 평화와 자유를 위한 '국제여성연맹' 설립을 도왔다.

영국이나 미국에서처럼 네덜란드에서도 산아제한을 옹호하는 사람들은 다양한 이유로 피임 캠페인을 벌였다. 야콥스는 진보적인 성 개혁에 중점을 둔 국제단체인 '성 개혁을 위한 세계 연맹(WLSR)World League for Sexual

Reform'에 소속돼 있었다. 역사가 헨리 브랜드호스트Henny Brandhorst는 이 단체의 네덜란드 지부는 규모가 크지 않았지만, 사회적 경제적 또는 우생학적 이유를 들어 성 개혁을 주장했다고 했다. 20세기 초 영국과 미국에서 산아제한을 우생학적 이유로 사용할 수 있는지에 대한 논쟁이 커졌는데, 이미 산아제한 옹호자와 개혁가들은 피임과 가족계획 캠페인을 통해 대중에게 널리 알려졌다.

영국에서 산아제한 옹호자로 가장 유명한 사람은 마리 스톱스Marie Stopes(1880~1958)였다. 부친은 양조업자이자 아마추어 과학자인 헨리 스톱스, 모친은 페미니스트 활동가이면서 셰익스피어 연구자인 샬롯 스톱스로, 이들은 에딘버러에 살았다. 아버지처럼 마리는 과학에 관심이 많았고, 런던 대학교에서 식물학과 고생물학을 포함해 학위를 여러 개 받았다. 1905년 24세 때 이학 박사 학위를 땄다. 영국과 독일 대학에서 수준 높은 교육을 받은 스톱스는 맨체스터 대학교에서 식물학을 가르치며 과학자로서 경력을 쌓기 시작했다. 2년간 일본에서 연구와 탐사를 하고 린네 학회* 의 회원이 되는 등 식물학자로서 많은 걸 성취했지만 영국의 산아제한 운동에 지대한 영향을 끼치며 훨씬 더 유명해졌다.[1]

저명한 과학자이자 헌신적인 참정권 운동가인 스톱스는 1915년 미국의 산아제한 운동가 마거릿 생어Margaret Sanger를 만났다. (191쪽 참조) 당시 생어는 컴스톡법**을 어긴 혐의를 받고 영국에 피신해 있었다. 스톱스

* 초기 식물분류학을 성립한 카를 린네를 기리기 위해 1778년에 설립된 학회로 린네가 자료를 기증한 영국 런던에서 만들어졌다.

** Comstock Act, 음란물의 유통을 금지하고 피임 기구나 정보 등의 우편 배포를 금지하고 피임, 낙태, 성병 등에 대한 교육, 홍보를 금지하는 내용의 법률. 기독교 신자인 앤서니 컴스톡이 피임기구로 인해 사회가 음란해진다며 법안을 청원하였고, 1873년 그의 이름을 딴 소위 음란규제 법안이 만들어졌다.

는 여성이 스스로 느끼는 감정을 자세히 기록해 성적 자극에 주기가 있는지 알아보는 연구를 하던 중이었다. 이 프로젝트는 1918년 『결혼 후의 사랑Married Love: A New Contribution to Solution of Sex Problems』과 『현명한 부모Wise Parenthood: A Book for Married People』두 책으로 출판되었다.[2] 이 책으로 스톱스는 성과 결혼, 가족 문제에 대한 믿음직한 조언자라는 명성을 얻었다. 식물학에서 성과 가족생활로 연구의 방향을 바꾼 그는 피임약과 산아제한의 사회적, 정치적 측면에 관심을 쏟았다.

우생학 운동

사회적 차원에서 임신과 출산에 대해 스톱스처럼 생각하는 영국인 중에는 페미니스트 활동가와 여성참정권 운동가, 정부 관료, 성직자, 과학자, 의사 들이 있었다. 그뿐 아니라 과학과 개혁을 내세운 우생학자라는 새로운 운동가 그룹도 있었다. 세기가 바뀔 무렵 유럽에는 '인종', 즉 백인의 정신과 육체가 급격히 쇠퇴하고 있다는 생각이 널리 퍼졌다. 우생학은 복잡한 사회문제에 아주 간단한 해법을 내놓았다. 이민이 늘면서 인종주의적인 두려움을 갖게 된 이들, 가난한 사람들이 성적으로 방탕하다고 생각하는 사람들, 산업화와 현대화가 중산층의 상황을 악화시켰다고 믿는 사람들이 우생학을 지지했다.

우생학 운동은 아직도 설명하기 어려운 측면이 많다. 이 운동을 지지한 사람들은 때론 복잡하고 때론 모순되는 신념을 가지고 있었다. 우생학은 유전과 유전학이라는 확고한 사실에 기반을 둔 객관적인 과학으로 선전됐지만, 거기에 대중의 사회적 신념이 끼워 맞춰진 사상의 집합체에

산아제한 운동의 이야기는
20세기 초 사회적, 정치적 생활에서
과학이 어떤 복잡한 역할을 했는지와 맥을 같이 한다.

가깝다.[3] 1883년 영국 통계학자 프랜시스 골턴Francis Galton이 이 용어를 만들었으며, 핵심 전제는 마치 멘델이 식물에서 관찰한 것처럼 사람에게서도 '좋은' 특성과 '나쁜' 특성이 유전되며, 이를 예측할 수 있다는 것이다. 역사가 웬디 클라인Wendy Kline은 우생학은 '좋은' 또는 '나쁜' 특성의 유전을 선택적으로 통제해 '인종'의 퇴화에 대응하는 객관적인 방법으로 대중들에게 인식됐다고 했다. '나쁜' 유전적 특성으로 고통 받는 이들의 출산을 막으면 몇 세대 안에 나쁜 특성을 제거할 수 있다는 뜻이었다.[4]

오늘날 우리는 우생학이라 하면 나치 독일의 대량학살을 떠올리지만, 20세기 초반 우생학은 당시의 최첨단 과학이 뒷받침하는 매우 대중적인 이데올로기였다. 우생학자 다수는 우생학이 '지적장애'가 늘어나는 문제를 '해결'하는 방법이라고 믿었다. 당시 지적장애인은 백인이 아닌 이민자에서부터 장애인이나 '문란한' 여성에 이르기까지 다양한 이들을 가리켰다.

과학을 이런 식으로 적용하는 것을 보통 '부정적 우생학'이라고 하는데, 사회가 반기지 않는 사람들이 자녀를 갖지 못하게 하거나 강제 불임 시술을 하는 방법도 포함된다. '긍정적 우생학'은 인구통계학적으로 특정한 변화를 만들어내기 위해 백인, 중산층 등 '적합한' 사람들이 건강한 자

THE WOMAN REBEL

NO GODS NO MASTERS

VOL. I. MARCH 1914 NO. 1.

THE AIM

This paper will not be the champion of any "isms."

All rebel women are invited to contribute to its columns.

The majority of papers usually adjust themselves to the ideas of their readers but the WOMAN REBEL will obstinately refuse to be adjusted.

The aim of this paper will be to stimulate working women to think for themselves and to build up a conscious fighting character.

An early feature will be a series of articles written by the editor for girls from fourteen to eighteen years of age. In this present chaos of sex atmosphere it is difficult for the girl of this uncertain age to know just what to do or really what constitutes clean living without prudishness. All this slushy talk about white slavery, the man pointed and described as a hideous vulture pouncing down upon the young, pure and innocent girl, dragging her through the medium of grape juice and lemonade and then dragging her off to his foul den for other men equally as vicious to feed and fatten on her enforced slavery — surely this picture is enough to sicken and disgust every thinking woman and man, who has lived even a few years past the adolescent age. Could any more repulsive and foul conception of sex be given to adolescent girls as a preparation for life than this picture that is being perpetuated by the stupidly ignorant in the name of "sex education"?

If it were possible to get the truth from girls who work in prostitution to-day, I believe most of them would tell you that the first sex experience was with a sweetheart or through the desire for a sweetheart or something impelling within themselves, the nature of which they knew not, neither could they control. Society does not forgive this act when it is based upon the natural impulses and feelings of a young girl. It prefers the other story of the grape juice procurer which makes it easy to shift the blame from its own shoulders, to cast the stone and to evade the unpleasant facts that it alone is responsible for. It sheds sympathetic tears over white slavery, holds the often mythical procurer up as a target, while in reality it is supported by the misery it engenders.

If, as reported, there are approximately 35,000 women working as prostitutes in New York City alone, is it not sane to conclude that some force, some living, powerful, social force is at play to compel these women to work at a trade which involves police persecution, social ostracism and the constant danger of exposure to venereal diseases. From my own knowledge of adolescent girls and from sincere expressions of women working as prostitutes inspired by mutual understanding and confidence I claim that the first sexual act of these so-called wayward girls is partly given, partly desired yet reluctantly so because of the fear of the consequences together with the dread of lost respect of the man. These fears interfere with mutuality of expression —the man becomes conscious of the responsibility of the act and often refuses to see her again, sometimes leaving the town and usually denouncing her as having been with "other fellows." His sole aim is to throw off responsibility. The same uncertainty in these emotions is experienced by girls in marriage in as great a proportion as in the unmarried. After the first experience the life of a girl varies. All these girls do not necessarily go into prostitution. They have had an experience which has not "ruined" them, but rather given them a larger vision of life, stronger feelings and a broader understanding of human nature. The adolescent girl does not understand herself. She is full of contradictions, whims, emotions. For her emotional nature longs for caresses, to touch, to kiss. She is often as well satisfied to hold hands or to go arm in arm with a girl as in the companionship of a boy.

It is these and kindred facts upon which the WOMAN REBEL will dwell from time to time and from which it is hoped the young girl will derive some knowledge of her nature, and conduct her life upon such knowledge.

It will also be the aim of the WOMAN REBEL to advocate the prevention of conception and to impart such knowledge in the columns of this paper.

Other subjects, including the slavery through motherhood; through things, the home, public opinion and so forth, will be dealt with.

It is also the aim of this paper to circulate among those women who work in prostitution; to voice their wrongs; to expose the police persecution which hovers over them and to give free expression to their thoughts, hopes and opinions.

And at all times the WOMAN REBEL will strenuously advocate economic emancipation.

THE NEW FEMINISTS

That apologetic tone of the new American feminists which plainly says "Really, Madam Public Opinion, we are all quite harmless and perfectly respectable" was the keynote of the first and second mass meetings held at Cooper Union on the 17th and 20th of February last.

The ideas advanced were very old and time-worn even to the ordinary church-going woman who reads the magazines and comes in contact with current thought. The "right to work," the "right to ignore fashions," the "right to keep her own name," the "right to organize," the "right of the mother to work"; all these so-called rights fail to arouse enthusiasm because to-day they are all recognized by society and there exist neither laws nor strong opposition to any of them.

It is evident they represent a middle class woman's movement; an echo, but a very weak echo, of the English constitutional suffragists. Consideration of the working woman's freedom was ignored. The problems which affect the

여성의 반란

THE WOMEN REBEL

마거릿 생어가 발간한 『여성의 반란』 첫 호.
산아제한 용어도 여기서 나왔다.

마거릿 생어 MARGARET SANGER

마거릿 생어가 테이블 뒤에 앉고 12명의 여성이 같이했다. 1924년 뉴욕.

녀를 많이 갖도록 장려하는 것이었다. 미국에서는 우생학이 널리 받아들여지고 인기를 끌었다. 이른바 백인 가족을 대상으로 바람직한 속성을 평가해 순위를 매기는 '건강 가족' 경진대회가 축제처럼 여기저기서 열렸다. 나치 우생학자들은 여기서 영감을 얻어 인종적 순수성을 달성하기 위한 대중 프로그램으로 우생학을 활용했다.

영국 우생학자들은 우생학 이론을 적용하는 데 계급을 가장 중요한 요소로 보았다. 유명한 산부인과 의사이자 우생학자인 메리 샬리브Mary Scharlieb(1845~1930)도 그중 한 명이었다. 샬리브는 남편과 인도에 사는 동안 교육을 받았고 영국으로 돌아온 뒤에는 런던 여성 의과대학에 다녔다. 이후 오스트리아 빈에서 대학원 과정을 밟고 인도에서도 공부한 뒤 1887년 의학박사 학위를 받았다. 역사가 그레타 존스Greta Jones에 따르면, 우생학에 관심이 있는 샬리브 같은 중산층 개혁가들은 출생률이 낮아지면서 약해진 중산층을 되살리고자 했으며, 중산층이 퇴화하는 반면에 성적 욕망에 따라 움직이는 부도덕한 빈곤층은 과잉 생산되고 있다고 여겼다.[5]

그러나 우생학 운동에 관여한 다른 여성들과 마찬가지로 샬리브도 우생학이 여성을 해방해주리라 생각했다. 이 시기 국가는 바람직하다고 여겨지는 중산층 가정이 자녀를 더 많이 낳아 출산율이 떨어지지 않도록 장려하는 긍정적 우생학과 출생주의* 입장을 취했다. 출생주의 이데올로기는 여성을 인종을 수호하는 필수적인 존재로 존중할 것 같지만, 여성 운동가들이 쟁취하려 애쓴 참정권을 비롯한 사회적 자유를 갖지 못하게 위협하기도 했다. 출생주의를 지지하는 이들은 모성의 우생학적 의무를 강

* 인간이 태어나는 것이 사회에 긍정적인 영향을 끼친다고 보고 출산을 장려하는 입장. 이와 달리 인간의 출생을 부정적으로 보는 견해를 반출생주의라고 한다.

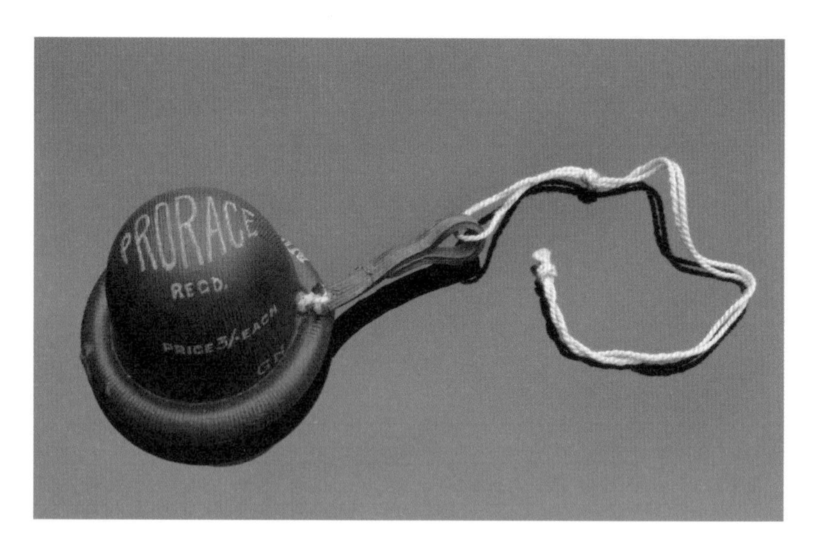

1915~1925년 영국에서 사용된 프로레이스 브랜드의 자궁 경부 캡.

조함으로써 여성이 가치를 인정받고 고된 가사 일을 조금 덜어내 보다 평등한 결혼이 가능할 거라고 생각했다.[6] 샬리브는 이미 낮아진 중산층 출산율을 더 악화시키는 산아제한에 반대했다.

엉성한 우생학 이념은 우생학 운동 내에서 모순과 갈등을 초래했다. 마찬가지로 우생학의 도구로 피임약을 사용하는 문제는 산아제한 운동 내에서 끊임없는 논쟁거리였다. 마리 스톱스와 샬리브는 동시대를 살아 종종 비교되곤 했는데, 특히 피임약 사용에서 견해가 달랐다. 샬리브의 주장이 과학저널 『네이처Nature』에 실리자 스톱스는 네이처에 반박 글을 기고했다. 그는 샬리브의 견해가 종교적인 이유에서 나온 것이며, 샬리브 역시 자신이 의학적, 과학적 근거로 옹호한 다이어프램*과 같은 피임기구의 안

* Diaphragm, 프레임에 고무를 씌운 형태의 여성용 피임기구로, 질 내부를 감싸 정자를 차단한다.

정성과 효능을 부인하지 않았다고 지적했다.[7]

미국의 산아제한과 우생학

미국에서 과학 분야의 주요 인물로 꼽히는 마거릿 생어(1879~1966)는 20세기 가장 유명한 인물 가운데 한 사람이다. 스톱스와 달리 그는 과학자가 아니었다. 1879년 뉴욕 코닝에서 태어난 생어는 클레이버랙 대학과 허드슨리버연구소에서 교육을 받았고, 이후 1900년 화이트플레인즈 병원에서 간호 교육을 받았다. 2년 뒤 건축가 윌리엄 생어William Sanger와 결혼해 세 아이를 뒀다. 생어에게 급진적인 정치적 변화가 시작된 건 20세기 첫 10년 사이의 일이었다. 1911년 녹음이 우거진 웨스트체스터 교외에서 뉴욕으로 이사한 뒤 그는 보헤미안적인 도시 공동체 속에서 사회주의자와 노동운동가들과 친해졌고 1912년 매사추세츠의 섬유파업*에도 동참했다.[8] 도시로 이주한 뒤 몇 년 동안, 생어는 방문 간호사로 일했고 무정부주의 운동가 엠마 골드먼Emma Goldman에게 사회주의를 배웠다. 이 시기 생어는 임신하지 않음으로써 노동계층이 어떻게 자유로워질 수 있는지에 주목하기 시작했다.[9]

1914년 잡지 『여성의 반란The Woman Rebel』을 발행하기 시작할 무렵, 생어는 이미 『뉴욕 콜』 신문에 성 건강과 위생에 대한 칼럼을 쓰면서 음란행위법을 여러 번 위반한 상태였다. 생어의 경력에 가장 중요한 영향을 끼친

* 1912년 1~3월 매사추세츠주의 로렌스에서 일어난 섬유공장 노동자들의 파업. 노동시간 단축법이 통과되자 사업주들은 임금을 깎았고, 이에 항의해 2만여 명의 노동자가 파업했다.

법은 1873년 만들어진 컴스톡법(185쪽 참조)이었다. 생어는 이 법이 특히 노동계급 여성에게 해를 끼친다고 생각했다. 의사조차 법적으로 가족 제한*에 대한 정보를 줄 수 없으니, 일하는 여성들은 무방비 상태에 놓일 수밖에 없었다.[10] 사회주의자로서 그가 산아제한에 몰두한 것은 노동계급의 해방을 위해서이기도 했다. 그는 『여성의 반란』에 "이 잡지의 목적은 일하는 여성이 스스로 생각하고 의식적으로 투쟁 기질을 기를 수 있도록 자극하는 것"이라고 썼다.[11] 생어가 '산아제한'이라는 용어를 만든 것도 『여성의 반란』에서였으며, 1914년 영국으로 도피해 런던에서 스톱스를 만나게 된 것도 이 잡지에 실은 글 때문이었다. 다시 미국으로 돌아왔을 때는 생어의 딸이 갑자기 사망해 대중의 동정심이 일어났고 음란법 위반 혐의도 취하됐다.[12]

1916년 생어는 유럽에서 방문했던 알레타 야콥스(184쪽 참조)의 병원을 모델로 미국 최초의 산아제한 클리닉을 열었다.[13] 뉴욕 브루클린에 위치한 이 클리닉은 피임 정보를 알려줬지만, 환자에게 적절한 크기의 다이어프램을 맞춰줄 수 있는 의사가 없어서 피임 기구는 나눠 주지 못했다. 생어는 법에 규정된 우편 배포가 아니라 직접 관련 정보를 제공하면 컴스톡법을 피해갈 수 있다고 생각했다. 그러나 개원한 지 일주일 만에 경찰이 급습해 클리닉 문을 닫게 됐고 생어와 직원들은 체포됐다.[14] 생어는 항소해서 나름의 승리를 거뒀다. 법원은 생어의 클리닉에 의사가 있었더라면 의학적으로 운영될 수 있었을 거라고 판단했다. 생어는 단속을 피하면서 클리닉을 운영하기 위해 이 판결을 활용했다.[15]

생어는 1917년 『산아제한 리뷰Birth Control Review』라는 새로운 간행물

* 산아제한, 가족계획과 비슷한 뜻으로 20세기 초반 미국의 페미니스트들이 쓰던 용어다.

미국 산아제한 협회

AMERICAN BIRTHCONTROL LEAGUE

1921년 마가렛 생어가 설립한
미국 산아제한 협회의 전단지

BIRTH CONTROL--WHAT IT WILL DO

It will give every mother the right to have children only when she feels that her health and strength will allow her to give them the care and attention they need.

It will enable her to arrange for proper intervals of time between her babies.

It will give her the possibility of recovering her strength in case she is worn out physically or nervously, or has any disease aggravated by pregnancy.

It will enable her to gain strength if she has worked hard and long hours before her marriage. No woman should become pregnant until she is well rested from fatiguing labor.

It will give her time to know her children, and to devote herself to bringing them up.

It will give her a chance to develop mother-love, instead of becoming a slave, a worn out, broken, spiritless drudge.

It will keep her husband's love and attention. Parents will have only the number of children they want, and at such intervals as will keep their interest alive and their love cemented by companionship and harmony.

It will prevent the practise of taking drugs and poisonous nostrums to avoid undesired pregnancy.

It will prevent the death of mothers whose physical strength cannot stand the strain of pregnancy.

It will prevent the death of thousands of babies whose passing out is caused by poverty, ignorance, neglect and insufficient vitality inherited from exhausted mothers.

It will prevent child labor. Poor mothers will be helped and advised to have only the children their husbands can support.

It will prevent prostitution:—because

(a) Young people will be able to marry early and wait until their incomes are sufficient before having children.

(b) Wives will be freed from the haunting fear of pregnancy which hovers over a woman from month to month, and frequently drives husbands to prostitutes.

It will prevent disease, especially the transmission of disease from parents to offspring.

It will set the woman free to show her affection and express her love for her husband, an expression which will hold husband and wife together.

It will make of the home a place of peace, harmony and love. The man will want to come to it; the woman will find in it her happiness and development; the children, well nurtured and carefully educated will grow up in it to be the greatest assets of the nation.

Join the AMERICAN BIRTH CONTROL LEAGUE

MARGARET SANGER
President

104 Fifth Avenue
New York City

마리 스톱스 MARIE STOPES

마리 스톱스는 영국의 식물학자이자 산아제한 옹호자다. 성공적인 과학 경력에 더해 산아제한 운동에 깊게 관여했다. 당시의 많은 과학자와 공인들처럼 그 또한 우생학자였다.

을 출판했다. 이즈음 그는 산아제한을 옹호하는 급진적, 사회주의적 접근 방식에 한계를 느끼고 자신의 메시지를 전할 새로운 대중을 찾기 시작했다. 역사학자 캐시 하조Cathy Hajo가 지적하듯이, 산아제한은 동시대 우생학 운동보다 훨씬 급진적이라고 인식됐고, 생어의 사상은 주류 사회로부터 상당한 저항에 직면했다. 생어는 우생학의 과학적 권위를 산아제한에 연결하면, 대중들이 아직 비주류라 여기는 이 운동에도 명성이 생길 거라고 생각했다.[16]

그러나 산아제한과 우생학은 조화를 이루지 못했고, 영국 페미니스트 운동에서 나타난 수많은 모순이 미국에서도 널리 나타났다. 부정적 우생학의 한 방법으로써 산아제한은 중산층이 많은 자녀를 갖도록 장려하는 출생주의 긍정적 우생학과는 정반대였다. 생어와 산아제한을 옹호한 사람들은 우생학자들이 주장하는 변화 불가한 유전적 결함을 가진 사람의 사회적, 경제적 지위가 사실은 바뀔 수 있다고 보았다.[17] 산아제한 운동가 중에는 우생학자들처럼 백인이 우월하다고 믿은 이들도 있었지만, 이는 우생학 이데올로기에 집착해서라기보다는 산아제한 옹호자들이 처한 사회적, 경제적 지위 때문이었다고 하조는 설명했다.

두 운동 사이의 모순과 불일치에도 불구하고 산아제한과 우생학은 얽혀 있었다. 생어는 활동 기간 내내 일관된 입장은 아니었지만, 산아제한을 장려하려고 우생학적 수사를 사용했다. 활동 초창기, 그는 생활환경이 '건강'을 크게 좌우하는 요소이며 누군가에게는 박탈감을 줄 수 있으므로 산아제한으로 가족 수를 줄여 빈곤의 고통을 누그러뜨리는 쪽에 초점을 뒀다. 생어가 '열등한' 인종과 민족의 번식을 제한해야 한다는 강경한 유전 우생학을 믿었는지는 불확실하며, 이 시기 산아제한 옹호자들의 입장을 평가하다 보면 혼란스러울 때가 많다.[18] 생어가 특히 우생학에 동조하

영국산 프로레시스 브랜드 살정제 페서리

는 과학자들이나 의사들에게 산아제한 운동을 지원해달라고 요청하면서 부정적 우생학의 언어와 논리를 쓴 것은 사실이다. 너무 급진적이라 여겨지던 산아제한을 정당화하기 위해 사회에서 용인되고 과학적 권위도 가진 우생학에 자신들의 메시지를 이식할 필요가 있었기 때문이었다.[19]

생어는 성인이 된 이후 인생 대부분을 지칠 줄 모르는 산아제한 운동가로 살았다. 1920년대에 산아제한연구소를 세우고 산아제한법을 추진하기 위한 입법 로비 단체를 만들었다. 1937년 '미국 대 일본산 페서리'* 사건에서 뉴욕 법원이 의사는 의학적 이유로 환자에게 피임약과 도구를

* 페서리는 자궁 경부에 씌워 정자가 자궁에 들어가지 못하게 하는 여성용 피임 기구다. 생어가 차린 진료소의 의사가 일본에 페서리를 주문했는데, 세관에서 이 페서리를 컴스톡법에 따라 압수했고 생어 측은 항소했다.

공급할 권리가 있다고 판결하면서 이 운동은 중요한 승리를 거뒀다. 의사가 감독한다는 조건으로, 산아제한 클리닉이 사실상 합법화된 것이다.[20] 산아제한이 사회적으로 용인되어 가면서 생어의 급진적인 메시지와 전문 의학지식 부족이 오히려 운동의 맹점이 되기 시작했다. 그는 1928년 미국 산아제한협회에서 쫓겨났고 1942년 협회는 협회의 이름과 전국 진료소의 이름을 '가족계획연맹Planned Parenthood'으로 바꿨다. 오늘날 생어는 1960년 미국 식품의약국(FDA)이 최초로 승인한 피임약 개발로 이어진 그레고리 핀커스Gregory Pincus의 호르몬 피임약 연구를 지원한 것으로 더 유명하다. 하지만 이는 임신·출산권을 위한 그의 평생의 투쟁에서 보면 한 장면에 불과하다. 생어는 그의 운동이 열매를 맺길 지켜보다 1966년에 사망했다. 그와 스톱스는 여성 인권 역사에서 중요한 시기를 살았고, 그 시기를 중요하게 만드는 데에 힘을 보탰다.

비범한 삶을 살았던 생어나 스톱스 같은 이들의 업적과 그들이 끌어낸 울림은 기억하고 연구할 가치가 있다. 그러나 그들을 임신·출산의 자유라는 대의를 위해 싸운 순수한 영웅으로 받들거나 우생학 운동의 악당이라고 몰아버리면 '과학은 어떻게 사회문화적 규범에 따라 만들어지고 또 어떻게 사회문화적 규범을 만드는가'라는 중요한 질문이 지워져 버린다. 20세기 초 우생학은 긍정적인 방향으로 현실에 적용될 최첨단 과학으로 여겨졌다. 산아제한 운동이 주창한 임신·출산의 자유와 가족계획이라는 개념에 비하면 논란도 훨씬 적었지만, 영국과 미국의 우생학은 전쟁 시기 나치 프로그램의 모델이 됐다. 어느 산아제한 운동가가 우생학자인지 아닌지,

피임이 비도덕적인지 우생학적인지를 묻기보다는 산아제한의 역사와 그 주장을 펼친 여성들을 둘러싼 복잡한 사회문화적 맥락을 이해하는 것이 중요하다.

14장

원주민의 역사를 되살린 여성 고고학자들과 인류학자들

서사를 뒤집다

1928년 멕시코시티는 1519년 스페인의 정복 이후 사라졌던 아즈텍의 새해*를 다시 기념하기 시작했다. 아즈텍 새해는 1년에 두 번으로, 태양이 적도의 남북으로 20도에 도달해 그림자를 드리우지 않을 때를 기준으로 한다. 열대 지역에 살던 고대인에게 이 현상은 태양신이 땅으로 내려왔음을 알리는 신호였고, 이때부터 폭우가 내려 작물을 키울 수 있었다. 1928

* 멕시코 고원에서 발달한 아즈텍 문명에서 사용했던 달력에 따른 신년을 의미한다.

← 〈주시-누탈 문서(Codex Zouche-Nuttall)〉는 1200년에서 1521년 사이 아즈텍족의 상형문자로 쓰인 콜럼버스 이전 문서이다. 젤리아 누탈은 이 문서를 찾아 복원하고, 내용을 해석하고 역사적 맥락을 자세히 설명하는 서문을 넣어 출판했다

년 초 멕시코계 미국인 고고학자 겸 인류학자 젤리아 누탈Zelia Nuttall은 고대 멕시코인들이 태양력을 정확히 예측했던 것은 "이 민족의 영광인 동시에 인류의 모든 지혜에 지적으로 기여한 것으로 그 독창성과 중요성은 세계가 감사할 일"이라고 평했다.[1]

아즈텍 축제를 복원한 것은 고대 멕시코인들의 생활을 되살리는 데 전념해온 누탈 인생의 정점이었다. 유럽 식민주의자들이 멕시코의 야만성을 선정적으로 강조한 서사가 몇백 년이나 이어진 뒤에야, 현대 멕시코인들은 자신들의 문화와 자부심을 되찾을 수 있었다. 또한, 20세기 초 고고학과 인류학 분야에 여성들이 진출했다는 것은 과거의 문화와 현대의 후손을 바라보는 방식이 바뀌었다는 걸 의미했다. 누탈 같은 여성학자들은 과학을 도구 삼아 식민지화의 음험한 서사 속에서 오랫동안 비인간화되어 온 아메리카 원주민의 서사를 바로잡으려 애썼다.

샌프란시스코에서 태어난 누탈은 아일랜드계인 아버지 쪽 뿌리보다는 멕시코계인 어머니의 고향과 그 유산에 더 끌렸다. 그에게 고고학은 둘 모두를 탐험할 수 있는 특별한 도구와 통찰력이 돼줬다. 19세기 후반부터 20세기 초까지 고고학은 여러 측면에서 구미 식민주의와 제국주의의 산물이었다. 서구 국가들은 폐허가 된 원주민 유적과 유물, 기념물을 자신들의 것으로 만들면서 세계에 제국주의의 힘을 널리 알렸다.[2] 유럽과 미국의 고고학자들은 유적과 유물을 수집하면서 물질적 역사뿐 아니라 사람에 관한 이야기와 과거 문화에 대한 지식도 통제했다. 식민주의자들은 원주민의 이미지를 자신들의 목적에 맞춰 그려낼 힘을 가졌고, 그 힘으로 제국의 지배를 정당화했다.

누탈은 이 때문에 세계가 고대 멕시코인을 "문명화된 인류와는 공통점이 없는, 피에 굶주린 야만인"으로 보았다고 주장했다. 누탈은 1897

년 논문 〈고대 멕시코의 미신Ancient Mexican Superstitions〉에서 아즈텍의 인간 제물에 관한 이야기가 "상상력을 사로잡아 고대 멕시코 문명에 대한 다른 모든 지식을 지워버릴 정도"라고 주장했다. 아즈텍의 종교의식을 "원주민 문명을 잔인하게 말살한 것을 정당화하려고 문명화된 세계의 관점에서 일부러 심하게 과장한", "스페인 작가들"의 발아래에 놓인 거짓임을 드러냈다.[3] 누탈은 고대 멕시코의 고고학적 기록을 바로잡아 이런 서사를 바꾸려고 했다.

그가 고고학과 인류학을 연구하기 시작했을 때는 과학 분야처럼 이 분야에도 백인과 남성이 압도적으로 많았지만, 여성들도 다양한 방식으로 발굴과 현장 조사에 참여했다. 백인 여성은 남성 과학자의 아내, 비서, 보조원으로 또는 박물관에서 조사원이나 목록을 만드는 사람으로 연구에 참여했다. 반면 원주민 여성들은 인류학자나 민족지 학자에게 정보를 주거나 인터뷰를 당하는 대상일 때가 많았다. 발굴과 연구를 주도한 여성조차도 대개는 박사 학위나 공식적인 대학 교육을 받지 못했고, 대개 남성 고고학자와 돈 많은 후원자로부터 지원을 받았다. 공식 직함이나 학위가 없는 이 여성 중 다수는 기본적으로 '아마추어'였고, 고고학과 인류학 역사의 빈 틈새로 사라져버렸다. 그러나 여성 200명이 1865~1940년 미국 고고학에서 활동했다는 게 확인됐고 누탈도 그중 한 명이다.[4]

누탈은 1886년 미국 『고고학 미술사 저널American Journal of Archeology and History of Fine Arts』에 〈테오티우아칸의 테라코타* 두상The Terracotta Heads of Teotihuacan〉이라는 첫 논문을 발표했다. 그에 2년 앞서 그는 어머니, 남동생, 그리고 이혼한 남편 알폰세 피나르Alphonse Pinart와의 사이에서 낳은 딸 나딘

* 흙을 구워 만든 단단한 점토, 혹은 이런 점토로 만든 조각이나 도자기 등을 말한다.

누탈 같은 여성학자들은 과학을 도구 삼아
식민지화의 음험한 서사 속에서 오랫동안 비인간화되어온
아메리카 원주민의 서사를 바로잡으려 애썼다.

과 함께 오늘날의 멕시코시티 북동쪽에 있는 테오티우아칸 유적지를 방문했다. 거기서 작은 테라코타 두상들을 수집했고, 아직 문화적 중요성이 충분히 입증되지 않은 다른 여러 연대 미상의 두상들과 비교 연구를 시작했다. 누탈은 이 유물들을 스페인 정복 시기 아즈텍인이 만든 창작물로, 죽은 사람을 상징한다고 추정했다. 이 연구는 매사추세츠 피바디 박물관 관장인 프레데릭 퍼트넘Frederic Putnam의 눈길을 사로잡았다. 퍼트넘은 1886년 박물관 연례보고서에서 누탈을 칭찬했다.

> "나우아틀어*에 능통하고 … 언어학과 고고학에 탁월한 재능이 있다. 멕시코와 멕시코인에 관해 초기 원주민이나 스페인 작가들이 쓴 저술을 매우 잘 알고 있을 뿐만 아니라, 남다르고 놀라운 수준으로 준비를 해서 연구에 돌입한다"[5]

그해 퍼트넘은 누탈을 피바디 박물관의 멕시코 고고학 명예 특별 연구보조원으로 위촉했다.

* 멕시코 원주민인 나우아인의 말로 아즈텍 제국의 공용어였다.

피바디 박물관의 일자리가 명예직이었고 경력상 '아마추어'라는 점 때문에 누탈은 박물관에서 근무하는 것보다 더 자유롭게 관심 있는 일을 할 수 있었다. 신문재벌 상속자였던 피비 허스트Phoebe Hearst*의 재정적 후원으로, 누탈은 이후 13년 동안 유학을 했다. 유물과 필사본을 모으고 연구하며 모로코에서 러시아까지 세계의 도서관과 컬렉션을 둘러봤지만 궁극적으로 관심을 기울인 것은 첫 논문의 주제였던 멕시코였다. 이후 그는 연구 기간 내내 12권이 넘는 저술을 내며, 고대 멕시코의 달력 체계와 천문학을 분석하고, 고대 민속과 전통 의식에 대한 정보를 모아 해석하고, 먼지투성이의 유럽 소장품들 사이에 묻혀 있던 아즈텍 문서를 복원해 해석본을 출판했다.

과거와 현재를 엮다

20세기 초 멕시코 고고학이 국내 정치에 깊이 휘말리면서 누탈 또한 논쟁의 한가운데 있었다. 정치인과 지식인 들은 멕시코 원주민 제국의 역사가 추종을 불허하는 국가적 명성을 가져다준다고 생각하면서도, 동시에 그 과거는 멀찍이서 감상할 수 있는 박물관 진열대에만 전시되기를 바랐다. 그들은 현재의 멕시코인과 과거의 '야만적인' 아즈텍인 사이의 어떤 연관

* 1842~1919. 미국 신문재벌 조지 허스트(George Hearst)의 부인으로, 여성참정권을 지지한 페미니스트였다. 여성운동과 문화연구 등을 지원한 자선가이자 박애주의자로 유명하다.

성도 거부했다. 그런 역사와 현대의 멕시코를 동일시하면 멕시코가 다른 나라보다 뒤처지고 미개해 보이지 않을까 걱정했다.[6] 현대 멕시코인과 아즈텍 조상의 관계가 무엇인지는 멕시코 고고학의 중심이자 누탈의 연구 핵심이었다.

누탈은 이 논란에 관해 분명한 입장을 취하며, "아즈텍족은 수많은 개인을 대표하며 훌륭한 체격과 지능을 가졌으며 몬테수마*의 언어를 쓴다"고 주장했다.[7] 그는 고대 멕시코인이 대체로 미개한 것으로 묘사된 탓에 현대 멕시코인이 이 토착 유산에 자부심을 갖지 못했다고 주장했다. 그는 멕시코의 다채로운 역사를 수집하고 공유하는 자신의 작업이 "지금 이 위대하고 오래된 대륙에 사는 사람들과 존경스러운 그들의 조상을 하나로 묶는 보편적인 인류애를 키우기를" 희망했다.[8]

멕시코시티가 1928년 고대 아즈텍 새해를 복원했을 때 누탈은 이 행사를 자신의 과학 연구와 멕시코 모두의 승리라고 생각했다. 기분이 좋았던 누탈은 고고학이 '문화'를 제공한다는 사실에 경탄하며 친구에게 편지를 썼다. "고고학이 이렇게 살아 있는 결과를 만들어내다니 정말 신기한 일이야! 과거의 무덤에서 활기차고 생생한 싹을 찾아내고 그 자손들이 매년 춤추고 노래하며 태양을 관측하게 되다니. 정말 얼마나 기쁜지 몰라."[9] 누탈은 5년 뒤 까사 알바라도**에서 사망했다. 이 집은 현재 멕시코의 음악 유산을 모아놓은 국립음향기록보관소로 쓰이고 있다.

* 아즈텍 제국의 황제였던 몬테수마 2세를 가리키는 것으로 보인다. 16세기 초 약 20년간 재위했던 몬테수마 2세는 제국의 영토를 최대로 넓혔고 여러 부족을 제국에 편입시켰다. 하지만 그의 통치 기간에 유럽인들이 메소아메리카(중미)에 처음으로 발을 디뎠고, 몬테수마 2세는 스페인 정복군 에르난 코르테스(Hernán Cortés) 등이 아즈텍 수도 테노치티틀란을 차지하기 위해 싸우던 과정에서 목숨을 잃었다.

** Casa Alvarado, 누탈이 멕시코에서 구매한 집에 붙인 이름.

누탈이 다른 고고학자와 달랐던 것은 멕시코 혈통이어서가 아니라 멕시코인을 위한 고고학에 천착했기 때문이다. 연구하는 내내 그는 고대 의식을 복원해야 한다고 주장했고, 멕시코 고고학자를 지원했으며, 멕시코인에게 중요한 것을 우선에 뒀다. 누탈에게 고고학은 그가 무엇보다 사랑한 나라의 과거를 들여다보는 창인 동시에 멕시코의 현실 정치에 참여하고 미래를 위해 문화를 보존하는 방법이었다.

아메리카 원주민의 삶을 복원하다

누탈이 멕시코에서 현장 연구를 마무리하고 성과를 자축할 때, 세네카*어로 예와스Yewas로 알려진 베르타 파커Bertha Parker(1907~1978)는 미국에서 고고학자로 막 시작하고 있었다. 파커는 1907년 아버지 아서 파커와 어머니 벨루아 타하몬트Beulah Tahamont가 발굴 작업 중이던 뉴욕 실버힐스의 고고학 유적지에서 태어났다. 유럽인과 세네카 혈통을 이어받은 아버지 아서는 아메리카 원주민 문화를 연구하는 유망한 고고학자이자 인류학자였고 어머니는 캐나다 동부 알곤킨족Algonquian의 일파인 아베나키Abenaki족 부족장의 딸이었다.

아서와 이후의 베르타는 고고학과 인류학의 중요한 분기점이었다. 20세기 초 인류학은 저명한 인류학자인 프란츠 보아스Franz Boas**의 영향

* 온타리오 호수 주변에 살던 아메리카 원주민 부족.

** 1858~1942. 인종학을 비판하고 문화상대주의를 이끈 인류학자로, 미국 인류학의 아버지라고 불린다. 독일 태생으로 미국으로 건너간 뒤 북미 원주민 집단의 문화와 민속, 언어를 연구했다.

베르타 파커

BERTHA PARKER

베르타 파커는 최초의 아메리카 원주민 여성 고고학자이자 주요 박물관의 민족학자이자 고고학자로 일한 최초의 아메리카 원주민 여성이다.

베르타 파커와 그의 딸

베르타 파커와 그녀의 딸 빌리, 존스 해링턴이 스페인 자기를 보고 있다. 1929년 캘리포니아 로스앤젤레스에서.

하에 '인양引揚의 시대'로 접어들고 있었다. 인류학자와 연구기관 들은, 보아스와 그 학파가 이미 사라질 위기에 처했거나 완전히 동화되었다고 판단한 원주민 공동체를 연구하기 시작했다. 미국은 원주민을 강제로 교육시키고 주거지를 옮기고 불임수술을 종용해 문명화하는 것을 사명으로 여기며 동화同化 정책을 추진했다. 인류학자들은 토착문화가 사라지기 전에 '진정한 원주민'을 연구할 기회를 놓치고 싶지 않았다.[10] 그러나 연구 과정에서 원주민은 근시안적으로 묘사되곤 했고, 이는 열등한 원주민과 우월한 유럽계 정착민이라는 믿음을 부추겼다.[11]

원주민들이 백인 인류학자들에게 정보를 줄 때가 많았지만 자신들의 이야기와 문화가 어떻게 표현되고 기록되는지에 대한 발언권은 거의 없었다. 그러니 원주민 고고학자와 인류학자가 현장에 나타나기 시작한 것은 '인양의 시대' 이래 계속돼온 오류를 바로잡게 된다는 뜻이었다. 하지만 현장 자체는 식민지 모델에 뿌리를 두고 있었다. 아서는 이로쿼이족과 세네카족 문화를 연구했는데, 세네카 후손이었음에도 불구하고 경멸을 표하곤 했다. 그는 전통의상을 싫어해서 양복에 넥타이를 택했고, 부족의 미신과 서사들을 조롱했다. 세네카족이 항의하는 데도 부족 영토에서 발굴 작업을 하기도 했다.[12] 그러나 베르타가 일하는 방식은 달랐다.

베르타는 현장에서 아버지의 지휘를 받지 않았다. 부모가 이혼한 뒤인 10대 시절부터 20대 초반까지 그는 어머니와 배우인 외조부모 타하몬트 부부와 함께 할리우드에서 살았다. 캘리포니아에서 유마*족 출신 배우 조지프 팔란을 만났고 아이를 가져 결혼했지만 행복한 결혼생활은 아니었다. 팔란은 베르타를 학대했고, 베르타가 이혼을 요구하자 아내와 딸 윌

* Yuma, 아메리카 원주민 부족으로 퀘찬(Quechan)족이라고도 불린다.

마 메이를 납치해 멕시코의 성매매업소에 가뒀다. 아서의 동료였고 한때 베르타의 어머니 벨루아와 함께 지냈던 인류학자 마크 해링턴Mark Harrington이 그들을 구해냈다. 해링턴은 아서의 여동생이자 베르타의 고모인 에데카와 결혼했다. 해링턴은 베르타와 월마 메이를 네바다 사막의 고고학 유적지로 데려왔고, 베르타는 그곳에 머물며 해링턴 팀에 합류했다.[13]

새로운 선례를 만들다

캠프 요리사와 비서로 시작해 현장 고고학자가 된 베르타는 해링턴 팀의 필수 요원이 됐다. 해링턴은 여성과 남성, 아메리카 원주민과 백인이 함께 일하고 배우는 협력과 평등의 분위기를 장려했고 베르타는 현장에서 모든 것을 배웠다. 해링턴은 저녁이 되면 팀원들을 위한 강좌를 열어 인류학, 고고학 이론과 방법론을 가르쳤다.[14] 베르타는 아침에는 요리를 하고, 오후에는 주걱과 프라이팬 대신 삽과 헤드램프를 들고 스스로 탐사하고 땅을 팠다. 해링턴은 베르타의 고고학 연구를 '갈망'이라고 표현했다.

> "그녀는 언덕의 폐허를 오래 파헤칠 수 있도록 오후가 더 길었으면 하고 바랐다. 그녀의 검은 눈이 빛나는 것을 보고 싶다면 고고학에 대해 이야기하거나 뭔가를 발견하는 걸 보면 된다."[15]

베르타는 팀에서 일하면서 실제로 대단한 몇 가지를 발견했다. 첫 번째는 1929년 그가 스콜피온힐Scorpion Hill이라고 명명한 푸에블로 유적이었다. 베르타는 이 현장을 혼자 발굴했으며 해링턴 팀의 연구를 지원해

준 사우스웨스트 아메리카 인디언 박물관이 출간하는 회보 『마스터키 Masterkey』에 1933년 자세한 내용을 게재했다. 베르타가 발굴한 유물과 사진들도 뒤에 이 박물관에 전시됐다.[16] 이듬해 베르타는 네바다의 집섬케이브Gypsum Cave에서 홍적세 시대에 거의 멸종된 거대한 땅나무늘보 노트로테리움 샤텐스*Nothrotherium shastense*의 두개골을 발견해 세계 고고학계의 주목을 받았다. 훗날 해링턴이 잡지 『데저트Desert』에 쓴 글에 따르면 베르타는 평소처럼 오후에 현장에 나갔다가 이 유골을 발견했다.

> "습관대로 서류 작업이 끝나면 헤드라이트와 마스크를 들고 동굴로 가서 틈새를 뒤졌다. … 그곳에서 뼈처럼 보이는 특이한 물체를 발견했다. 어렵게 캐내어 보니 지금까지 본 적 없는 이상한 동물의 두개골이었다."[17]

팀원들과 고고학계를 진짜로 매료시킨 건 나무늘보 두개골 아래층에서 발견된 유카* 섬유 가닥과 무기 파편 등 인간이 남긴 유물이었다.[18] 나무늘보가 발견된 곳 근처에서 유물이 나오자 인류가 북미에 언제 도착했는지를 놓고 새로운 의문이 제기됐다. 캘리포니아 공과대학이 인간의 기원을 둘러싼 미스터리를 풀기 위해 지원에 나섰다. 불행히도 주요 팀원이자 베르타의 재혼 상대인 제임스 서스턴James Thurston이 현장에서 예기치 않게 사망했고 발굴은 중단됐다.

---

* yucca, 북미와 카리브해 지역에 자라는 용설란과의 식물.

1931년부터 1941년까지 베르타는 로스앤젤레스 사우스웨스트박물관의 고고학 및 민족학 보조학자로 일했다. 아메리카 원주민 혈통의 첫 전문 고고학자이자, 주요 박물관에서 민족학자 및 고고학자로 일한 최초의 아메리카 원주민 여성이었다.[19] 베르타는 원주민 공동체를 여행하면서 마이두Maidu의 의료인들, 파이우트Paiute의 바구니 만드는 사람들, 곰의 탈을 쓴 포모Pomo인들, 그리고 마이두와 유록Yurok의 이야기꾼들을 인터뷰했고 그 내용을 『마스터키』에 실었다. 아버지와 달리 베르타는 부족의 의례와 의식을 존중했다. 인류학의 전통을 깨뜨리며 적절하다고 판단되면 정보를 제공한 여성들의 이름을 알렸고, 출판된 작품에 몇몇을 공동저자로 올렸다.[20] 다른 인류학자들이 상대인 이름 없는 원주민의 지식과 이야기를 가지고 경력을 쌓을 때 그는 정보를 준 원주민들을 공개했고, 과학계에 그들의 이야기가 어떻게 보여지는지 그들이 어느 정도 통제할 수 있게 했다.

1942년 딸이 사냥 중 사고로 죽자 박물관에서 물러났지만 이사회에는 그대로 남았으며 캘리포니아에서 세 번째 남편 에스페라 드 코르티Espera de Corti와 함께 원주민권익운동에 적극적으로 참여했다. 드 코르티는 이탈리아계 배우로 영화에는 '아이언 아이즈 코디Iron Eyes Cody'라는 이름으로 출연해 주로 원주민 역할을 맡았다. 드 코르티는 베르타의 고고학, 인류학 연구를 지원했고 스스로도 할리우드에서 아메리카 원주민을 옹호했지만, 베르타의 작업이 인정받는데 그렇게 오랜 시간이 걸린 이유 중 하나가 바로 드 코르티였다. 아내가 사망한 후 드 코르티는 자서전 『아이언 아이즈 코디: 할리우드 원주민으로서의 삶Iron Eyes Cody: My Life as a Hollywood Indian』에서 베르타는 술을 많이 마시고 파티를 좋아하는 사람이라고 썼고, 베르타의 집섬케이브 발굴이나 원주민 커뮤니티에 대한 인류학 연구에 자신도 참여했다고 주장했다.[21] 심지어 베르타의 묘비에 '아이언 아이즈 코디 부인'이라고 적음으로써, 베르타가 사망한 뒤에도 베르타의 이야기에 영향을 미쳤다.

젤리아 누탈도 베르타 파커도 고고학과 인류학에 관한 공식 교육을 받지 않았지만, 그들의 발굴이 지닌 가치는 부정할 수 없다. 그러나 더욱 가치 있는 것은 아메리카 원주민에 대한 인종주의적인 관념이 만연했던 과학 분야에서 그들은 연구대상으로만 여겨졌던 원주민을 인간으로 보았다는 점이다. 멕시코인은 외설적이고 야만적이라고 보는 고정관념이 널리 퍼져 있던 시대에 누탈은 멕시코인을 더 자세히, 더 많이 바라봐줄 것을 요구하며 세상에 맞섰다. 베르타 파커는 아메리카 원주민들을 익명의 정보원으로 남기는 대신 공동 저자로 이름을 올려 동등한 지위에 놓았다. 두 과학자 모두 과거를 연구하는 것이 몰락한 유산 속에서 살아가는 후손에게 지금도 앞으로도 실질적인 영향을 미친다는 것을 알았다.

젤리아 누탈

1857년 9월 6일~1933년 4월 12일

샌프란시스코에서 태어난 젤리아 누탈은 아즈텍 문화와 콜럼버스 시대 이전 멕시코의 필사본을 연구한 인류학자 겸 고고학자였다. 누탈은 아일랜드계 아버지 로버트 누탈과 멕시코계 미국인 어머니 막달레나 패럿 사이의 여섯 자녀 중 둘째였다. 그는 성장기의 많은 시간을 유럽을 여행하며 보냈고 영국의 베드포드 대학에서 처음으로 정규 교육을 받았다.

1884년 그는 멕시코의 테오티우아칸 유적지에서 처음으로 고고학 연구를 시작했다. 아즈텍 테라코타 두상의 비교 연구를 했고, 1886년 이 주제로 논문을 발표한 후 47년 동안 하버드 피바디 박물관의 멕시코 고고학 명예 특별 연구보조원으로 일했다. 1887년에는 미국과학진흥협회의 회원이 됐다.

그의 연구 가운데 중요한 것 중 하나는 고대 멕시코의 역사를 상형문자로 나타낸 콜럼버스 이전 시대의 필사본 두 권이다. 영국의 개인 도서관에서 복원한 〈주시-누탈 문서〉(1902년)와 피렌체 도서관에서 찾아낸 〈마글리아베치아노 문서〉(1903)가 그것이다. 그는 또 『신구 세계 문명의 근본원리』(1901), 『고대 멕시코인의 삶에 관한 책』(1903), 『드레이크의 새로운 빛: 1557~1580년 일주 항해에 대한 문서』(1914) 등을 출판했다. 또한 1910년에 사크리피시오스섬*에서 사람을 제물로 바친 흔적과 관련된 유적지를 발굴하기 시작했다.

1905년 멕시코로 이주해 16세기에 지어진 집을 사들여 까사 알바라도라는 이름을 붙였고, 1933년 사망할 때까지 멕시코에서 살았다.

* 멕시코만에 위치한 섬으로, '희생의 섬'이라는 뜻이다. 16세기에 이 섬을 탐사한 스페인 군인 베르날 디아스(Bernal Díaz)는 "이 섬의 석조 제단 위에서 가슴이 열려 있고 팔과 허벅지가 잘려나간 채 희생의 제물이 된 다섯 명의 인디언을 발견했고, 이 때문에 '희생의 섬'이라는 이름을 붙였다"고 적었다. 스페인 정복자들의 이런 기록들은 아즈텍 제국의 잔혹한 희생 제의와 야만성을 강조하는 데에 널리 쓰였다.

NOTICE
YOU MUST WEAR
YOUR BADGE IN
PLAIN SIGHT IN
THIS AR
HERE'S
YOUR ANSWER
THINK!

15장

되돌릴 수 없는 것

임계점에 이르다

1942년 12월 2일 오후, 시카고 대학교의 대학원생 리오나 우즈Leona Woods (1919~1986)는 삼불화붕소 중성자 검출기에서 카드뮴으로 도금된 제어봉*이 6.7미터 높이의 원자 더미로부터 하나씩 제거되는 모습을 주시하고 있었다. 카드뮴 제어봉은 우즈와 동료들이 방사성 우라늄 방출 준비를 완료할 때까지 중성자를 흡수하기 위해 넣어둔 것이었다. 제어봉은 하나씩

* 원자로의 핵분열 반응 속도를 조절할 때 사용하는 것으로, 핵분열 매개체인 중성자를 흡수하는 카드뮴이나 탄화붕소 등이 주로 사용된다.

← 테네시주 오크리지의 맨해튼 프로젝트 종사자들

제거됐다. 방사성 우라늄의 핵은 여분의 중성자를 흡수하면 둘로 분열되면서 엄청난 양의 전자기 방사선과 방사성 파편, 그리고 수많은 중성자를 방출한다. 중성자는 차례로 충돌해 다른 우라늄 핵으로 흡수되고, 다시 분열하고, 더 많은 방사성 에너지를 방출한다. 우즈는 중성자 검출기에서 핵분열이 시작됐음을 알리는 신호가 뜨면서 판독값을 산출해내는 것을 지켜봤다. 엔리코 페르미Enrico Fermi는 다른 제어봉도 제거하라고 명령했다. 우즈는 더 많은 판독 수치를 소리쳐 알렸다. 쪼개지고 에너지가 방출되고 다시 쪼개지고 에너지가 방출되는 패턴은 원자 더미가 임계점에 다다를 때까지 반복됐다. 시카고 대학교의 스태그필드 축구장 아래 스쿼시 코트였던 곳에서 세계 최초의 지속적인 인공 핵 연쇄 반응이 일어난 것이다.

페르미의 연구실이 이 실험에 성공하기 불과 몇 년 전인 1939년 1월과 2월 유럽에서는 핵물리학 역사에서 중요한 논문 두 편이 발표됐다. 하나는 독일 화학자 오토 한Otto Hahn이 쓴 것으로 우라늄 핵이 여분의 중성자를 흡수하면 어떤 일이 일어나는지에 대한 증명이 담겼다. 두 번째는 오스트리아 물리학자 리제 마이트너Lise Meitner(317쪽 참조)와 그의 조카 오토 프리쉬Otto Frisch가 썼는데, 이 현상을 물리학적으로 설명하면서 '핵분열fission'이라는 이름을 붙였다. 이 논문들은 핵폭탄의 기본 지식을 제공했고, 미국의 물리학자들도 그것을 알고 있었다. 두 논문이 발표되고 몇 달 뒤에 물리학자 알베르트 아인슈타인Albert Einstein과 레오 실라르드Leo Szilard는 루즈벨트 미국 대통령에게 독일이 핵폭탄을 만들고 있을 수 있다고 경고하는 편지를 썼다.* 미국은 선수를 치기로 했다.

* '아인슈타인 서한', 혹은 '아인슈타인-실라르드 서한'으로 흔히 불리지만 내용 대부분은 실라르드가 작성했다. 한때 미국이 먼저 핵폭탄을 개발해서라도 독일을 막아야 한다고 생각했던 아인슈타인은 ⟶

우즈는 연쇄반응 실험에 참여한 유일한 여성이었지만
맨해튼 프로젝트에 참여한 여성은 수백 명에 이르렀다.

무기를 만들 과학자가 비밀리에 대규모로 동원된 '맨해튼 프로젝트'가 곧바로 시작된 것은 아니었다. 루즈벨트는 먼저 군사 및 과학 전문가들로 '우라늄 자문위원회'를 만들어 핵 연쇄반응의 타당성을 판단해 보고하도록 했다. 1939년 11월 1일 첫 보고서에서 위원회는 대통령에게 산화우라늄 연구개발을 지원할 것과 컬럼비아 대학교에서 시행 중인 페르미와 실라르드의 원자 더미(훗날 원자로라 불린다) 실험에 자금을 지원할 것을 권고했다.[1] 1941년 12월 7일 일본이 진주만을 공격하자 미국은 공식적으로 제2차 세계대전에 참전했고 폭탄의 파괴력이 결정적이고 신속하게 연합군의 승리를 가져다줄 것으로 봤다. 페르미는 1942년 2월 컬럼비아 대학교에서 시카고의 제련연구소로 옮겼고 1942년 8월 13일 맨해튼 프로젝트가 공식화됐다. 핵무기가 실현 가능하다는 걸 증명한 마이트너는 맨해튼 프로젝트에 참여해 달라는 요청을 단호하게 거절하면서 유명한 말을 남겼다. "나는 폭탄과는 절대 엮이지 않을 것입니다!"

시카고의 원자 더미가 임계점에 도달했을 때, 핵 연쇄반응은 이론에서 현실이 됐다. 47명이 제련연구소 연구실에서 이 역사적인 사건을 목격했고 리오나 우즈는 그중 유일한 여성이었다. 분자분광학 박사과정 학생

⟶뒤에 핵무기 반대로 돌아섰으며, 이 편지에 서명한 일을 후회한 것으로 알려졌다.

이자 팀에서 가장 어린 과학자인 그의 역할은 자신이 만든 검출기를 사용해 원자 더미에서 중성자 활동을 모니터하는 것이었다. 그날 밤 다들 실험실을 떠나기 전에 페르미는 키안티* 와인 한 병을 꺼내어 돌렸다. 팀은 자신들이 이룬 성과와 전쟁을 끝내줄 신기술을 기념하며 병에 서명했다. 모두가 조용히 종이컵에 와인을 홀짝일 때 우즈는 그 방에 있던 많은 이들이 마음속으로 떠올렸을 말을 밖으로 꺼냈다. "우리가 맨 먼저 성공했기를 바랍니다".[2]

맨해튼 프로젝트와 여성들

우즈는 연쇄반응 실험에 참여한 유일한 여성이었지만 맨해튼 프로젝트에 참여한 여성은 수백 명에 이르렀다. 프로젝트의 규모와 범위가 방대했기에 미국 전역에 걸쳐 원자폭탄 개발과 제조 과정의 여러 분야에서 작업이 이뤄졌다. 줄리어스 오펜하이머Julius Oppenheimer는 팻맨과 리틀보이** 폭탄이 만들어진 뉴멕시코주 로스앨러모스의 '사이트 Y'를 감독했다. 동쪽으로 1,600킬로미터 넘게 떨어진 테네시주 오크리지에 있는 '사이트 X'에는 비핵분열성 우라늄238에서 핵분열성 우라늄235를 분리하는 우라늄 농축 시설이 세 곳 있었다. 북서쪽으로는 워싱턴주 핸포드에 조사照射된 우라늄을 플루토늄으로 변환하는 플루토늄 원자로가 있었는데, 플루토늄을 생

* 이탈리아 토스카나 지방의 와인.

** 팻맨(Fat Man)은 제2차 세계대전 때 미군이 일본 나가사키에 투하한 핵폭탄, 리틀보이(Little Boy)는 히로시마에 떨어뜨린 핵폭탄의 이름이다.

산 가능한 규모로 만들어내는 최초의 원자로였다. 세 곳 외에도 프로젝트와 관련된 대학교와 연구실이 전국에서 운영됐다.

가장 유명한 로스앨러모스의 기술 분야 인력은 1944년에 200여 명에 달했는데, 그중 약 30퍼센트가 여성이었다. 다양한 전문지식을 가진 이들은 폭탄 개발과 관련한 여러 분과에서 일했다. 대략 24명은 화학과 제련, 20명은 폭탄 공학, 8명은 법령과 조례, 4명은 실험물리학, 4명은 폭발물 분야에서 활동했다.[3] 로스앨러모스는 또한 폭발 때 일어나는 충격파의 증감을 비롯해 폭탄의 움직임을 계산하는 데 여성 계산원을 활용했다.[4] 이들 중 상당수는 로스앨러모스에서 일하던 과학자와 결혼했다. 로스앨러모스는 또 최초의 전자식 범용 컴퓨터인 에니악과 이를 개발한 필라델피아의 여성 프로그래머들과 연계해 열핵 폭발 모델을 시험하기도 했다. 이론물리학자 스탠리 프랭클Stanley Frankel과 니콜라스 메트로폴리스Nicholas Metropolis가 이 수학적 모델을 시험하기 위한 프로그램을 만들었다. 여성 프로그래머들은 IBM 천공카드* 약 100만 개를 써서 프랭클과 메트로폴리스의 모델을 에니악에 프로그래밍하고 폭탄 설계의 결함을 찾아내 보고했다.[5]

핸포드에는 1944년에 직원이 5만 1,000명으로 최대에 달했는데 그중 9퍼센트가 여성이었다.[6] 리오나 우즈와 남편 존 마셜John Marshall은 플루토늄 원자로 생산을 감독하러 핸포드 공장으로 옮겨갔다. 핸포드의 중요한 개발 가운데 하나는 컬럼비아 대학교의 여성 실험물리학자 우젠슝吳健雄(1912~1997)이 했다. 상하이에서 태어나 미국으로 이주해온 우젠슝은 비활성 기체의 핵 상호작용을 연구했다. 플루토늄 원자로가 연쇄반응을 지

* 컴퓨터에 데이터를 프로그래밍하기 위해 쓰던 종이 카드로 직사각형 모양의 구멍이 뚫려 있다.

우젠슝

吳健雄

우젠슝은 컬럼비아 대학에서 맨해튼 프로젝트에 참여한
실험물리학자이다. 그는 엔리코 페르미의 요청에 따라 플루토늄
원자로의 연쇄반응을 유지하는 등 원자로 통제 메커니즘을 개발했다.

속하지 못하자 페르미는 그에게 무엇이 문제인지 찾아달라고 요청했다. 데이터를 검토한 우젠슝은 제논 동위원소인 제논-137이 중성자를 흡수해 반응을 중단시킨다고 판단했다. 우젠슝의 자료를 바탕으로 페르미는 원자 물질을 더 많이 추가해 제논에 대응할 수 있었다. 우젠슝의 연구는 또 원자로 정지 및 재가동 통제 메커니즘 개발로 이어졌다. 원자로 안팎의 제논 기체 흐름을 통제해, 운영자가 원할 때 원자로를 신속하게 정지할 수 있었다.[7] 우젠슝은 핸포드를 방문한 적은 없었지만, 우라늄238에서 우라늄235를 분리하는 작업팀과 함께 컬럼비아 대학교에서 프로젝트에 계속 기여했다.

맨해튼 프로젝트가 진행되는 곳 중 오크리지가 규모가 가장 컸고, 많을 때는 약 7만 명이 참여했다. 대부분은 여성이었다. 통계학자, 화학자, 기술자, 우라늄 농축시설의 제어장치 관리자, 계산원과 비서 등등이었다. 이들의 배경은 다양했다. 대학을 나왔거나 과학 전문지식을 가진 사람도 있고, 고등학교를 졸업했거나 공무원 자격을 갖춘 이들도 있었다. 대학 교육을 받았든 아니든, 3개의 우라늄 처리 시설과 시험용 플루토늄 원자로가 있던 오크리지에는 언제나 할 일이 많았다.

이곳 일이 모두 과학이나 기술에 관련된 것은 아니었다. 대규모 사이트는 기업도시처럼 가족들이 살고 아이들이 자라고 있어 도시의 기반시설을 지원하는 이들도 필요했다. 교사, 간호사, 환경미화원이 곳곳에 있었다. 커뮤니티 신문인 오크리지저널에서 일하는 기자도 한 명 있었다. 남성 과학자의 아내는 전쟁에 필요한 역할이라면 뭐든 해야 하는 분위기였다. 과학자들 역시 언제나 전문지식 혹은 기술에 맞는 역할만 하지는 않았다는 뜻이기도 하다. 맨해튼 프로젝트 책임자인 레슬리 그로브스Leslie Groves 장군은 1962년 회고록 『이제는 말할 수 있다Now It Can Be Told』에서 여성들의 노동을 염두에 두고 연구 단지를 만든 과정을 설명했다.

> "어떤 여성들은 과학자였고 물론 그들에 대한 수요가 많았지만, 노동력을 구하기 힘들었기 때문에 비서로든 기술 보조원으로든 공립학교 교사로든 가능한 한 모든 사람을 활용했다."[8]

로스앨러모스에서 여성들은 승진하거나 과거의 경력을 반영한 급여를 받지 못한 채 주 48시간 근무해야 했다. 한 여성이 구술기록 〈곁을 지키고 견디다: 전시 로스앨러모스의 여성Standing By and Making Do: Women of Wartime Los Alamos〉에서 말했듯이,

> "일하는 여성의 급여는 너무 멋대로 책정됐다. 그들의 경력을 인정받지 못했을 뿐만 아니라 그들에게는 협상할 힘이 없었다. 결국 그들은 일종의 지역 공동체의 일원이었다."[9]

오크리지에서는 '가장'인 남성에게만 집을 줬는데 미혼 여성이나 남편이 다른 곳에서 일하는 기혼 여성은 가장으로 인정하지 않았다. 그래서 일부 여성은 통근해야 했고, 경제적 부담은 더 컸다.[10] 서둘러 만든 임시 도시의 생활은 고달팠다. 주민들은 부족한 집과 물, 정전, 한정된 자원에 늘 허덕였다.

그럼에도 전쟁에 나가 싸우는 가족이나 친지를 둔 많은 여성은 할 수 있는 한 전쟁에 기꺼이 기여했다. 나치의 집단학살이 보고되자 무기를 연구하고 개발해서라도 전쟁을 끝내야 한다는 생각이 커졌다. 작업이 너무 비밀스럽고 엄격하게 구분되어 있어 우라늄 농축시설의 제어판에서

손잡이를 돌리는 여성들은 뭘 하려고 손잡이를 돌리는지 전혀 몰랐다. 프로젝트의 개요를 알 만큼 보안 권한이 큰 남성들도 여성들에게는 철저히 입을 다물었다. 맨해튼 프로젝트에 고용된 대다수 사람은 1945년 8월 6일까지 이 일의 본질을 알지 못했다. 그날, 최초의 원자폭탄인 우라늄을 기반으로 한 리틀보이가 히로시마에 투하됐다. 3일 후 나가사키에 플루토늄 기반 팻맨이 떨어졌다.

그 이후

원폭 투하 후 며칠에서 몇 달이 지나는 동안 일본의 피해 규모와 방사선이 인체에 미치는 영향을 폭로하는 보고서들이 공개되면서 노동자들은 다양한 방식으로 자신들이 일해온 현실을 마주하게 됐다. 어떤 이들은 자신이 한 일에 대해 단순히 자부심이나 공포를 느꼈고, 어떤 이들은 전쟁이 마침내 연합군의 승리로 끝난 것을 보며 수치심과 자부심, 죄책감과 기쁨이 충돌하며 허우적거렸다. 최초의 원자폭탄이 전쟁을 끝냈는지는 모르지만 결국 그것은 새로운 시대, 새로운 전쟁의 시작이었다. 핵의 비밀은 더는 보안이나 민간을 위장한 군사도시 속에 감춰지지 않았다. 냉전은 그 후 수십 년 동안 세계를 핵 긴장과 갈등으로 몰아넣을 것이었다. 이미 만들어진 것이 일순간 없어질 수는 없었다.

연구원들이 지구와 사람들에게 끼칠 방사선의 영향을 조사하는 동안에도 전후 핵무기 확산과 핵실험은 계속됐다. 전쟁이 끝난 직후 연합국의 주축이었던 미국, 영국, 소련은 핵에너지와 무기를 추구하며 각자의 길을 갔다. 다른 나라들보다 훨씬 앞서간 미국은 핵 연구개발을 계속하기 위해 원자력위원회를 만들어 맨해튼 프로젝트의 기반시설을 인수했다. 1948년까지 영국과 소련은 자체적으로 핵 연쇄반응에 성공했고, 1950년대 초에는 각기 수소폭탄 프로젝트를 시작했다.

1952년에서 1958년 사이에 3개국이 대기, 지상, 수중 핵실험을 223차례 했다. 미국만 놓고 보면 태평양과 네바다에서 120회 이상 실험을 했다.[11] 핵무기 실험이 장기적으로 건강에 끼치는 영향은 여전히 대부분 베일에 가려진 상태였다. 핵 군축론자들과 과학자들은 핵폭발에서 나온 방사능 낙진이 인간에게 미칠 영향을 우려했지만, 원자력위원회는 이를 무시했다.[12]

그러나 미국 정부와 원자력위원회가 방사능 낙진에 대한 정보를 오래도록 통제할 수는 없었다. 1954년 3월 1일 미군은 일본에서 남서쪽으로 3,700킬로미터 떨어진 미국령 비키니 환초에서 코드명 '캐슬 브라보Castle Bravo' 열핵무기를 폭발시켰다. 폭발로 솟아오른 방사능 기둥은 예상 지역을 훨씬 벗어나 주민들이 살고 있던 마셜제도에까지 낙진을 퍼뜨렸다. 다이고후쿠류마루第五福龍丸라는 일본 참치잡이 배도 그 영향을 받았는데, 선원 23명 모두 급성방사선증후군*을 겪었고 1명이 사망했다.

불확실한 핵 발전의 미래

이 사건은 일본 전역을 흔들었다. 전시가 아닌 평시에 다시 한 번 핵무기

* 아주 많은 방사선량을 피폭하였을 때 단기간에 인체에 나타나는 증상. 중추신경계, 소화기관, 골수, 피부, 갑상선 등에 이상이 생길 수 있으며 메스꺼움, 구토, 두통, 설사 등의 증상을 보일 수 있다.

우리가 사는 핵의 시대는
강력한 세계 지도자들과 과학자들뿐 아니라,
문자 그대로 핵 과학의 지렛대를 끌어당긴
여성들에 의해 만들어진 것이기도 하다.

의 파괴적인 힘을 경험한 것이다. 일본 주변 바다에서 핵무기 실험이 숱하게 이뤄지는 상황에서, 일본 과학자들은 방사성 물질이 바다에서 어떻게 순환하는지 본격적으로 연구하기 시작했다. 비키니 환초의 폭발 뒤 도쿄 기상연구소(현 일본기상청)의 지구화학자 사루하시 카츠코猿橋勝子와 동료들은 바다의 방사능 오염을 연구하기 시작했다. 사루하시 팀은 비키니 환초에서부터 방사능 낙진의 순환을 추적해, 해류가 방사성 동위원소인 세슘137과 스트론튬90으로 오염된 물을 일본 북서쪽으로 밀어낸다는 것을 알아냈다. 오염된 물은 해류의 패턴에 따라 퍼지기 때문에 태평양에서의 낙진은 고르게 퍼져나가는 것이 아니었다. 일본이 있는 서태평양은 캘리포니아 연안의 동태평양보다 방사성 동위원소 농도가 더 높은 것으로 나타났다. 사루하시 팀은 1961년 6월 『방사선연구저널The Journal of Radiation Research』에 논문 〈바닷물에서 검출된 세슘137과 스트론튬90〉을 발표했다. 미국 원자력위원회에게는 달갑지 않은 소식이었다.

원자력위원회는 1962년 사루하시가 내놓은 결과를 검증해보자며, 샌디에이고 캘리포니아 대학교 스크립스 해양학연구소에 소속된 미국 과학자들의 연구와 6개월짜리 비교분석 연구에 사루하시를 초청했다. 사루하시의 멘토이자 공동 연구자인 미야케 야스오三宅泰雄의 권유에 따라 사루하시는 1962년 6월 비교 연구를 위해 캘리포니아로 떠났다. 스크립스 연구진을 이끈 사람은 해양에 떨어진 낙진을 연구하는 방법론을 고안한 시어도어 폴섬Theodore Folsom이었다. 그러나 사루하시는 스크립스의 과학자들과 동등한 대우를 받지 못했다. 먼저 폴섬은 사루하시에게 매일 연구소로 출근할 필요가 없다고 했고 판잣집 하나 살 돈만 연구비로 내줬다.[13] 세슘 샘플도 폴섬이 받은 것보다 농도가 20퍼센트나 낮아 분석이 더 어려웠다.[14] 반년 뒤 두 팀의 분석 결과의 차이는 10퍼센트에 불과했다. 이 연구 결과는 1963년 3월 〈해양학적 목적으로 해수의 낙진 세슘을 측정하는 분석기법의 비교〉라는 논문으로 발표됐다. 논문의 결론은 사루하시의 이전 연구를 인증해주는 것이었고 원자력위원회도 받아들일 수밖에 없었다.

사루하시와 폴섬의 해상 낙진 연구 결과는 무시할 수 없었다. 소련의 수소폭탄 실험으로 일본에는 방사능비까지 내렸고 세계 지도자들은 핵무기 사용이 가져온 환경 문제에 맞닥뜨렸다. 비키니 환초 참사 후 10년 가까이 지난 1963년 8월, 미국, 소련, 영국 대표가 모스크바에서 만나 '대기권 내, 우주 공간, 수중에서의 핵무기 실험을 금지하는 조약'에 서명했으며 뒤에 123개국이 추가로 서명했다. 이 조약이 비록 지하 폭발실험은 허용했지만, 국제 핵 비확산 운동의 중요한 발걸음으로 평가된다.

1942년에 최초로 핵 연쇄반응이 이어지는 것을 보면서, 아마도 리오나 우즈는 자신이 인류 역사상 가장 중요한 순간을 지켜보고 있었다는 사실을 몰랐을 것이다. 우리가 사는 핵의 시대는 강력한 세계 지도자들과 과학자들뿐 아니라, 문자 그대로 핵 과학의 지렛대를 끌어당긴 여성들에 의해 만들어진 것이기도 하다. 우리가 다 아는 유명한 남성들만큼이나 여성들도 계산원, 화학자 또는 기술 노동자로 맨해튼 프로젝트에 참여했다.

그들 또한 작은 원자핵의 엄청난 힘이 우리 모두에게 잠재적인 영향을 미칠 수 있는 시대를 만든 사람들이었다.

사루하시 카츠코

1920년 3월 22일 ~ 2007년 9월 29일

지구화학자 사루하시 카츠코는 1920년 3월 22일 도쿄에서 태어났다. 스물한 살 때 보험 회사를 그만두고 제국여자의학전문학교* 화학과에 입학했다. 1943년 졸업 후 기상연구소에 들어갔으며 도쿄 대학교에서 화학박사 학위를 땄다.

기상연구소 산하 지구화학연구소에서 그는 바닷물의 이산화탄소 농도를 연구했다. pH, 온도와 염소량을 이용해 이산화탄소를 측정하는 '사루하시 테이블'을 개발했고 이는 세계 표준이 됐다. 그는 또 태평양이 흡수하는 것보다 더 많은 이산화탄소를 방출한다는 것을 발견했다.

미국이 마셜제도의 비키니 환초에서 핵실험을 한 이후에 사루하시는 핵 오염 물질이 해류를 따라 이동한다는 것을 발견해 해양 핵 오염 연구의 새 지평을 열었다. 비키니 폭발의 경우, 낙진은 시계 방향으로 움직여 일본의 북서쪽으로 퍼져나갔다.

미국 원자력위원회는 샌디에이고 스크립스 해양학연구소에서 사루하시의 연구방법론과 미국 과학자들의 비교 연구를 했지만, 그 결과는 사루하시의 방법론과 그가 내린 결론이 옳았다는 걸 보여줬다. 사루하시의 연구는 1963년 조약의 서명으로 이어졌고 핵확산을 저지하는 데 중요한 역할을 했다.

사루하시는 여성으로서는 처음으로 일본학술회의 회원으로 선출됐으며 여성 최초로 지구화학 분야의 상인 미야케상**을 받았고, 또 여성 최초로 일본해수학회 상을 받았다. 1981년 그는 매년 과학 분야의 여성 롤모델에게 수여하는 사루하시상을 만들었다. 사루하시는 2007년 도쿄에서 폐렴으로 사망했다.

* 일본 도쿄에 있는 도호대학(東邦大学)의 전신.

** 일본 지구과학회 과학상

5부

20세기, 제2차 세계대전 이후

58

16장

미국으로 간 난민 여성 과학자들

과학계에 활력을 불어넣다

1939년 9월 1일 독일이 폴란드를 침공해 베스테르플라테반도의 폴란드 군사기지를 포위했다. '베스테르플라테 전투'로 알려진 이 전투는 제2차 세계대전이 공식적으로 시작됐음을 알렸다. 그러나 그 전부터 이미 독일의 유대인들은 수년째 반유대주의 억압에 맞서 싸우고 있었다. 1930년대 초반 이후 세력을 키워온 나치당은 1933년 아돌프 히틀러가 총리가 되면서 권력을 거머쥐었다. 나치당은 유대인의 시민권을 전면적으로 제한하는 법을 신속하게 만들었고, 이는 결국 노동수용소와 홀로코스트로 이어졌다. 유대인 과학자들에게는 파괴적인 영향을 미쳤다. 특히 1933년 나치당

← 1910년 이민자들을 태운 배가 뉴욕시에 접근하고 있다.

이 유대인을 비롯한 소위 '비非 아리안계'가 정부 기관에서 일하지 못하도록 하는 '직업공무원령 복원법'을 시행하면서 상황은 더욱 절망적으로 됐다. 이 조치에 따라 많은 과학자가 일자리를 잃었다. 자유가 하나둘씩 사라지는 걸 목도하면서 다른 유럽국이나 미국으로 도망치려는 유대인들이 늘었다. 나치 정권으로부터 멀리 떨어진 대서양 너머 미국은 이런 난민들에게 가장 우선 선택지였다.

그러나 미국에서 피난처를 찾을 수 있을 거라는 보장은 없었다. 미국의 1924년 이민법은 이민자 수를 해마다 15만 명으로 제한하고 그 안에서 국가별 할당 인원수, 즉 쿼터를 정했다. 영국과 서유럽 국가 이민자 쿼터는 비중이 컸던 반면, 남유럽과 동유럽 국가 출신의 쿼터는 적었다. 유대인과 이탈리아계의 쿼터는 삭감됐다. 유럽에서 나치의 폭력행위가 기승을 부릴 때조차 미국은 쿼터를 늘려주지 않았다. 이민법의 4D 조항에 따라 성직자나 과학자를 비롯한 학자들은 쿼터 제한을 적용받지 않는 비쿼터 비자를 신청할 수 있었다. 출신국에서 교수 직위를 가졌고 미국에서도 역시 교수 자리를 구해놓은 과학자들과 미국에 친지가 있는 과학자들은 이민자 자격을 쉬 보장받았다. 그러나 학계에도 젠더 장벽은 여전했기에, 여성 과학자들이 미국 대학의 교수 자리를 얻기는 남성들보다 훨씬 어려웠다.

독일에서 공무원법이 통과된 직후 학자 1만 2,000명이 일자리를 잃었다. 그중 절반 가까이가 미국 뉴욕의 국제교육연구소에 지원을 신청했다. 연구소 측은 외국 학자들이 미국 대학에서 자리를 찾는 것을 돕기 위해 '독일 이주 학자 지원 비상위원회'를 설치했다. 비상위원회는 대학에 재정 부담을 주지 않겠다고 약속했고, 록펠러재단과 자선 기구들의 도움을 받아 이주 학자들의 급여를 보조했다.[1] 처음에는 록펠러재단의 지원으로

학자 1인당 연 2,000달러씩 대학에 보조금을 줬지만, 고국을 떠나온 유대인 학자들이 점점 늘자 1,000달러로 줄였다. 위원회가 보조금을 줄 수 있는 학자는 330명뿐이었다. 보조금을 신청한 여성 과학자와 수학자 80명 중 4명만이 지원을 받았다.[2]

미국으로 간 세 여성 난민

최초로 비상위원회의 도움을 받은 난민 여성은 에미 뇌터Emmy Noether(1882~1935)였다. 뇌터는 동료 유대인 학자 다섯 명과 함께 괴팅겐 대학교에서 쫓겨나 미국으로 갔다. 뇌터는 20세기 초반 가장 영향력 있는 수학자 다비트 힐베르트David Hilbert에게 발탁돼 1915년 괴팅겐 대학교의 교수진에 합류했으나, 남성 교수들이 임명을 반대한 탓에 힐베르트는 그를 무급 초청 강사로 고용해야 했다. 그러나 괴팅겐 대학교에, 그리고 수학과 물리학에 뇌터가 미친 영향은 컸다.

1907년 에를랑겐 대학교*에서 독일 여성 최초로 수학 박사 학위를 받은 뇌터는 괴팅겐에 자리를 잡기 전부터 명성을 얻었다. 그의 전문분야는 실수實數 대신에 환環, 군群, 체體 등을 다루는 추상 대수학이었다. 초창기 연구는 추상 대수학의 한 분야로서 변하지 않는 다항식 함수를 다루는 불변량이론에 초점을 맞췄다. 괴팅겐에서 그는 아인슈타인의 일반상대성이론에 대수적 불변량을 적용하는 연구를 시작해 독자적인 발견을 했다.

* 공식 명칭은 에를랑겐-뉘른베르크 프리드리히-알렉산더 대학교(Friedrich-Alexander-Universität Erlangen-Nürnberg)로, 1743년 지어진 유서 깊은 대학이다.

매리언 파크
MARION PARK

메리언 파크는 브린모어 대학의
3대 학장이자 '독일 이주 학자 지원
비상위원회'의 초창기 위원이었다.

에미 뇌터 EMMY NOETHER

에미 뇌터는 '뇌터의 정리'를 개발했으며 20세기 가장 영향력 있는 수학자 중의 한 명이었다.

물리계의 모든 대칭에는 그에 상응하는 보존법칙이 있음을 증명한 그의 연구는 훗날 '뇌터의 정리Noether's Theorem'로 알려졌다. 뇌터의 첫 번째 정리는 시간 대칭성을 가진 물리계에서 에너지는 생성될 수도, 파괴될 수도 없음을 보여준다. 그는 별개의 개념인 것처럼 보였던 시간 대칭성과 에너지를 연결하고, 변환 및 회전 대칭을 운동량과 연결하여 대수학과 물리학을 연결했다. 수학자들과 물리학자들은 지금도 뇌터가 열어놓은 새로운 세계를 탐구하고 있다.

괴팅겐에서 거의 20년을 보낸 뇌터가 1933년 쫓겨날 처지가 되자 헤르만 바일Hermann Weyl*을 비롯한 다른 수학자들은 대학 측에 해임을 철회해달라고 탄원했다. 그러나 대학의 행정을 총괄하던 발렌티너J. T. Valentiner는 뇌터가 마르크스주의 정치학을 신봉하는 것은 독일 국가를 지지하지 않는다는 증거라며 반대했다.[3] 자유주의적 정치 성향을 지닌 유대인 여성인 뇌터가 나치 정권 아래에서 지위를 유지할 수 없었다.

미국의 동료들은 곧바로 뇌터가 미국의 연구기관에서 자리를 얻을 수 있도록 애쓰기 시작했다. 바일은 프린스턴 대학교에 뇌터의 자리를 만들어주려 했다. 프린스턴 대학교는 비상위원회와 협력하여 바일과 아인슈타인을 교수로 받아들인 바 있었다. 그러나 프린스턴 대학교는 여성은 받아들이지 않았다. 뇌터는 뒤에 프린스턴을 "여성에 대해서는 어떤 것도 인정하지 않는 남성의 대학"이라고 적었다.[4] 아이비 리그** 대학들은 모두 그랬기에, 여성 난민들은 펜실베이니아주의 브린모어 칼리지처럼 규모가 작

* 1885~1955. 독일의 수학자, 이론물리학자. 헤르만 힐베르트 등과 함께 '괴팅겐 학파'라 불리는 학자들의 그룹을 이끌었다. 괴팅겐과 스위스 취리히 등에서 강의하다가 나치 정권을 피해 미국으로 건너가 프린스턴 대학교에 자리를 잡았다.

** 미국 동부에 있는 유명 대학들.

은 여자대학으로 눈을 돌렸다. 괴팅겐 시절의 동료였다가 프린스턴에 이미 와 있던 솔로몬 레프셰츠Solomon Lefschetz가 뇌터를 대신해 브린모어에 지원을 신청했다. 대학은 1933~1934년 비상위원회, 록펠러재단의 지원을 받아 연 4,000달러를 주고 뇌터를 채용하기로 결정했다.[5] 뇌터는 1933년 11월 7일 미국에 가기 위해 브레멘호에 몸을 실었다.

뇌터가 부임한 지 1년도 되지 않아 대학은 뇌터의 이름으로 장학금을 만들었다. 학생들은 뇌터를 사랑했고, 뇌터 역시 학생들과 자신을 받아준 대학을 사랑했다. 그러나 뇌터는 미국에서의 새로운 삶과 연구에 뿌리를 내리기도 전인 1935년 4월 14일 난소의 낭종을 제거하는 수술을 받다 순환계 이상이 생겨 갑자기 세상을 떠났다.

브린모어 커뮤니티와 그의 학생들 그리고 수학계는 뇌터의 죽음을 애도했다. 아인슈타인은 『뉴욕타임스』에 "뇌터 씨는 여성의 고등교육이 시작된 이래 가장 중요한 수학 천재"라며 애도했다.[6] 아인슈타인의 뇌터에 대한 애도 글보다는 덜 알려졌지만 헤르만 바일의 추모사 역시 뇌터의 수학적 감각뿐만 아니라 뇌터의 성품과 근면성까지 언급하며 그를 애도했다. "에미 뇌터, 그의 용기와 솔직함, 운명을 두려워하지 않는 용기와 모순된 영혼은 우리를 둘러싼 증오와 비열함과 절망과 슬픔 속에서 도덕적인 위안이 돼줬다"[7]

뇌터는 브린모어가 전쟁 말기에 받아들인 난민 과학자 중의 한 명일 뿐이었다. 브린모어 대학은 비상위원회가 설립될 때부터 위원회 측과 협력을 했으며 1922년부터 1942년까지 학장을 지낸 매리언 파크Marion Park는

위원회의 초창기 위원이기도 했다. 파크는 이주해온 학자들, 특히 남성이 지배하는 학계에서 환영받지 못했던 여성들을 도와야 한다는 인식을 키우는 데에 크게 기여했다.[8] 브린모어 대학은 1939년 딸 마그다와 함께 강제수용소로 보내질 처지였던 또 다른 여성 수학자 힐다 가이링거Hilda Geiringer(1893~1973)에게 생명줄이 돼줬다.

가이링거는 1933년 베를린 대학교(현재의 훔볼트 대학교)에서 쫓겨난 뒤 6년 동안 피난처를 찾은 끝에 미국에 도착했다. 가이링거는 베를린 대학교에서 강의한 최초의 여성이자, 독일에서 응용수학 분야의 대학 강의 허가를 받은 최초의 여성이었다. 당시 베를린 대학교는 응용수학의 중심지였으며, 가이링거의 멘토이자 이 분야의 선구자였던 리하르트 폰 미제스Richard von Mises는 대학 안에 갓 설립된 응용수학연구소를 이끌고 있었다. 가이링거는 이 연구소에서 통계학, 확률, 수학적 소성이론을 연구하며 유럽 응용수학 연구의 선봉에서 큰 역할을 했다. 폰 미제스 및 동료 응용수학자들과 함께 가이링거는 금속의 소성변형이 일어나는 조건을 분석하는 일련의 단순화된 기법인 미끄럼선 장이론을 발전시켰다. 이 이론은 공학 기술에서 지질학의 판구조론에 이르기까지 다양한 영역에서 지금도 활용된다. 그러나 공무원법에 따라 가이링거와 폰 미제스는 대학교에서 퇴출당했다.

터키(2022년부터 튀르기예 공화국으로 국명 변경)가 나치 독일에서 도망친 유대인 학자 약 190명을 받아들였다. 가이링거와 딸, 그리고 폰 미제스도 그중에 끼어 있었다.[9] 터키는 1933년 다른 선도국과 경쟁하기 위해 고등교육을 개혁할 목적으로 대학개혁법 2252호를 제정했다. 터키 대통령 무스타파 케말 아타튀르크는 신생 국가의 교육시스템을 정비하기 위해 난민 지식인들을 적극적으로 받아들였다. 개혁법이 통과된 다음 날 이스탄불 대학교가 설립됐고 그 해 가이링거는 이 대학교의 수학 교수로 합류했다.

이스탄불대에서 일하는 동안 가이링거는 베를린에서 잃었던 지적 자유를 어느 정도 되찾을 수 있었다. 계약 기간 5년 동안 그는 소성과 통계학 연구를 계속하는 동시에, 멘델 유전학에 확률통계를 적용하는 연구를 시작하면서 유전학에도 뛰어들었다. 터키에 살기 전에는 터키어를 몰랐던 그가 영어와 터키어로 된 논문 18편을 발표했고, 터키어로 된 미적분 교과서도 출간했다.[10] 그러나 1939년 계약 갱신이 거부됐다. 폰 미제스는 자신의 계약이 여전히 유효했음에도 가이링거 없이 대학에 혼자 남기를 거부했다. 더군다나 1938년 아타튀르크가 사망한 터였다. 두 사람은 대통령이 주도했던 난민 환영 분위기가 대통령 사후에 사라질까 두려웠다.

갈수록 유대인을 심하게 압박하는 독일로 돌아갈 수는 없었다. 1938년 나치는 이틀 동안 크리스탈나흐트Kristallnacht, '수정의 밤'으로 알려진 조직적인 폭력 사태를 일으켰다. 제국 전역에서 유대인 상점과 집, 유대교회당 들이 파괴되고 약탈당했다. 유대인 남성 3만 명이 체포돼 교도소나 강제수용소에 갇혔다. 나치의 폭력이 심해지자 유대인들의 대량탈출이 일어났다. 미국으로 가기로 마음먹은 폰 미제스는 하버드 대학교에 자리를 얻었고 비쿼터 비자를 신청할 수 있었다. 그러나 가이링거에게는 미국에서 일자리를 얻는 운이 따라주지 않았다. 직업이 없으면 비쿼터 비자를 보장받을 수 없었고, 쿼터 제한 비자를 받을 가능성도 없었다. 가이링거는 런던에 있는 형제 집에 피신했다. 그런데 잠시 휴식을 취하기 위해 딸 마그다를 데리고 지중해에 가 있는 동안 전쟁이 터졌다. 독일 여권으로는 영국에 들어갈 수 없었기에 포르투갈에서 발이 묶였다. 리스본에 머물다가 딸과 함께 강제수용소로 추방될 위기에 처한 것이다. 미국에서는 폰 미

힐다 가이링거

HILDA GEIRINGER

힐다 가이링거는 응용수학 분야의 강의 허가를 받은 최초의 여성이자 베를린 대학에서 강의한 최초의 여성이다. 그는 미끄럼선 장이론과 멘델 유전학에 상당한 공헌을 했다.

틸리 에딩거

TILLY EDINGER

틸리 에딩거는 화석 두뇌 연구 즉 고생물신경학의 한 분야를 개척했다.

제스가 아인슈타인, 오스카 베블런Oscar Veblen*과 함께 가이링거의 자리를 찾기 위해 브린모어 대학과 또 다른 여대인 스미스 대학에 원서를 냈다. 가이링거와 폰 미제스 모두 절박했다. 폰 미제스는 일기에 "혼란스럽다" "기진맥진했다, 거의 절망적이다"라고 적었다. 가이링거는 비자를 받기 위해 폰 미제스에게 결혼을 하자고 제안했을 정도였다.[11] 마침내 브린모어 대학은 비상위원회의 도움으로 채용을 결정했고 가이링거와 마그다는 뉴욕으로 가는 배에 올랐다.

가이링거는 브린모어 대학에서 6년을 보낸 후 매사추세츠의 여자 대학인 위튼 칼리지의 수학과 학과장으로 옮겼다. 그러면서도 그는 종합대학에 교수 자리를 얻으려고 계속 애썼다. 브린모어와 위튼은 주로 학부생들을 가르치는 대학이었기에 강의 외에 연구할 수 있는 여지가 없었다. 1953년 위튼 칼리지의 학장에게 보낸 서한에서 가이링거는 "저는 과학 분야에서 일해야 합니다. 내 인생에서 가장 필요한 일이 아마도 그것일 겁니다"라며 연구에 대한 열망을 표현했다. 하지만 그토록 훌륭한 자격을 갖추었음에도 종합대학의 교수 자리를 얻을 수는 없었다. 터프츠 대학의 한 교수는 가이링거에게 보낸 답신에 이렇게 적었다. "어느 정도 여성에 대한 편견이라고 볼 수도 있겠지만, 남성을 채용할 수 있다면 여성을 늘리고 싶지는 않습니다."[12]

1933년의 공무원법 이후에도 독일에서 지위를 유지한 여성이 있기는 했

* 1880~1960. 미국의 수학자.

다. 고생물학자 틸리 에딩거Tilly Edinger(1897~1967)였다. 뇌터나 가이링거와 달리 에딩거는 법이 통과됐을 때 민간기관에서 일하고 있어서 도움이 됐다. 그는 공무원법이 통과된 뒤에도 5년 동안 프랑크푸르트의 젠켄베르크 자연사박물관에서 척추동물 화석을 다루는 큐레이터로 일했다. 그렇지만 유대인이었기에 반유대주의 폭력의 위협에서 벗어날 수는 없었다. 에딩거는 박물관의 옆문으로 출입하고 사무실에서는 명패를 없애고 눈에 띄지 않으려 애썼다.[13] 당시 그는 내이內耳에 생기는 질병인 이경화증耳硬化症으로 청력을 잃어가고 있었다. 그래서 전문가들 모임에 가면 앞자리에 앉아서 들어야 했지만, 혹여 눈에 띌까 두려워 모임마저 포기했다. '유전적 순수성'을 내세운 나치 정권하에서 에딩거는 청각장애 조사를 받아야 할 처지였다. 1933년 '유전성 질환을 가진 자손을 막기 위한 법'이 만들어지면서 청각장애를 가진 유대인 수천 명은 강제 불임시술을 받아야 했으며 수백 명이 전쟁 중 조직적으로 살해됐다.[14]

이런 위험 속에서도 에딩거는 독일을 떠나기를 꺼렸다. 그는 자신에게 화석연구자로 명성을 가져다준 젠켄베르크에서의 작업을 사랑했다. 에딩거는 당시에 국제적으로 유명한 고생물학자였으며 고생물신경학의 한 분야로 화석 두뇌 연구를 확립시켜놓은 상태였다. 가족끼리 알고 지낸 사이였던 앨리스 해밀턴Alice Hamilton*은 자서전 『위험한 거래를 탐사하다Exploring the Dangerous Trades』에서 에딩거가 독일에 남겠다는 단호한 뜻을 밝히면서 이렇게 말했다고 적었다. "그들이 나를 내버려 두는 한 나는 여기 머

* 1869~1970. 미국의 여성 의사 겸 의학자. 산업 독성학과 직업병 연구의 선구자로 꼽힌다. 하버드 대학교의 첫 여성 교수이다. 미국 최초의 사회복지관으로 꼽히는 시카고의 헐하우스(Hull House)에 거주하면서 사회운동가로도 헌신적인 삶을 살았다.

물 거야. 무엇보다 프랑크푸르트는 내 고향이고, 내 어머니의 집안은 1560년부터 여기 살았고, 나는 이 집에서 태어났어. 장담컨대, 날 강제수용소에 보내지는 못할 거야. 언제나 치사량의 베로날*을 가지고 다니거든."[15] 하지만 '수정의 밤' 이후에는 에딩거도 프랑크푸르트에 더 머물 수 없다는 사실을 알게 됐다. 그가 떠나기로 결정하자 미국의 고생물학자들이 일자리를 찾아주려 나섰다.

에딩거는 미국 영사관에 이민을 신청했고 1938년 1만 3,814번이라는 쿼터 대기 번호를 받았다. 1940년 여름 이전에는 쿼터에 포함될 공산이 없었다. 독일과학자비상협회**의 도움으로 에딩거는 우선 런던에 임시 피난처를 얻을 수 있었지만 "적국 국민"이라는 처지에 놓여야 했다. 도피할 당시 그가 가진 것은 독일 화폐 10마르크와 숟가락 2개, 포크 2개, 나이프 2개밖에 없었다.[16] 거기서 1년 동안 독일어 의학 자료를 영어로 번역하고 런던에 있는 친지들의 도움을 받아가며 버텼다. 점점 초조해진 그는 비쿼터 비자를 받아보려 애썼지만 "교육기관"의 강사로 일한 적이 없다는 이유로 거절당했다.[17] 운 좋게도 쿼터 대기시간이 예상보다 줄어 1940년 5월 11일 브리타닉호를 타고 뉴욕에 도착했다.

비상위원회의 도움으로 에딩거는 1964년 은퇴할 때까지 하버드 비교동물학 박물관에서 연구 보조직으로 일했다. 1943년 독일의 고모가 세상을 떠났다는 소식에, 언젠가 프랑크푸르트로 돌아가리라는 마지막 희

* 바비탈(barbitone) 성분으로 된 약으로, 수면제나 마취제로 1930년대까지 많이 쓰였다. 치사량에 이르면 사망하기 때문에 안락사용 약품으로도 사용됐다. 베로날은 바이엘 제약이 만든 바비탈 약품의 상품명이다.

** Notgemeinschaft der Deutschen Wissenschaft. 1920년 프리츠 하버(Fritz Haber)와 막스 플랑크(Max Planck) 등이 만든 독일의 과학자 단체. 1929년 독일 과학연구협회라는 이름으로 명칭을 바꿨으며 1945년까지 존속했다.

망은 사라졌다. 학계 동료였던 아서 우드워드Arthur Woodward*에게 보낸 편지에서 에딩거는 "독일에 있는 누군가와의 마지막 연결고리가 끊어졌습니다. 지난해는 제게 정말 충격적인 해였습니다. 베를린의 고모는 내가 세상에서 가장 사랑한 사람이었는데 추방을 당하고 스스로 목숨을 끊었답니다, 84세의 나이에!"[18] 이미 에딩거의 오빠 프리츠는 강제수용소에서 숨졌기 때문에 독일에 남은 가족은 없었다. 그는 미국에 살기로 결정하고 1945년 시민권을 얻었다.

각기 자신이 속한 분야의 거장이었던 뇌터와 가이링거, 에딩거는 연구 업적 덕분에 목숨을 건졌지만 모든 여성이 그렇지는 못했다. 민스크**의 수용소에서 탈출을 시도했다가 1942년 목숨을 잃은 루마니아의 선구적인 생물학자 레오노레 브레처Leonore Brecher를 비롯해, 미국 등지로 피난처를 찾다가 실패한 여성들이 더 많았다. 목숨을 구한 사람들도 자신의 힘으로는 살아가지 못해 국제 과학자 단체나 활동가들의 도움을 받아야 했고, 동료 과학자들 사이에서 자리를 잡기 위해 쉼 없이 분투해야 했다. 과학의 역사에서 이 시대는 두려움과 차별 때문에 피신할 길조차 막혔을 때 무엇을 잃게 되는지, 협력과 공동체를 통해 얻을 수 있는 것이 무엇인지를 일깨워준다.

* 1864~1944. 영국의 고생물학자.

** Minsk, 현재는 벨라루스의 수도이다.

17장

자연을 돌보는 사람들, 행동을 시작하다

레이첼 카슨 이전의 시대

미국에서 환경운동은 1962년 출간된 레이첼 카슨Rachel Carson(1907~1964)의 책 『침묵의 봄Silent Spring』에서 시작됐다고들 말한다. 카슨은 해양생물학자이자 환경보호론자였으며 『침묵의 봄』은 DDT* 같은 살충제가 다양한

* Dichloro-Diphenyl-Trichloroethane. 1940~1950년대부터 농업용으로 널리 쓰인 살충제다. DDT의 살충 능력을 처음 발견한 스위스 화학자 파울 헤르만 뮐러(Paul Hermann Müller)는 1948년에 노벨 생리의학상을 받았다. 하지만 곤충에 미치는 영향과 생태계 파괴 우려, 인체 유해성 등이 카슨의 책을 통해 알려지면서 세계의 '공적'으로 돌변했고 각국이 사용을 금지했다. 한국에서도 1985년부터 농업용으로 사용이 금지됐다. 2004년 발효된 스톡홀름 영구유기오염물질 금지협정에 따라 170여 개 비준국⟶

⟵ 집 근처 숲에서 책을 읽는 레이첼 카슨이다. 그는 1962년 『침묵의 봄』을 발간했다. 이 책의 출판은 현재 환경운동의 시작으로 널리 알려져 있다.

동물 종과 생태계에 엄청난 영향을 미쳤다고 기록했다. 『침묵의 봄』은 여러 면에서 환경운동의 변화를 가져왔다. 살충제 남용을 걱정한 사람들은 연방정부를 움직여 환경보호를 법제화하려고 나섰다. 미국에서 대기오염방지법과 수질오염방지법이 만들어지고 환경보호청이 만들어진 것도 카슨의 영향이었다. 그러나 자연과 환경을 지키는 여성들의 활동은 그보다 훨씬 전에 시작되었다. 20세기 초부터 조류와 야생동물 보호에서 물에 대한 권리, 식품안전, 도시 위생에 이르기까지 여성들은 놀랄 만큼 큰 목소리를 내왔다.

진보 시대(171쪽 참조)라 불리는 20세기 초, 미국 사회와 정치에 급진적인 개혁이 일어났다. 진보 개혁가들은 산업화와 도시화가 가져온 온갖 사회 병폐와 씨름했다. 산업시설에서 생산된 식품, 수질오염, 폐기물, 과밀, 도시 전반의 안전과 위생 문제는 많은 진보 개혁가의 의제였다. 특히 중산층 여성들은 환경이 나빠지는 것에 경각심을 가졌고 아이들과 지역사회의 복지를 위협하는 방만한 권력에 맞설 방법을 찾아 나섰다. 여성들은 산업의 과도한 행위를 통제할 권한을 가진 지방정부나 연방정부에서 여전히 배제되었지만, 아내이자 어머니, 주부로서 진보의 대의에 기여할 특별한 기술과 경험이 있다고 주장했다. 1912년 터스키기여성클럽*의 아델라 로건Adella Logan**은 이렇게 말했다.

⟶이 DDT 사용금지에 합의했다. 하지만 말라리아 모기를 없애는 데에 적은 비용으로 높은 효과를 거둘 수 있어, 세계보건기구가 공중보건 목적으로는 제한적으로 사용을 허용하고 있다.

* 1888년 앨라배마주 몽고메리에서 결성된 흑인 여성단체. 터스키기 인스티튜트(Tuskegee Institute, 현재의 터스키기 대학교)에서 일하던 남성의 아내들을 중심으로 결성됐다.

** 1863~1915. 아프리카계 미국인 작가이자 교육자. 흑인 대학인 애틀랜타 대학교에서 교사 자격을 얻은 뒤 터스키기 인스티튜트에서 일하며 유색인종 교육과 참정권 옹호 운동을 했다.

"유능한 여성은 집안일을 잘하려고 늘 노력한다. 건축감리사, 위생·식품 조사관은 정치 덕분에 자리를 차지하고 있을 뿐이다. 그들이 조사하는 지역에 거주하고, 그들이 조사하는 집에 살고, 그들이 조사하는 시장에서 먹거리를 사는 여성들보다 그들이 임무 수행을 더 잘한다고 누가 말할 수 있겠는가."[1]

터스키기여성클럽은 환경문제를 개혁 리스트에 올려놓은 미국의 수백 개 여성단체 가운데 하나에 불과하다. 19세기 빅토리아 시대의 사회규범에 여전히 익숙한 중산층 사회는 여성의 영역을 가정으로 제한했지만, 여성 개혁가들은 이를 되레 강점으로 바꿨다. 여성참정권당Woman Suffrage Party의 수전 피츠제럴드Susan Fitzgerald는 1915년 광고 전단에 이렇게 썼다. "사람들은 여성의 자리는 가정이라고 쉴 새 없이 말한다." 그러나 가정이 네 벽으로 둘러싸인 집보다 훨씬 큰 개념임을 인식한다면, 그 범위는 도시와 주, 궁극적으로는 국가로 커지고 영향력은 확대될 것이다. 피츠제럴드는 이어서 이렇게 말했다. "여성은 천성적으로나 훈련에 의해서나 가정을 돌보는 사람이다. 그들이 집 안 청소를 하면서도 도시를 가꾸는 일에 손대게 하자."[2] 그들은 가사노동자로서 이 모든 공간을 돌보는 임무를 맡았다. 어머니로서 다음 세대를 키울 수 있도록 살기 좋은 공간을 만들어야 했다. 권위를 인정해달라는 여성들의 주장은 여성의 본성에 대한 본질적 믿음에 뿌리를 두었다. 자신들이 남성보다 자연이라는 '집'을 깨끗이 하고 지키는 데에 더 적합하다는 것이었다. 1909년 전국자연보전총회에 참여한 여성클럽총연맹의 오버톤 엘리스Overton Ellis는 여성클럽들의 단결된 원칙을 설명하면서 "물질적, 윤리적 의미에서 보존은 여성에게 삶의 기본 원칙이다. … 인류의 어머니라는 여성이 가진 최고의 기능은 여성에게 개개인뿐 아니라

엘런 리처즈

ELLEN RICHARDS

엘런 리처즈는
매사추세츠 공과대학 첫 여학생이자
식품과 물 순도법 주창자였다.

메리 테렐

MARY TERRELL

전국유색인종여성연합의
초대 회장이며 흑인과 이웃을 위한
더 나은 주거 환경과
위생 서비스를 촉구했다.

태어나지 않은 세대 전체를 보호할 특별한 권리를 준다"라고 말했다.[3]

엘런 리처즈Ellen Richards는 어머니는 아니었지만, 여러 여성클럽을 결집해 여성의 원칙을 공식화했다. 1870년대 매사추세츠 공과대학(MIT)의 첫 여학생이던 리처즈는 여성들에게 요리, 청소, 경제적 지략 등 일상생활의 지식을 활용할 것과 그 지식을 화학과 결합하여 산업사회의 도전과제를 해결할 것을 요구했다. 리처즈는 MIT 화학과를 나와 모교의 교수가 된 뒤 대학 안에 여성으로만 구성된 연구실을 만들었다. 그는 학생들에게 영양학, 가사에 현대 기술을 적용하는 법, 과학적인 방식으로 식품을 제조하는 법 등을 강의했다. 리처즈가 남성만의 공간이던 MIT에 가정학을 도입하는 동안, 미국의 다른 지역에도 가정학이 뿌리를 내렸다. 1871년 아이오와 주립대학에 공식 대학 과정으로는 처음으로 가정응용화학이 개설되었다.[4] 여성들이 가정에서 가진 지식이 진지하게 받아들여지며 정당성을 얻었고, 세기 전환기의 진보적 여성 개혁가들에게 권위의 기반을 만들어줬다.

식품 건강과 위생학은 가정에서 시작되었지만 가정에서 끝나는 것이 아니며, 건강한 가정은 건강한 공동체와 건강한 환경의 중요한 출발점이라고 리처즈는 주장했다. 1892년 그는 미국인들에게 에른스트 헤켈Ernst Haeckel*의 '외콜로기oekologie', 즉 지금의 생태학ecology 개념을 소개하며 자연

* 1834~1919. 독일의 동물학자, 우생학자, 자연주의자. 1866년 '집' 또는 '거주'를 뜻하는 그리스어 '오이코스(oikos)'에 과학을 뜻하는 접미사를 결합시킨 외콜로기라는 말을 만들면서 "자연이라는 집을 연구하는 학문"으로 정의했다.

과 만들어진 환경의 관계에 대한 의문을 제기했다. 리처즈에게 생태학은 단순히 생물학적인 것이 아니라 인간과 자연, 가정, 경제, 산업 사이의 복잡한 상호작용 네트워크를 포괄하는 개념이었다.[5] 산업이 자연의 민감한 시스템을 붕괴시킬 때, 교육받은 여성 집단은 시스템의 균형을 바로잡을 힘을 갖고 있다. 그는 1879년 뉴욕 포킵시의 여성클럽에서 "개혁을 추진하는 것은 여성의 몫이다"고 선언했다. "우리 앞에 놓인 것은 쉬운 일이 아니다. 무지에 만족하는 한 우리는 계속 무지할 것이다. 그러나 우리는 지식의 가치를 알기 때문에 지식을 요구하고, 승리할 것이다."

그는 연설에 그치지 않고 매사추세츠에서 생태학과 가정학 이론을 직접 실험했다. 1890년 그는 동료 메리 아벨Mary Abel과 함께 영양학을 적용해 보스턴의 노동계급과 이민자 가족을 위한 먹거리를 만드는 저비용 공용 주방, 뉴잉글랜드키친을 열었다. MIT의 여성 연구실에서는 매사추세츠 식품 공급에 대해 광범위하게 연구하면서 공장에서 대량 생산한 식품이 염화물이나 마호가니 목재 성분, 또는 위험한 화학물질로 오염돼 있다는 걸 발견했다. 그 결과 매사추세츠주는 1906년의 연방 식품약품법보다 20년 이상 앞서 식품의 순도를 규정한 법을 통과시켰다. 1886년 리처즈는 당시 미국에서 가장 광범위한 수질 조사를 시작했다. 2년 동안 상·하수도의 83퍼센트에서 4만 개의 물 샘플을 채취해 분석했다.[6] 그 결과 식품 및 산업 분야에 사용된 소금에서 염소의 흔적을 시각화해, 미국 최초의 수질오염 지도를 만들었다. 리처즈의 연구를 기반으로 매사추세츠주는 주립 수질연구소를 만들어 수질오염을 모니터했다. 리처즈는 음식과 위생에 대한 여성들의 기본적인 관심에서 출발해 자신이 사는 마을과 도시, 주까지 환경 인식을 확장하는 운동을 벌였다.

운동의 확장

리처즈의 활동은 효과적이고 영향력이 있었지만, 그가 행한 개혁이 모든 여성에게 반향을 불러일으킨 것은 아니었다. 특히 이민자 사회와 노동계급 여성에게 그랬다. '뉴잉글랜드키친'에서 그는 과학적으로 세심하게 음식을 준비했지만, 고향 음식을 더 좋아하는 이민자들에겐 빈약한 대안이었다. 이민자 사회에 미국적 가치를 강요하는 것이라며 분노한 사람이 많았다.[7] 리처즈는 저서 『올바른 삶의 기술The Art of Right Living』에서 "토착 종교들"이 다른 나라의 진정한 개혁을 방해한다고 주장해, 비서구권 출신을 비하하는 관점을 드러냈다.[8] 그가 보여준 것처럼, 이민자와 비백인의 문화와 경험을 경멸하는 풍조가 진보 시대 백인 여성클럽 전반에 만연해 있었다. 사회 개혁의 물결에도 불구하고 여전히 인종차별의 시대였다. 예를 들어 여성클럽총연맹은 흑인 여성에게는 대회 참여 자격을 주지 않았다.[9] 흑인 여성들은 아델라 로건의 터스키기여성클럽이나 메리 테렐Mary Terrel*이 이끄는 전국유색인종여성연합(NACW) 같은 자신들의 조직을 결성했다.

흑인 여성들이 이끈 여성클럽은 리처즈나 여성클럽총연맹의 백인 여성들보다 활동의 터전인 지역공동체와 더 많은 것을 공유해 노동계급의 요구를 충족시켰다.[10] 흑인들은 유아사망률과 빈곤율이 더 높았으며 인종차별과도 싸워야 했고, 도시에서든 농촌에서든 환경 여건이 더 열악했다. 미국에서 의학 학위를 받은 두 번째 흑인 여성인 레베카 콜Rebecca Cole은 흑인들이 사는 건물은 과밀하고 지저분한데도 임대료는 더 높다면서, 차별

* 1863~1954. 대학 학위를 받은 최초의 흑인 여성들 중 한 명으로, 전국유색인종여성연합을 창립해 흑인 시민권과 참정권 운동을 주도했다.

적인 주택 정책과 집주인의 착취 때문에 비위생적인 환경에서 살 수밖에 없다고 주장했다. 콜은 1896년 잡지 『여성의 시대Women's Era』에 기고해, 이런 환경이 어떻게 흑인의 건강을 해치며, 흑인은 선천적으로 약하고 질병에 걸리기 쉽다는 고정관념을 정당화하는지 보여줬다. 그는 "우리는 이 사람들에게 건강 법칙을 가르쳐야 한다"며 "가정의 존엄성은 지하 저장실의 상태로 알 수 있다는 새로운 복음을 설파해야 한다"고 주장했다.[11] 리처즈처럼 콜도 가정을 가장 큰 개혁의 출발점으로 삼았다.

테렐과 흑인 여성클럽들은 집안일이라는 말을 백인 여성클럽들과 유사하게 활용하면서도 특히 흑인이 처한 조건에 초점을 맞췄다. 콜의 기사가 실린 지 2년 뒤 테렐은 〈유색인종 여성의 진보〉라는 제목의 소논문에서 주거에 관해 이렇게 썼다.

> "가정을 통해서만 사람들이 진정 훌륭하고 위대해질 수 있다는 믿으며 전국유색인종여성연합은 그 신성한 영역에 들어섰다. 가정, 더 많은 가정, 더 나은 가정, 더 깨끗한 가정은 우리가 전해왔고 앞으로도 전파할 말씀 그 자체다. … 터스키기클럽을 비롯해 전국에서 많은 이들이 바닥을 쓸고, 먼지를 털고, 요리하고, 씻고, 다림질하는 좋은 실례를 보여주고 있다."[12]

흑인 어린이는 "인종의 미래를 대표하는 사람들"이고 "어린이보다 이 단체의 핵심에 가까운 것은 없었"기에, 테렐에게는 어머니가 되는 것이 조직가로서의 소명 중 가장 중요했다.[13] 전국유색인종여성연합은 개별 가정을 넘어 지역의 '청소의 날'을 후원했으며, 지방정부에 직접 지역 위생관리 서비스를 하라고 촉구했다.[14]

도시를 넘어

'여성의 집안일'이라는 이데올로기는 숲과 야생동물, 국가적 자연경관까지 아울렀다. 캘리포니아여성클럽연맹 회장인 로버트 버데트 부인Mrs. Robert Burdette*은 숲을 보존하면 캘리포니아 주민들의 건강이 보장되기 때문에 "우리 주의 숲을 보존하는 것은 여성들이 관심을 가지는 이슈"라고 주장했다.[15] 그는 또 전국 곳곳에서 여성단체들이 "남성들에 의해 완전히 파괴된" 자연경관과 유적지를 지키려 애쓰고 있다고 썼다. 동부 해안에서는 플로리다여성클럽연맹이 최초로 생태학적 가치가 높은 에버글레이즈 열대습지를 보호하려고 나섰다.[16] 1895년 설립된 이 단체는 도시 위생과 공중보건 문제를 다루는 한편, 숲과 새들의 터전을 보존하는 운동도 벌였다. 플로리다여성클럽연맹은 1916년 플로리다 최초의 주립공원인 로열팜 주립공원을 설립하는 성과를 거뒀다.

마조리 더글러스Marjory Douglas(1890~1998)는 공원이 설립되기 직전 플로리다주 마이애미로 이사해 연맹에서 활동하기 시작했다. 재능 있는 작가이자 기자였던 그는 마이애미헤럴드 신문의 칼럼니스트로 활약하며 연맹의 사회적, 환경적 명분을 강조하고 옹호했다. 미네소타주 미니애폴리스 출신인 그는 플로리다 남부를 활동무대로 삼았고, 이곳을 배경으로 소설과 논픽션을 펴냈다. 그는 '갤리선'이라는 칼럼에서 "나는 풍경이자 지리로서 플로리다에 대해 말하기 시작했고, 플로리다를 조사하고 탐사하기 시작했다"고 적었다.[17]

* 1855~1954. 본명은 클라라 베이커이며, 작가이자 목회자였던 로버트 버데트와 결혼한 뒤 버데트 부인으로 불렸다. 캘리포니아의 패서디나에서 여성클럽을 만들어 자선활동을 펼쳤다.

그는 1923년 마이애미헤럴드를 그만두고 프리랜서 작가로 인간이 아닌 자연과 자연 보존에 대해 더욱 강하고 명확한 입장을 담은 글들을 썼으며 소설에도 자연을 담았다. 더글러스는 특히 에버글레이즈를 소중히 생각했고 "플로리다 남부의 (경제적) 자산"이자 "플로리다 남부의 의미와 중요함 그 자체"로 여겼다.[18] 에버글레이즈는 수십 년 동안 기업형 농업과 부동산 개발로 위협을 받으면서 생물 종들이 멸종 위기를 맞았다. 1929년, 열대에버글레이즈국립공원협회는 더글라스에게 에버글레이즈를 국립공원으로 만드는 운동에 함께하자고 제안했다.

더글러스의 에버글레이즈 연구는 1947년 『에버글레이즈: 풀밭의 강 The Everglades: River of Grass』에서 절정을 이뤘다. 이 책은 "세상에 또 다른 에버글레이즈는 없다"라는 상징적인 구절로 시작된다.[19] 당시 널리 알려지지 않았던 에버글레이즈의 생태에 대한 5년간의 광범위한 연구가 수록돼 있다. 이 책은 에버글레이즈 생태계에 관한 과학적 탐구이자 열대 습지의 독특한 아름다움과 다양성을 예술적으로 구성한 오마주였다.

책은 첫 달에 품절됐고 자연을 지키려는 이들의 행동을 촉구했다는 점에서 카슨의 『침묵의 봄』과 비교됐다. 출간 첫해에 더글러스는 해리 트루먼 대통령이 공식적으로 승인한 에버글레이즈국립공원을 보는 기쁨을 누렸다.[20] 더글러스는 평생에 걸쳐 에버글레이즈와 남부 플로리다의 보존을 주장했다. 1969년에는 '에버글레이즈의 친구들'이라는 단체를 만들어, 개발로 인해 플로리다 습지가 배수지가 되고 플로리다주의 자연경관이 위협받는 것에 반대하는 지역 정치 운동에도 참여했다.

마조리 더글러스

MARJORY DOUGLAS

기자로 사회생활을 시작한 마조리 더글러스는
이후 플로리다 에버글레이즈 보존 운동에 앞장서며
1947년에는 『에버글레이즈: 풀밭의 강』을 발간했다.

마을에서 남부 플로리다로 그리고 연방 차원의 입법에 이르기까지, 20세기 초 미국에서 여성들은 환경 변화를 이끈 주체였다. 레이첼 카슨의 선배들은 여성의 경험과 지식을 진지하게 받아들이면 어떤 일을 할 수 있는지를 보여줬다. 그러나 진보 시대의 자연 보존 운동은 추진력이 소진됐으며 새로운 페미니스트 운동은 환경운동이 동력으로 삼았던 '분리된 영역' 이데올로기를 버리려 했다. 더욱이 남성들은 자연에 대한 관심을 과학의 반대편에서 산업발전을 공격한다며 개혁 진영에 대항하였다. 심리학자이자 교육자인 스탠리 홀G. Stanley Hall은 "자연을 돌보는 것은 건전한 과학이 아니라 여성의 감정"이라고 주장했다. 산업의 솟아나는 연기를 남성성에 비유하고 그것에 반대하는 사람들을 여성적이고 감상적이라며 일축한 이들도 있었다.[21] 환경문제에서 여성들이 행사한 권위는 확실한 남성성으로 상징되는 기술적, 경제적 접근방식에 자리를 내줬으며 많은 여성이 환경단체의 지도자 자리에서 사임해야 했다.[22]

카슨은 1960년대 초 책을 펴내고 전문성과 관련해 공격을 받았다. 더글러스의 『에버글레이즈: 풀밭의 강』과 마찬가지로 카슨의 『침묵의 봄』은 과학서적이라기보다 자연에 대한 문학적 글쓰기에 더 가까웠다. 카슨을 반대하는 사람들은 그가 어떤 기관에도 소속돼 있지 않다는 점을 들며 화학이나 산업형 농업에 대해 문제를 제기할 수 없다는 근거로 삼았다. 카슨을 히스테리적이고 감정적으로 편협한 사람이라고 몰아부쳤다. 여성혐오적 고정관념 속에서 아마추어 취급을 받은 것이다. 그럼에도 불구하고 많은 과학자는 그의 연구가 타당하다고 여겼고, 연방정부와 대중들도 같은 입장이었다. 카슨은 1964년에 사망했지만, 환경에 대한 새로운 사고

방식을 심어줬다. 1967년 환경보호기금이 설립돼 DDT 사용 중지에 중요한 역할을 했으며, 뒤이어 1970년 리처드 닉슨 정부 때 환경보호청이 설립됐다.

카슨 이후 전 세계에서 여성이 주도하는 환경운동이 싹텄다. 그러나 '자연이라는 집'을 돌보는 사람으로 자리매김해온 여성의 역사를 보면, 여성들이 지금의 환경운동보다 훨씬 더 오랫동안, 더 다양한 방식으로 도시든 숲이든 환경을 더 안전하게 만들기 위해 노력해왔음을 알 수 있다. 가정에서부터 자연경관에 이르기까지 안전하고 건강한 환경을 옹호하고 자연을 대변해온 여성들의 전통은 우리 시대에도 이어지고 있다.

Supreme Court of the United States

No. 1 ---- , *October Term, 19* 54

Oliver Brown, Mrs. Richard Lawton, Mrs. Sadie Emmanuel et al.,

Appellants,

vs.

Board of Education of Topeka, Shawnee County, Kansas, et al.

Appeal from *the United States District Court for the* ----------------------

District of Kansas.

This cause *came on to be heard on the transcript of the record from the United States District Court for the* ------------ *District of* Kansas, ---------------

and was argued by counsel.

On consideration whereof, *It is ordered and adjudged by this Court that the judgment of the said* District ----------------- *Court in this cause be, and the same is hereby,* reversed with costs; and that this cause be, and the same is hereby, remanded to the said District Court to take such proceedings and enter such orders and decrees consistent with the opinions of this Court as are necessary and proper to admit to public schools on a racially nondiscriminatory basis with all deliberate speed the parties to this case.

Per Mr. Chief Justice Warren,

May 31, 1955.

Ew.

18장

과학의 딜레마

과학과 차별

1976년 봄, 뉴욕 노스사이드 아동발달센터 소장인 심리학자 마미 클라크Mamie Clark는 자신이 30년 전 설립한 바로 그 센터에서 인터뷰를 하고 있었다. 인터뷰어 에드 에드윈Ed Edwin은 클라크에게 아동 정신과 치료와 사회 봉사활동을 하는 센터의 목적에 대한 기본적인 질문을 했다. 이어서 클라크가 흑인과 백인이 분리돼 살던 아칸소주의 작은 마을에서 흑인 소녀로 자란 경험을 이야기하자 에드윈은 "누군가 린치*를 당했다는 소식을

* 린치(lynch)는 법적 절차 없이 개인이나 집단이 사적으로 가하는 폭력적인 형벌을 가리킨다. 미국 ⟶

⟵ '브라운 대 교육위원회 사건', 1954년 민권운동의 대표 사건이다.
미국 연방대법원은 인종에 따른 학교 분리는 위헌이라는 역사적 판결을 내렸다.

맨 처음 들었을 때가 기억나느냐"라고 물었다. 당시 59세였던 클라크는 여섯 살 무렵 리틀록 교도소 수감자들이 린치를 당한 이야기를 했다. 그 기억이 아직도 남아 있느냐는 질문에 클라크는 "지금도 그때의 감정이 느껴진다. 나는 아직도 그 공포를 느낄 수 있다"고 답했다.[1]

흑인을 '움직이는 재산'으로 봤던 노예제도와 짐 크로 법*으로 제도화된 인종차별은 20세기 후반의 50년 동안 흑인 여성 과학자들의 경험을 좌우한 중요한 요소였다. 차별과 린치의 생생한 경험은 개인의 삶은 물론 클라크 같은 여성 과학자의 삶에도 크게 드리워졌다. 그들의 연구에도 어렴풋한 기억으로 반영되곤 했다. 이미 젠더로 인해 과학 분야에서 소외된 흑인 여성들은 그에 더해 과학자, 엔지니어, 의사로 훈련받을 수 있는 충분한 교육 기회를 얻을 수 없었다. 이는 오늘날까지 왜 과학계에서 그들의 비중이 작은지를 설명해주는 핵심 요인이다.

인종이 분리된 학교에서 초등교육을 받은 클라크는 매일 아침 도시 반대편에 있는 학교에 가려고 백인 학생들을 스쳐 지나간 일을 얘기했다.[2] 클라크는 1934년 흑인대학인 워싱턴의 하워드대에서 장학금을 받고 수학과 물리학을 공부했다. 하워드대 같은 흑인대학(HBCU)은 주요 연구기관이 흑백으로 분리된 시기에 흑인들이 과학 교육에 접근하려면 필수적인 곳이었다. 하워드대는 클라크 같은 학생이 백인과 동등한 교육을 받을 기회를 줬다.

클라크는 하워드에서 후에 남편이 된 심리학과 학생 케네스 클라

→남부에서는 1960년대까지 백인 인종주의자들이 KKK 등의 조직을 만들어 흑인 주민을 폭행하거나 살해하는 일이 빈번했다.

* Jim Crow laws, 흑인을 백인과 분리시키고 제도적으로 차별한 미국의 인종주의적 법률들을 지칭하는 말.

크Kenneth Clark를 만났다. 케네스는 그에게 전공을 심리학으로 바꾸라고 권했다. 1938년 심리학과를 우등으로 졸업한 클라크는 찰스 휴스톤 법률사무소에서 일하며 여름을 보냈다. 그곳에서 그는 학교의 인종분리가 위헌이라는 '브라운 대 교육위원회' 사건*의 대법원 판결로 이어지게 될 여러 중요한 민권 이슈에 참여했다.[3] 분리 정책에 대한 소송을 준비하던 서굿 마셜Thurgood Marshall**을 비롯한 변호사들과 만난 것이 "가장 놀라운 학습 경험"이었다고 클라크는 말했다.[4] 그때 자신이 "흑인 차별이나 흑인에 대한 모든 모독감을 무너뜨려야 한다는 절박함"을 느꼈다고 했다.[5] 법률 사무소에서의 경험은 그가 콜럼비아 대학 대학원 과정에 진학하는 데에 영향을 줬다.

클라크는 아동발달과 정신 능력에 관한 박사 학위 논문을 쓰는 동안 남편과 공동 프로젝트도 시작했다. 이들의 공동 연구는 아이들의 인종 인식에 초점을 맞춘 것이었다. 이 연구는 아이들이 7세 무렵에는 이미 자신의 인종과 다른 인종을 구분한다는 사실, 본인의 인종주의적 인식이나 또래집단의 인식에 민감하게 반응한다는 사실을 보여줬다. 인종 분리된 학교에 다니는 아이들은 인종차별을 삶의 현실로 쉬이 받아들이는 반면, 통합 학교에 다니는 아이들은 불평등을 더 많이 의식하는 것으로 나타났다.[6] 클라크는 자신이 어릴 적 겪은 일을 말했다. 그의 아버지는 명망 있는

* Brown v. Board of Education, 미국 캔자스주 토피카에 살던 흑인소녀 린다 브라운(Linda Brown)과 가족은 집에서 멀리 떨어진 흑인 초등학교에 다니기 힘드니 가까운 백인 학교로 전학하겠다고 신청했으나 거부당한다. 이에 1951년 시 교육위원회를 상대로 소송을 제기했다. 1954년 연방대법원은 공립학교에서 인종 분리 교육을 규정한 남부 17개 주의 법이 불법이라는 역사적인 판결을 내렸다.

** 1908~1993. 미국의 법률가. 하워드대 로스쿨을 나와 인종차별에 맞섰으며 1967년 최초의 흑인 연방대법관이 됐고 1991년까지 재직했다. 미국 부통령 카멀라 해리스(Kamala Harris)는 2021년 1월 20일 취임하면서 서굿 마샬의 성경에 손을 대고 취임 선서를 했다.

사람이었고 상대적으로 혜택을 받고 살았지만, 일상적으로 차별을 경험해야 했다. "예를 들어 우리는 시외로 축구 경기를 보러 가려면 점심을 싸가야 했고, 우리가 쓸 화장실 시설을 찾아야만 했다."[7]

클라크의 가장 유명한 연구는 '인형 테스트'로, 흑인 어린이에게 피부색만 다른 똑같은 인형을 선물하고 어떤 인형이 좋은지 묻는 실험이었다. 인종 선호도를 평가하기 위해 그는 "가장 갖고 싶거나 가장 좋아하는 인형을 주세요"라는 지시문을, 인종적 자기 인식을 보기 위해서는 "당신과 닮은 인형을 주세요" 같은 질문을 고안했다.[8] 그 결과 대다수 흑인 어린이가 피부와 머리카락 색이 밝은 인형을 선호하는 반면, 피부와 머리카락이 어두운 인형에는 부정적인 속성을 부여하는 것을 발견했다. 연구 결과는 1947년 출판돼 민권 소송과 관련한 사회과학자들의 증언에 반영됐다. 전미유색인지위향상협회*는 1954년 대법원의 '브라운 대 교육위원회' 판결에 대한 자료를 내면서 이 연구를 인용했다.[9]

클라크의 삶과 일은 민권운동과 깊이 얽혀 있었다. 컬럼비아 대학에서 그의 지도교수였던 헨리 개럿Henry Garrett** 은 클라크의 연구 결과를 근거로 삼은 통합교육 판결들에 반대했다. 클라크는 박사 학위를 받은 후에도 걸맞은 일자리를 찾기 어려웠다. 클라크는 1946년 노스사이드 아동발달센터를 만들고 자신만의 기회를 만들어갔다. 센터는 당시 할렘에서 흑인 아이들의 정신건강을 진료하는 유일한 기관이었다.

* National Association for the Advancement of Colored People, 1909년 결성된 미국 최대의 흑인단체.

** 1894~1973. 미국 심리학회 회장을 지낸 심리학자. 인종주의 우생학을 지지하면서 흑인들은 백인들에게 열등감을 느낀다고 주장했으며 인종 분리를 옹호했다. 대법원의 '브라운 대 교육위원회' 판결이 나오자 "의식의 저하와 분열을 가져올 것"이라며 맹렬히 비난했다.

클라크의 고등교육 경험은 이례적이다. 그는 컬럼비아 대학 최초의 흑인 여성 박사였고, 미국에서 심리학 박사 학위를 받은 최초의 흑인 여성이었다. 하지만 다른 면에서 그는 20세기 중반에나 지금이나 미국 과학계에서 '흑인'과 '여성'이라는 이중의 굴레에 속박된 흑인 여성 과학자의 전형이기도 하다.

인종과 성별, 이중의 구속

1975년 미국과학진흥협회(AAAS) 주최로 '이중구속: 소수자 여성으로서 치르는 대가'라는 이름의 소규모 학회가 열렸다. 과학계에서 소외된 여성들 스스로 개최한 회의였다. 목적은 흑인 등 유색인종 여성 과학자의 근무 경험 정보를 모으고, 교육이나 직업의 기회 또는 정책을 개선할 권고안을 만드는 것이었다. 주최 측은 회의록에서 "이 회의에서 우리가 할 일은 분명하다. 우리가 어떻게 성공했으며 어떤 사람들은 왜 뒤처지는지 그 이유를 알고 싶다. 우리의 자매들이 지금까지 어린 시절의 개인적, 사회적 문제들을 어떻게 다뤄왔는지 알고 싶다"고 밝혔다.[10]

학회에서 나온 주된 내용 중 하나는 회의록에 "소수자 여성"으로 표기된 대부분의 흑인 여성이 과학계의 여성 조직화나 1960년대 후반에서 1970년대에 일어난 더 큰 규모의 여성운동에서조차 소외됐다는 것이었다. 이런 활동들이 "주류" 백인 여성들의 경험에 초점을 맞췄기 때문이다.[11] 회의 참가자들은 어린 시절부터 초등교육, 대학과 대학원, 전문직에 이르기까지의 경험을 나누면서 인종이나 민족이 성별과 교차하는 방식과 과학에 대한 관심이 삶을 어떻게 바꿨는지에 주목했다. 참석한 이들

> 이미 젠더로 인해 과학 분야에서 소외되던 흑인 여성들은
> 그에 더해 과학자, 엔지니어, 의사로 훈련받을 수 있는
> 충분한 교육 기회를 얻을 수 없었다.
> 이는 오늘날까지 왜 과학계에서 그들의 비중이
> 작은지를 설명해주는 핵심 요인이다.

중 나이가 많은 대부분의 흑인 여성들은 어렸을 때 흑백으로 분리된 학교에 다닌 사람들이었다. 이들은 "건물도 책도 제대로 갖춰지지 않은 채 공부를 했지만, 대부분의 학생들은 다른 학교가 어떤지 몰랐기 때문에 그런 차이를 알지도 못했다"고 했다. 심지어 통합 학교에서도 흑인 학생에 대한 교사들의 기대치가 낮은 경우가 많았다.

과학은 여자아이들에게 적절하거나 합리적인 직업으로 여겨지지 않던 시기였기 때문에 과학에 관심을 보인다는 것 자체가 또래와 두드러진 차이였다고 많은 여성은 밝혔다. 학회 보고서는 바로 이런 점이 회의에 참석한 많은 여성이 평생 과학 분야에서 고립감을 느낀 이유였다고 분석했다. "이 젊은 여성들이 고등학교를 마칠 무렵에는 과학에 관심을 가졌다는 것 자체가 이미 그들의 삶에 차별성이라는 패턴을 굳게 새겨놓았다."[12] 참석자들은 이러한 차이가 비백인과 여성에 대한 상호 연결된 억압의 산물이라는 점을 언급했다. 또 "외로움, 전통적인 직업을 택하고 결혼하고 그 시대 젊은이로 살아가거나 그 안에 다시 속해야 한다는 압박 그리고 문화적 역할 기대를 충족시켜야 한다는 부담은 계속됐다."[13]고 했다.

고등교육을 받은 유색인종 여성의 경험은 흑인대학에서 교육을 받

은 여성과는 다른 성격을 띠었다. 1975년 '이중구속' 학회에서 보고된 것처럼 흑인대학은 미국에서 흑인 과학자를 배출하는 주요한 기관이었다.[14] 2004년을 기준으로 흑인대학은 미국 대학의 1퍼센트에 불과했지만 1994~2001년 흑인이 받은 이공계 학위의 거의 30퍼센트가 흑인대학에서 나왔다.[15] 과학사학자 올리비아 스크리븐Olivia Scriven은 19세기에 주류 대학으로 진학이 금지된 흑인들의 교육을 위해 흑인대학 같은 기관들이 세워지기 시작하면서 흑인 과학자 배출에 중요한 역할을 했다고 썼다. 미국 사회에서는 흑인의 '적절한' 지위에 대한 백인 우월주의적인 관념이 흑인들의 교육을 규정해왔으며, 흑인대학이 배출한 흑인 과학자가 많은 것도 이런 사회문화적 요인들의 복잡한 상호작용이 낳은 결과였다.

스크리븐은 백인 학생들에게는 과학이나 공학에서 학위를 받고 경력을 쌓는 것이 중시되던 나라에서, 심지어 과학자를 키우는 것이 국익과 연결되던 시기에도 흑인을 위한 과학교육이 구조적으로 어떻게 저평가돼왔는지 추적했다.[16] 제2차 세계대전 이후 미국에서 엔지니어이자 과학 행정가인 버니바 부시Vannevar Bush*는 과학과 공학 교육을 국가의 우선순위로 놓고 연방 예산을 늘려야 한다고 주장했다. 1958년 국방교육법에 따라 연구능력을 갖춘 기관들에 자금이 흘러갔으며, 여자대학들은 그동안의 연구 프로그램 경력으로 더 많은 자금을 지원받을 수 있었다. 그러나 흑인대학들은 만성적인 재정난으로 발전이 가로막혀 있었다.[17] 흑인 여성들은 여대를 포함해 백인들의 대학으로부터 배제된 까닭에, 과학을 공부하려면

* 1890~1974. 2차 세계대전 당시 국립국방연구위원회(National Defense Research Committee)와 과학연구개발국을 이끌면서 핵무기 개발계획인 맨해튼 프로젝트 등을 추진하고, 과학기술을 전쟁에 응용하기 위한 연구를 이끌었다. 토마호크 미사일을 만드는 미국의 대표적인 군수회사 레이시온(Raytheon Technologies)의 공동창업자이기도 하다.

대부분 흑인대학으로 향했다.

남북전쟁 뒤 흑인대학이 세워지기 시작할 때 흑인대학에서 어떤 교육을 제공해야 하는지를 놓고 논쟁이 벌어졌다. 백인 분리주의자들은 흑인을 '본연의 영역'에 머물도록 하려면 흑인들이 서비스업에 종사할 준비를 하도록 실용적인 교육을 받아야 한다고 주장했다.[18] 흑인 지도자들도 흑인들에게 가장 유용한 교육이 무엇인지를 논의했는데, 주로 흑인이 서비스 등의 산업 분야로 가지 않으려면 과학·공학과 고전적인 교양과목 중 어떤 것이 준비 과목으로 더 나을지에 대한 것이었다.[19] 또 다른 복합적인 요인은 많은 흑인대학이 실제로는 종종 선교사나 종교 단체의 선교 수단으로서 백인에 의해 설립되고 운영됐다는 점이다. 백인 침례교 선교사 2명이 노예 출신 흑인 소녀들을 위한 신학교로 설립한 조지아의 스펠먼 대학이 그런 예다.

흑인대학의 과학교육

플레미 키트렐Flemmie Kittrell(1904~1980)은 노스캐롤라이나주의 소작인 가정에서 태어나 가사도우미로 일하다가 버지니아의 햄프턴 인스티튜트에서 학사 학위를 받았다. 이 학교는 스펠먼 대학과 마찬가지로 남북전쟁 이후 해방된 흑인들을 교육하기 위해 선교사들이 세운 사립학교였다.

키트렐은 장학금을 받고도 모자라는 학비를 메우려고 학교에서 잡일을 했다.[20] 졸업 후에는 노스캐롤라이나의 베넷 대학으로 갔는데, 뒤에 이 학교의 학생처장과 가정학과 학과장을 지내기도 했다. 베넷에서 대학원에 진학하라는 권유를 받았으나 코넬 대학으로 옮겨서 1930년 가정학 석사 학위를, 5년 후엔 박사 학위를 받았다.[21] 미국에서 아프리카계 여성이 가정학 박사가 된 것은 키트렐이 처음이었다.[22]

클라크와 마찬가지로 키트렐도 대학원 과정을 밟으며 아동발달에 점점 관심을 두게 됐다. 그의 석사, 박사 학위 논문은 고향인 노스캐롤라이나의 가정생활을 조사 연구한 것이었다. 박사 논문은 작은 지역 사회의 젖먹이 관습에 초점을 뒀다.[23] 그는 가족 내부의 역학과 가정학에 관심을 갖게 된 배경을 설명하면서, 그가 열다섯 살이던 1919년 아버지가 세상을 떠난 뒤 어머니가 집안을 돌보는 것을 보며 "자녀들은 확실히 언제나 배우고 있다"는 것을 알게 됐다고 말했다.[24] 그는 국가의 기본단위로 가족의 중요성을 강조하고 가정생활의 완벽성이 큰 영향을 미친다고 보는 전통적인 가정학 안에서 교육을 받았다.[25]

1938년 키트렐이 베넷 대학에 왔을 때 신생학과였던 가정학과에 교수는 한 명뿐이었고 실험실은 형편없는 수준이었다. 2년 뒤 키트렐은 강사를 더 많이 뽑고 학생들이 가사와 가정학의 원리를 직접 체험할 수 있도록 실험실을 비롯한 시설을 개선하며 학과를 키웠다.[26] 키트렐은 1940년 햄프턴으로 돌아갔다. 당시 햄프턴은 군 훈련병을 받아 가르치고 있었고, 키트럴은 '전시 노동'*을 맡았다.[27] 1944년부터는 하워드대에서 근무를 시작해 이후 30년간 이 학교에 몸을 담았다.

키트렐은 하워드 대학에서 가정학과 학과장으로 일하면서 교육 프로그램과 시설을 실질적으로 재정비하고, 교육과정에 아동발달을 통합했다. 또 영양과 발달을 연구하는 일종의 실험실 역할을 할 유치원을 만들었

* 제2차 세계대전 당시 남성들이 대거 징집병으로 전쟁에 나가면서 산업시설에 공백이 생기자, 미국 정부는 여성들이 군수업체 등에 나가 일하게 독려했다.

다.[28] 간호대 학생들도 학과를 돌며 아이들과 어울리고 식이요법과 영양학을 공부하는 경험을 쌓았다.[29]

키트렐은 또 1950년대에 해외 봉사활동에 깊이 관여해 인도와 아프리카 여러 곳을 방문해 가정학을 가르치고 대학 교육과정을 개설하는 작업을 했다. 이 가운데 일부는 미국 교육과 과학의 우수성을 입증하기 위한 이데올로기적인 도구로 국무부의 후원을 받았다. 역사가 앨리슨 호록스Allison Horrocks가 주장한 것처럼 키트렐을 비롯한 흑인 학자들은 "미국 교육체제의 성공사례였기에 이런 임무를 수행하도록 임명됐다."[30]

1975년 미국과학진흥협회의 '이중구속' 학회 보고서는 과학계 흑인 여성들의 역사에 이정표가 됐다. 노예제와 백인 우월주의의 유산이 지배하는 사회에서 자신들이 벌여야 했던 투쟁을 보여주며 조직적으로 목소리를 낸 것이었기 때문이다. 회의록에는 과학계 안팎의 페미니스트 운동이 백인 위주로 진행되면서 흑인 여성 과학자들이 배제된 것에 대한 의미 있는 비판도 제기됐다. 그러나 소외된 여성의 경험을 이야기하려는 자리에서조차 많은 이들이 삶과 직업에서 인종차별이 어떤 역할을 해왔는지를 제대로 설명하기 힘들어했던 것 또한 분명한 사실이었다. 언제나 인종차별이 그들 뒤에 배경처럼 존재했던 탓이었다. 보고서는 "인종차별의 양상과 그 결과는 본질적으로 그들의 삶의 일부였기 때문에, 이 여성들은 특정한 경험적 맥락이 아니라면 인종차별 현상 자체를 토론하는 데에는 시간을 쓰지 않았다"고 적었다. 마미 클라크는 어린 시절 마을을 뒤흔든 린치 사건을 언급했지만, 백인 우월주의는 이 여성들에게는 세상의 구조만큼이나

당연했으며 이런 인식이 학회에서도 그대로 드러났다. 민권법이 통과된 지 10년이 지난 1970년대에도 과학계에서 안정적으로 경력을 쌓은 흑인 여성이 그토록 적었다는 것은 운명에 따른 우연이거나 그들의 관심이 부족해서가 아니었다. 20세기의 미국 사회와 과학에 내재된, 그리고 지금도 여전한 구조적 억압과 방해물 때문이었다.

마미 클라크

1917년 4월 18일~1983년 8월 11일

마미 클라크는 흑인 아동발달을 전공한 미국의 사회심리학자다. 1934년 하워드 대학에서 수학을 전공하고 물리학을 부전공했지만, 남편 케네스 클라크를 만난 뒤 심리학으로 전공을 바꿨으며 학부를 우등으로 졸업했다. 석사 논문 〈취학 전 흑인 아동의 의식 발달〉에서는 흑인 아이가 자신의 인종을 인식하는 연령을 조사해, 서너 살의 사내아이들은 이미 뚜렷한 인종 인식을 드러냄을 보여줬다.

1943년 클라크는 컬럼비아 대학에서 심리학 박사 학위를 받았다. 컬럼비아에서 최초로 박사 학위를 받은 흑인 두 사람이 클라크와 남편 케네스였다. 그는 또 줄리어스 로젠월드 펠로십의 지원을 받아 케네스와 함께 유명한 '인형 테스트'를 시작했다. 흑백이 분리된 학교의 흑인 아이들은 검은 머리에 갈색 피부를 한 인형을 버리거나 부정적인 특징을 부여하는 반면에 흰 피부에 노란 머리를 가진 인형을 선호하는 것으로 나타났다. 이 연구는 학교에서의 인종차별이 흑인 아이들에게 매우 나쁜 영향을 미친다는 것을 보여줬다.

이 연구에 기반해 클라크와 케네스는 남부의 여러 학교에서 일어난 인종 분리 관련 사건에서 증언했다. 무엇보다 케네스는 1954년 대법원의 '브라운 대 교육위원회' 사건에서 자신의 연구를 바탕으로 학교 통합을 주장했다. 대법원 판결에 사회과학이 활용된 것은 이때가 처음이었다.

1946년 부부는 뉴욕의 유일한 흑인 아동 정신보건 기관인 노스사이드 아동발달센터를 설립했다. 1983년 '100명의 흑인 여성 전국연합'은 그에게 인도주의를 실천한 공로로 캔데세상*을 수여했다. 클라크는 1983년 폐암으로 사망했다.

* Candace Award, '100명의 흑인 여성 전국연합'이 1982~1992년 운영했던 상. 고대 에티오피아에서 여성 지배자를 가리키는 말인 캔데세에서 이름을 따왔다.

19장

우주비행사를 넘어

우주로 간 최초의 여성

1963년 늦봄, 소련의 우주비행사 발렌티나 테레시코바Valentina Tereshkova (1937~)는 여성 최초로 우주 비행을 했다. 테레시코바는 모스크바에서 북동쪽으로 약 250킬로미터 떨어진 볼가강 근처의 마슬레니코보에 있는 집단농장에서 자랐다.[1] 젊은 시절에는 공산주의청년연맹의 회원이었고, 아마추어로 열심히 낙하산을 탔다.[2] 테레시코바는 1961년 게르만 티토프Gherman Titov가 보스토크2호 비행을 한 이후 우주비행사 프로그램에 지원했다.[3] 그는 다른 여성 네 명과 함께 후보로 뽑혀 젤레니의 우주비행사

← 1988년 플로리다 케네디우주센터에서 우주 왕복선 디스커버리호가 출발하고 있다.

훈련센터*에서 훈련을 받았다. 테레시코바가 낙하산을 타 본 경험이 있다는 것이 선발 이유 중 하나였다. 소련의 보스토크 우주선은 지구로 귀환할 때 낙하산을 이용했는데, 착륙 전에 우주비행사가 기체 밖으로 뛰어내려야 했다.[4] 테레시코바는 1963년 6월 16일부터 3일 동안 보스토크6호의 비행을 성공적으로 마쳤고 곧바로 러시아에서 찬사가 이어졌다.

소련 언론과 우주개발 당국은 테레시코바의 비행이 소련에서 여성의 지위가 높다는 확실한 증거라고 강조했다.[5] 그러나 여성에 대한 순수한 진보적 신념에 따라 그가 우주로 나갈 수 있었던 것은 아니었다. 여성을 훈련시켜 우주 비행에 투입한 것은 소련의 정치적 결정이었다. 우주비행사 프로그램을 감독한 공군 총사령관은 1961년 여성이 결국 우주를 비행하게 될 것이니 조만간 훈련을 받아야 한다는 사실을 강조하면서 "어떤 경우에도 우주로 나간 최초의 여성이 미국인이어서는 안 된다. 이는 소련 여성의 애국심을 모욕하는 것"이라고 했다.[6]

1960년대 초 미국과 소련의 냉전 경쟁은 극에 달했다. 1962년 미국은 소련의 핵미사일이 미국 해안에서 불과 150킬로미터 떨어진 쿠바에 배치됐다는 걸 알았다. 그러나 핵전쟁의 실존적 위협은 양측의 교착상태에서 벌어진 일들 가운데 극히 일부일 뿐이었다. 냉전 이데올로기는 과학기술 전반, 특히 우주 비행 분야에 광범위한 영향을 미쳤다. 이른바 '우주 경쟁'은 1957년 소련이 최초의 인공위성 스푸트니크 1호를 발사하면서 시작됐다. 우주 비행은 소련에게 기술혁신을 통해 사회주의 이념의 우월성을 보여주는 수단이었다. 소련에 뒤지지 않기 위해, 세계가 미국과 자본주의

* 현재의 공식 명칭은 최초의 우주 비행을 한 소련 비행사 유리 가가린(Yuri Gagarin)의 이름을 딴 '유리 가가린 우주비행사 훈련센터'다.

경제 체제를 취약하다고 보지 않도록 미국은 재빨리 소련에 필적할 우주 계획을 세웠다.

테레시코바의 우주 비행은 이러한 국제정치 속에서 벌어진 한 장면이었다. 미소의 갈등 속에서 샐리 라이드Sally Ride(1951~2012)*를 비롯해 미국뿐 아니라 유럽, 일본, 인도, 중국의 여성 우주비행사들이 테레시코바의 뒤를 이어 우주로 날아갈 터였다. 그러나 여성 우주비행사들이 주목을 받은 것은 워낙 눈에 띄는 존재였기 때문일 뿐이며, 국가의 우주 프로그램을 거쳐간 수많은 여성 중 소수에 불과했다. 우주 비행과 관련된 일을 평생의 직업으로 삼은 여성들은 사무직에서 식품과학자에 이르기까지 다양한 분야에 걸쳐 수만 명에 달했다.

우주에 관련된 일에 여성은 어울리지 않다고?

플로리다에 있는 미국 항공우주국(NASA) 케네디우주센터에서 발행되는 『스페이스포트뉴스Spaceport News』는 샐리 라이드가 역사에 남을 우주 비행에 나서기 20년 전인 1963년 6월 여성들이 미국의 우주 프로그램에 어떤 공헌을 했는지를 다룬 특별판을 발행했다.[7] 기사는 케네디우주센터에서 여성들이 하는 여러 가지 일을 언급했지만, 그 나흘 전 최초의 여성 우주비행사가 된 러시아의 테레시코바에 대한 뉴스만큼 흥미를 끌지는 못했

* 미국 최초의 여성 우주비행사. 1983년 우주왕복선 챌린저호를 타고 지구 밖으로 나감으로써, 옛소련의 테레시코바(1963년)와 스베틀라나 사비츠카야(Svetlana Savitskaya, 1982년)에 이어 인류 역사상 세 번째로 우주 비행을 한 여성이 됐다.

다. 그럼에도 NASA에서 일하는 여성들은 존경받을 만하다고 신문은 적었다. "우주개발처럼 고도의 기술이 필요하고 전문화된 분야"에서 "비서, 서무, 타자수 등은 상대적으로 평범한 일을 하고 있으나 이러한 업무는 상사의 부담을 덜어주어 더 중요한 일에 집중할 수 있게 해준다"는 것이다.[8]

미국에서 우주 비행 초기에 나타난 사무직 노동자를 향한 이런 경솔한 태도는 엔지니어와 군인, 관료가 주도한 우주 프로젝트의 전형적인 특징이었다. 여성들은 훈련받은 과학자나 엔지니어 남성들을 위해 필기를 하고 전화를 받는 부속품으로 여겨졌다. '여성 계산원'의 사례에서 보이듯이 '기술적'인 작업이 무엇인지를 정하는 기준은 자의적이었고, 실제 어떤 기술적인 특징을 가진 노동인지보다는 어떤 성별이 그 노동을 하느냐에 따라 정해졌다.[9] 기술적인 일인지 그렇지 못한 일인지를 구분하는 관행 탓에 여성은 과학의 역사와 우주 비행의 역사에서 늘 소외돼왔다.

지역 신문 『케이프사이드인콰이어러Capeside Inquirer』는 케네디우주센터의 사무직 노동자들을 인터뷰했는데, 이 기사가 『스페이스포트뉴스』에도 그대로 실렸다. 이 기사에서 기자는 여성들에게 "자신의 성별에 따라 우주개발계획을 가장 잘 도울 방법이 무엇이라고 생각하느냐"고 묻는다. 여성도 남성처럼 자신에게 주어진 일을 하면서 우주계획에 기여하고 있다는 생각 자체가 없었던 것이다. 1960년대에 여성 수만 명이 NASA나 그 하청 업체에서 일했지만, 이들의 업무는 행정직 혹은 '핑크 컬러* 노동' 따위로 규정됐고 그들의 이야기는 잊혀졌다.[10]

* 전통적으로 '여성들의 일'로 분류되던 직종, 직업을 가리키는 표현.

NASA의 여성 과학자와 엔지니어들

행정직이 아니라 '기술직'에 종사한 여성들조차 몇 안 되는 여성 우주비행사들에 가려지곤 했다. 계획을 설계한 사람들이나 엔지니어들은 우주비행사를 우주 비행이라는 복합적 기술 중에서 세심한 유지와 관리가 필요한 요소로 여겼다. 리타 랩Rita Rapp(1928~1989)은 오하이오주에서 태어난 생리학자로, 고중력가속도 비행을 할 때의 생물의학적 특징을 연구한 전문가였다. 랩은 1953년 세인트루이스 의대 졸업 후 라이트 패터슨 공군기지 항공의학연구실에서 일하면서 중력가속도가 신체의 순환계에 미치는 영향을 연구했다.[11]

1960년대 초 NASA에 합류한 그는 우주 비행으로 신체에 나타나는 문제를 해결하고, 우주비행사가 궤도 비행 중 수행할 실험을 개발했다. 그는 아폴로호의 식량개발 팀에서 일했던 것으로 유명하다. 우주비행사의 식사를 저장할 방법을 연구하고, 초창기 튜브에서 짜 먹는 수준에서 식사 도구를 써서 먹을 수 있게 했다.[12] 랩은 한 저널리스트에게 "음식을 하드웨어로 보는 것, 음식을 우주선에 탑승할 수 있게 하는 것이 내 일"이라고 설명했다.[13] 랩은 1989년 사망하기 전까지 NASA에서 일하며 우주 의학에 관한 논문 수십 편을 썼다.[14]

우주 비행의 한 구성 요소인 '인체'를 유지하고 관리하기는 쉽지 않은 일이었고, 의학의 새로운 전문분야인 항공우주의학이 필요했다. 디 오하라Dee O'Hara(1935~)는 1961년 간호사로 머큐리 계획에 합류하면서 NASA 항공우주 의료팀에 속했다. 1935년 아이다호주에서 태어난 오하라는 1959년 중위로 공군에 입대하기 전 오리건주에서 간호사 교육을 받았다.[15] 오하라는 플로리다주의 케이프커내버럴에 있는 패트릭 공군기지

리타 랩
RITA RAPP
생리학자 리타 랩은
1960년대 NASA에서
아폴로호의 우주비행사를 위한
식품 보관 시스템을 개발했다.

발렌티나 테레시코바 VALENTINA TERESHKOVA
발렌티나 테레시코바는 1963년 보스토크6호를 타고 거의 3일간의 비행을 마친 후
소련의 영웅이 되었다. 그는 여성 최초 우주비행사다.

에서 근무했는데, 이 기지는 공군 발사시설의 바로 남쪽에 위치했다. 뒤에 이 기지는 NASA의 케네디우주센터로 통합된다. 오하라는 1960년 인간의 우주 비행에 필요한 항공의학 연구실 설립을 도우면서 NASA 임무를 시작했다.[16] 간호사로 의사와 함께 신체 상태를 모니터하고 전문 의료 테스트를 실시하며 우주 비행 준비를 확인했다.

오하라는 케네디우주센터의 유일한 간호사이자 몇 안 되는 여성이었지만, 그로 인해 개인적으로 고립감을 느끼지는 않았다고 회상했다. 2002년 그는 "케이프커내버럴은 완전히 남성들만의 세계였다"면서 "비서 몇 명을 빼면 격납고S의 내가 유일한 여성이었고 전부 남성들뿐이었지만 한 번도 차별을 받거나 불편하진 않았다"고 말했다. 그는 자신이 "예민한 스타일은 아니다"라면서 "NASA에서 우주비행사, 엔지니어, 행정직의 관계는 모두 괜찮았다"고 주장했다.[17] 그러나 미국의 우주계획 초창기에 투입된 여성은 소수에 불과했고, 오하라가 간호사로 만난 사람들 가운데 여성 우주비행사는 없었다.

미국 여성, 우주를 날다

미국 여성이 마침내 우주비행사로 임무에 합류한 것은 최초의 남성 우주비행사 7명이 선발된 지 19년이 지난 1978년이었다. 이들은 8기 그룹에 포함되었다.[18] 이 그룹은 우주비행사들이 새 우주왕복선의 운영에 맞춰 조종사와 임무전문가로 나뉘어져 있었다. 8기 그룹의 여성들은 모두 임무전문가들이었다. 애너 피셔Anna Fisher, 섀넌 루시드Shannon Lucid, 주디스 레스닉Judith Resnik, 샐리 라이드Sally Ride(277쪽 참조), 레아 세든Rhea Seddon, 캐서린

설리번Kathryn Sullivan이 그들이다. 설리번은 여성 6명과 비백인 남성 3명을 가리켜 "9명의 이방인들"이라 불렀다.[19]

1970년대 후반 NASA 우주비행사에 여성이 합류하자 새로운 문화적, 기술적, 정치적 변화가 뒤따랐다. 거대한 관료체제에다 남성이라는 '인체 시스템'을 중심에 두고 설계된 유능한 준準군사조직이었던 NASA가 변화하기는 쉽지만은 않았다. 여성 우주비행사들은 선발 자체로 주목을 받았고 취재가 금지된 지역에서조차 기자들에게 노출돼 훈련에 방해를 받았다.[20] 훈련 대부분은 텍사스주 휴스턴의 존슨우주센터에서 이뤄졌는데, 이곳을 벗어나 현장학습을 갈 경우 NASA는 혼성 우주비행사들의 사생활을 보호하기 위해 세심하게 주의를 기울였다.[21] 역사가 에이미 포스터Amy Foster는 NASA의 엔지니어나 과학자들이 함께 일한 여성은 주로 행정직이었기 때문에 지위가 동등하거나 유명한 여성이 NASA에 들어온 것이 어떤 이들에게는 적응하기 쉽지 않은 변화였다고 지적했다.[22]

우주비행사들이 사용하는 물리적 공간도 여성을 받아들이기 위해 바뀌어야 했다. 존슨우주센터의 체육관에는 여성 탈의실이 없었고 우주비행사에게 제공되는 운동복 목록에는 스포츠 브라가 포함돼 있지 않았다.[23] 캐럴린 헌툰Carolyn Huntoon*은 우주비행사 선발위원회에 여성으로는 처음으로 참여했다. 8기 그룹을 선발할 당시 이미 NASA의 연구원이었던 그는 여성을 받아들이기 위해 NASA의 시설과 규약을 바꾸는 과정을 감독했다. 그는 여성 우주비행사들을 조용히 대변하면서 그들을 대하는 태도가 달라지는 것을 지켜봤고, 성과에 대한 기대에서부터 복장 규정에 이르

* 1940~. 과학자이자 행정가로, 1994~1996년 존슨우주센터에서 첫 여성 소장으로 재직했고 1999~2001년에는 에너지부 차관보를 지냈다.

기까지 여성에게 이중 잣대를 들이대는 것을 항상 경계했다.[24]

여성 우주비행사들이 합류하면서 우주 비행 기술이 남성 우주비행사를 전제로 설계됐다는 점이 부각됐다. 1970년대 말 NASA와 우주복 제작을 계약한 업체는 우주 유영복을 여성 우주비행사들에게 잘 맞도록 다시 디자인했고 작은 사이즈를 만들었다. 그러나 우주복 위쪽은 딱딱한 재질이라 남성보다 대개 어깨가 좁고 상체 근력이 약한 여성이 우주 유영을 하기에는 너무 크고 무거웠다. 그래서 여전히 여성들은 우주 유영 임무에서 사실상 배제됐다.[25] 실제로 여성 우주비행사들끼리만 우주 유영에 나선 것은 소련 우주비행사 알렉세이 레오노프Alexei Leonov가 남성 최초로 우주 유영을 한 지 54년만인 2019년 10월이었다.

개인 신상이 쉬이 대중들에게 알려지는 까닭에 유명해진 여성 우주비행사들도 있었지만, 그들이 이룩한 업적은 보통 우주 비행이라는 사건 자체에 가려지곤 한다. 메이 제미슨Mae Jemison(1956~)은 우주를 비행한 최초의 아프리카계 미국인 여성이다. NASA에 합류하기 이전 그는 이미 엔지니어이자 현직 의사였다. 앨라배마주에서 태어나 시카고에서 자랐고, 시카고에서 고등학교를 나왔다. 스탠포드 대학교에 들어가 1977년 화학공학 학위를, 아프리카와 아프리카계 미국인 연구로도 학위를 땄다. 1981년 코넬대에서 의학박사가 됐고 이듬해 로스앤젤레스의 서던캘리포니아대학병원에서 인턴으로 일했다.

1980년대 초반 제미슨은 미국평화봉사단 의무관으로 서아프리카의 의료 활동을 총괄했고 질병통제센터와 백신 연구를 수행했다. 1985년 미국으로 돌아와 의사로 일했고, 기술을 쌓기 위해 공학 수업을 들으면서 우주비행사 프로그램에 지원했다. 1987년 12기 그룹에 선발된 그는 1992년 미국과 일본의 우주실험실 협력 임무전문가로 엔데버호에 탑승해 우

무카이 치아키
MUKAI CHIAKI

무카이 치아키는 우주에 간
최초의 일본인 여성 의사이다.
1992년 우주왕복선
엔데버호에 탑승했다.

메이 제미슨 MAE JEMISON

의사이자 엔지니어인 메이 제미슨은 우주 왕복선 엔데버호를 타고
190시간 이상 비행한 최초의 아프리카계 미국인 여성이다.

주로 향했다. 제미슨은 우주에서 190시간 이상을 보냈다.[26]

제미슨의 비행 당시 예비 승무원이었던 무카이 치아키向井千秋(1952~)는 일본 최초의 여성 우주비행사다. 군마현 다테바야시에서 태어나 1977년 게이오대 의대에서 학위를 취득하고 생리학으로 두 번째 학위를 받았다. 1980년 일본 외과협회의 인증을 받은 심혈관 외과 의사가 됐고 1985년까지 여러 병원에서 근무하다 일본 우주개발사업단의 우주비행사로 선발됐다. 무카이는 컬럼비아호 임무에 참여해 두 차례 우주 비행을 했다. 566시간에 달하는 우주 비행 동안 그는 궤도에서 의료 실험을 했고, 태양을 관찰하는 스파르타 우주선을 포함한 여러 연구 장비를 관리하는 업무를 했다.[27]

비록 눈에 띄지는 않았지만, 여성들은 과학적, 기술적, 의학적, 행정적 측면에서 초창기부터 우주 비행에 꾸준히 참여해 왔다. 1963년 테레시코바가 역사적인 비행을 한 지 불과 며칠 뒤 유명 사진잡지 『라이프』는 우주 경쟁에서 미국과 소련 간 명백한 격차가 있다는 신랄한 내용의 사설을 실었다. 글을 쓴 클레어 루스Clare Luce*는 "소련은 왜 여성 우주비행사를 우주로 보냈을까"라 물으며 "미국 남성이 이 질문에 대한 답을 찾지 못했다는 것이 냉전에서 가장 값비싼 실수임이 입증될 것"이라 적었다. 테레시코바

* 1903~1987. 미국의 언론인, 작가, 정치가. 정치적으로는 극히 보수적이었으며 강경한 반공산주의자였다. 남편 헨리 루스는 시사주간지 『타임』과 사진잡지 『라이프』, 경제전문지 『포춘』 등을 발행한 유명 언론인이었다.

> 여성이 우주 비행에 나선 것은
> 여성들의 거대한 투쟁을 보여주며,
> 20세기 과학기술에 참여해
> 정치적 이해관계를 반영할 기회를 만든 것도
> 여성 스스로 쌓아온 역사였다.

의 비행은 단지 홍보를 위해 "성별을 이용한 자극적인 광고"일 뿐이며 러시아가 여성을 우주개발계획에 이용하는 것이라 비난하는 사람들도 있었다. 그러나 루스는 이러한 주장을 일축하면서 소련이 여성 우주비행사에게 보여준 헌신적인 모습이 사회주의가 여성의 진보에 크게 기여하는 현실을 반영한다고 주장했다.

저명한 보수 정치평론가이자 잡지 발행인인 헨리 루스Henry Luce의 아내인 루스의 이 같은 입장은 공산주의가 자본주의보다 더 많은 사람에게 봉사하고 더 많은 사람을 활용하기 때문에 위협이 될지 모른다는 두려움과 맥을 같이 한다. 루스는 우주계획에 여성을 얼마나 참여시키는지가 냉전 시대에 어느 사회가 더 진전됐는지를 보여주는 바로미터라고 보았다. 그에 따르면 테레시코바의 우주 비행은 "우주 정복의 영광을 (미국 여성처럼 수동적으로 받아들이는 게 아니라) 적극적으로 함께 나누는 러시아 여성을 상징"하는 것이었다.

루스의 주장처럼 여성이 우주 비행에 나선 것은 여성들의 거대한 투쟁을 보여주며, 20세기 과학기술에 참여해 정치적 이해관계를 반영할 기회를 만든 것도 여성 스스로 쌓아온 역사였다. 여성들은 NASA의 우주 프로그램처럼 '남성의 세계'인 첨단기술 분야에서 늘 소외됐고 권위 있는 분야에 도전할 기회를 얻지 못했다. 미국 사회에서 그들의 정치적 지위는 늘 논쟁거리였고, 논쟁에 휘말리면 무력하게 물러나야 했다. 1970년대에 냉전의 긴장이 누그러지고 미국과 소련이 우주 비행에 협력하면서 드디어 미국에서도 여성이 우주비행사로 합류했다. 여성들은 우주 비행에 특별한 기여를 했지만, 대중의 관심은 그만큼 받지 못했고 이는 오늘날까지 마찬가지다.

VOLATILE REMOVAL
ASSEMBLY FLIGHT
EXPERIMENT (VRAFE)
"SHab"

엘렌 오초아

1958년 5월 10일~

엘렌 오초아는 미국 엔지니어이자 우주비행사다. 로스앤젤레스에서 태어나 1993년 우주 왕복선 디스커버리호에 탑승해 우주를 비행한 최초의 라틴계 여성이었다. 캘리포니아 주립대학 샌디에이고에 다녔고 스탠포드 대학교에서 전기공학 석사와 박사 학위를 받았다. 1985년에 박사 학위를 받은 뒤 뉴멕시코주 앨버커키의 샌디아국립연구소와 실리콘밸리에 있는 NASA 에임스연구센터의 연구원으로 일했다. 오초아의 어머니는 학구열이 커서 오초아가 어렸을 때 시간제 대학 수업을 들었는데, 어머니의 이런 점이 오초아의 일에 큰 영향을 미쳤다.

오초아는 1990년 NASA의 13기 그룹 우주비행사 후보 23명에 뽑혔고, 1년 후 우주비행사가 됐다. 첫 비행에서 그는 임무전문가로 9일 동안 디스커버리호에 체류했다. 5명의 승무원은 과학 실험을 하고 태양의 코로나를 알아보기 위한 연구위성을 띄웠다. 1년 뒤 오초아는 우주실험 전문가로 아틀란티스호를 타고 우주에 가 열흘을 보냈다. 1999년 다시 디스커버리호에 탑승했으며 이 비행에서 승무원들은 처음으로 우주왕복선을 국제우주정거장ISS에 도킹해 향후 우주인들이 쓸 필수품과 필수 부품들을 전달했다. 오초아의 마지막 비행은 2002년이었는데, 아틀란티스호의 승무원으로 국제우주정거장에서 11일간 머무르며 로봇팔을 이용해 우주유영을 했다.

은퇴하기까지 그가 우주에서 보낸 시간은 거의 1,000시간에 달했다. 2012년부터 2018년까지 NASA의 인간 우주 비행을 총괄하는 존슨우주센터에서 여성으로서는 두 번째 소장을 지냈다. NASA로부터 공로훈장, 특별근무훈장, 지도자훈장과 네 개의 우주비행훈장을 받았다.

ABORTION
IS A
WOMAN'S
RIGHT!

20장

여성을 재구성하다

여성, 심리학에 진출하다

"일부 과학자들은 여성이 열등하다고 단정적으로 판단한 것이 사실이다." 레타 홀링워스Leta Hollingworth(1886~1939)는 1916년 〈과학과 페미니즘〉이라는 글에 이렇게 적었다. 그러나 그는 여성이 열등하다는 과학자들의 주장을 몇 년간 실험으로 검증해 본 뒤 "여성은 과학보다는 민속학과 민속윤리학에 강하다"고 결론지었다.[1] 레타는 컬럼비아 대학교에서 공부한 심리학자로, 초창기에는 여성의 능력과 지적 능력에 대한 심리학 이론을 분석하는 데 집중했다. 남성 심리학자들이 심리학 분야와 사회 전반에서 남성의 우월성을 증명하고 위상을 지키려고, 심리학을 도구로 여성에 대한 문

← 1972년 뉴욕 여성 해방군 단원들이 거리에 모여 낙태 권리를 요구하며 시위하고 있다.

화적 관념을 얼마나 무비판적으로 받아들였는지 드러내 보이고자 했다.

레타는 심리학이 전문분야로 자리 잡은 초창기에 이 분야에 들어선 1세대 여성 심리학자에 속한다. 1890년대에 심리학에서도 실험실, 전문학회와 전문 저널, 학부 과정과 학과 등이 만들어지기 시작했다. 심리학이 아직은 비교적 새로웠던 20세기 초, 화학이나 물리학 같은 기존 과학 분야보다 심리학을 연구하는 여성이 더 많았다.[2] 그렇다고 심리학 분야가 완전히 평등했다는 뜻은 아니다. 남성 심리학 박사는 같은 자격을 가진 여성보다 대학에서 일자리를 찾거나 연구직을 맡기가 쉬웠다. 반면 여성들은 학교, 병원, 진료소에서 봉사활동을 하거나 저임금 보조직이 되는 게 암묵적인 룰이었다.[3] 여성들은 대학과 전문 분야에서도 리더급으로 승진할 가능성이 훨씬 적었다.

이 시기에 심리학 분야에 진입한 여성들은 직업상 차별뿐만 아니라, 이 차별을 떠받치기 위해 많은 남성 심리학자들이 써먹은, 여성들의 본성이 열등하다는 이론과도 싸워야 했다. 남성만이 지적인 사고와 이성을 갖고 있으며, 여성은 순전히 감정에 지배된다는 이론들이 많았다. 이 이론들은 남성은 지적 위대함과 사회적 명성을 얻을 수 있는데 비해, 여성은 아이를 기르고 아내의 의무를 다하며 집안일에 완벽하게 적합함을 설명했다.[4]

가변성 이론

찰스 다윈은 1871년 『인간의 유래와 성선택』에서 진화생물학의 새로운 관점으로 견해를 확고히 했다. 그는 남성이 "깊은 생각이나 이성, 상상력이 필요한 일이든 단순히 감각과 손을 사용하는 일이든 상관없이 모든 일에서 여성보다 뛰어나다"고 주장했다. 20세기에 활동한 2세대 여성 심리학자 스테파니 쉴즈Stephanie Shields는 이 시기에는 사회적 권력을 능력에 따른 필연적인 결과로 여겼기 때문에 '명성'을 강조하는 것이 매우 중요했다고 분석했다.[5] 만약 여성들이 심리학 분야에서 성과를 이루지 못했더라면 여성은 수준 높은 작업이나 정교한 연구에 적합하게 태어나지 않았다는 주장이 나왔을지도 모른다.

세기가 바뀔 무렵 학계 밖에서는 여성의 지위에 관한 관심이 전반적으로 커지고 1세대 페미니즘 운동가들이 참정권 투쟁을 펼치고 있었다.[6] 정치, 사회 등 여러 방면에서 여성이 지적으로 열등하다는 이론들이 여성의 권리를 박탈하는 걸 정당화하는 데에 이용되고 있었다. 따라서 여성 심리학자들이 심리학 분야에 뿌리박힌 성에 대한 편견에 눈을 돌렸다는 것은, 투표를 할 수 없고 가정에서 아내와 어머니의 역할에 눌러앉아야 했던 여성에 대한 고정관념에 도전하는 것이기도 했다.

레타 자신도 원치 않던 주부 역할을 강요받은 경험이 있었고, 이는 과학이 여성을 보는 관점에 도전하는 계기가 됐다. 학교 교장과 교사로 일하던 레타는 결혼 뒤 집안일에 파묻혀야 할 처지가 됐다. 남편 해리 홀링워스Harry Hollingworth는 컬럼비아 대학교 심리학 교수였고 아내가 전문 직업을 갖도록 밀어줬지만 뉴욕에서 레타가 교사 채용에 지원한 학교들은 기혼 여성을 원치 않았다.[7] 3년 동안 실업 상태로 있던 레타는 1911년 컬럼비아 대학교 심리학 대학원생으로 등록해 학교로 돌아갔다. 컬럼비아 대학이 여성에게 문을 연 지 불과 11년 지났을 때였다. 그는 석사 학위를 받고 스승인 에드워드 손다이크Edward Thorndike* 밑에서 박사 과정을 이어갔다.

* 1874~1949. 미국의 심리학자. 비교심리학과 행동심리학을 주로 교육과 연결지어 연구했다.

레타 홀링워스
LETA HOLLINGWORTH
레타 홀링워스는
여성 심리학자 1세대로 그의 연구는
여성의 심리에 대한 빅토리아 시대의
문화적 신념을 뒤집는 데 기초를 닦았다

THE COMPARATIVE VARIABILITY OF THE SEXES AT BIRTH

HELEN MONTAGUE
New York City
AND
LETA STETTER HOLLINGWORTH
New York City

INTRODUCTION

The discussion of the comparative variability of the sexes began, somewhat vaguely, about a century ago, and bore on anatomical traits. The anatomist Meckel concluded, on pathological grounds, that the human female showed greater variability than the human male, and he thought that, since man is the superior animal, and variation a sign of inferiority, the conclusion was justified. Burdach and other anatomists declared the male to be more variable, and Darwin was led to conclude that among animals the male is more variable. Variation was now no longer regarded as a sign of inferiority, but as an advantage and a characteristic affording the greatest hope for progress. More recently greater mental variability has been inferred from alleged greater anatomical variability, and social significance has been attached by men of science to the comparative variability of the sexes. It has been stated that woman represents the static and conservative element in civilization, while man represents the dynamic and variable element—and that this accounts for the fact that nearly all historical achievement has been the achievement of men. It is further indicated that in the future, as in the past, in spite of any changes that may be wrought in the economic and social status of women, men will always lead women intellectually, because they are inherently more variable.

Prolonged reflection on this matter, and careful study of all available evidence lead to the conclusion that the data at present collected are inadequate for the formulation of any positive

335

1914년 헬렌 몬태규와
함께 쓴 홀링워스의 논문
〈출생 시 성별에 따른 가변성 비교〉의
첫 페이지이다.

손다이크와 레타는 의외의 멘토와 멘티 관계였다. 손다이크는 여성이 열등하다고 주장하는 가변성 이론에 동의하는 학자였던 반면, 레타는 이를 전면 거부한 사람이었기 때문이다. 이 이론은 남성이 신체적, 심리적으로 가변성이 높고 변화의 범위도 넓은 반면, 여성은 평범한 수준에 머물며 더 높은 수준으로 발전할 수 없다고 봤다. 손다이크는 이 이론의 의미에 대해 "남성과 여성의 지성과 에너지에 매우 큰 차이가 난다면, 어떤 일에서든 반드시 남성에게서 탁월성과 지도력이 더 자주 나타날 것이며, 남성들은 대개 그런 자질을 갖추었다"라고 썼다.[8] 레타는 손다이크가 틀렸음을 증명할 연구를 시작했다.

레타는 동료 헬렌 몬태규Helen Montague와 함께 남녀 신생아 각각 1,000명의 병원 기록을 조사해 출생 당시 체중과 키 등 신체적 특성을 비교했다. 레타와 몬태규는 이 비교 연구에서 여아가 남아보다 신체 변화의 폭이 더 크다는 것을 발견했고, 이를 바탕으로 〈출생 시 성별에 따른 가변성 비교〉라는 논문을 발표했다. 레타는 후속 논문에서 가변성 이론을 논점별로 공격했다. 특히 손다이크를 언급하며 가변성은 타고나는 게 아니라 환경에 따른 결과라고 주장했다.[9] 그는 "이 주제와 관련된 데이터는 양적으로 부족하거나 결정적이지 않으며, 남성의 정신적 특징이 가변성이 크다는 증거는 찾을 수 없다. 이론은 있지만 증거는 없다"고 했다.[10]

레타는 손다이크 밑에서 쓴 논문에서 생리 때문에 여성의 정신적 결핍이 일어난다는 신화를 완전히 뒤집었다. 〈기능적 주기성: 생리 중인 여성의 정신적 능력과 운동 능력에 관한 실험적 연구〉라는 제목의 논문에서 그는 남녀 모두를 대상으로 일련의 운동과 인지 능력을 테스트한 결과를 자세히 설명했다. 생리 중에 여성의 운동과 인지 능력이 떨어진다는 증거는 없었다. 손다이크와 레타의 연구 결과에는 명백한 차이가 있었지만,

손다이크도 레타 연구의 타당성을 부인할 수 없었다. 오히려 손다이크는 레타의 연구에 깊은 인상을 받았으며, 손다이크의 제안으로 레타는 컬럼비아 교육대학에서 일하게 됐다.

전환기에 선 여성 심리학자들

레타 홀링워스는 다른 여러 1세대 여성 심리학자들과 함께 '여성 심리학'의 토대를 마련했다. 그들은 여성의 관심사를 진지하게 받아들이고, 심리학이 무비판적으로 여성의 사회적 지위를 생물학적 숙명으로 받아들이는 것에 반발했다. 그러나 하룻밤 사이에, 아니 수십 년이 지나는 동안에도, 심리학에서 여성에 대한 관점이 바뀌지 않았다. 20세기 내내 여성 심리학자들은 1세대 선배들과 마찬가지로 제도적, 과학적 차별을 겪었다.

전쟁으로 일손이 부족했고 과학의 여러 분야에서 여성들의 취업 기회가 늘어났지만 여성 심리학자들의 상황은 그렇지 않았다. 1940년 전미연구평의회* 산하에 군사 문제와 관련한 심리학 지식을 제공할 심리학 비상위원회가 설치됐다. 전문 지식으로 전쟁에 기여할 수 있기를 바랐던 여성 심리학자들은 "여러분이 계획에 포함될 때까지 착한 소녀처럼 기다리세요"라는 말을 들어야 했다.[11] 그러나 여성 심리학자 50명은 기다리지 않고 미국여성심리학회(NCWP)를 구성했다. 여성 심리학자들이 전문성을

* National Research Council, 현재의 공식 명칭은 국립 과학공학의약아카데미(National Academies of Sciences, Engineering, and Medicine)다. 미국 국립과학아카데미(NAS), 국립공학아카데미(NAE), 국립의학아카데미(NAM) 등 3개 준독립 단체를 포괄하는 용어다.

개발하기 위해 만든 최초의 단체이자, 전쟁 중에 조직한 유일한 단체였다.[12] 전쟁이 끝난 뒤 이 학회는 해산했고 그 조직은 심리학의 실질적 활용을 발전시킨다는 폭넓은 목표를 가진 국제여성심리학회로 변모했다. NCWP는 오래 가지 못했지만, 1세대와 2세대 페미니즘 사이에서 심리학계에서 여성의 지위가 시급히 해결해야 할 문제임을 부각하는 중요한 역할을 했다. 2세대 페미니즘은 2세대 여성 심리학자의 등장을 예고했다.[13]

이 새로운 여성 심리학자들이 걷는 길은 민권운동의 흐름과 겹쳤고, 그러다 보니 윗세대보다 인종적으로도 다양해졌다. 흑인 여성 심리학자들이 많아지면서 심리학은 더 다양해지고 인종 차이에 대한 새로운 관점이 생겨났다. 마미 클라크와 그의 남편 케네스(273쪽 참조)는 과학적 인종주의에서 벗어나 사회적, 환경적 요인에서 인종 차이의 원인을 찾는 심리학 연구를 이끌었다.[14] 그들의 연구는 미국 남부의 분리 교육이 흑인 어린이들에게 나쁜 영향을 미친다는 것을 증명했으며 '브라운 대 교육위원회' 사건에 대한 대법원의 획기적 판결의 근거가 됐다.

부분적으로는 2세대 페미니즘의 영향으로, 2세대 여성 심리학자들은 여성 심리학을 다시 채택했으며, 실험심리학자 나오미 와이스틴Naomi Weisstein(1939~2015)이 그 선두에 있었다. 재능 있는 연구원이던 와이스틴은 1964년 2년 반 만에 하버드를 수석 졸업했다. 그를 가르친 교수 중에는 "여자는 대학원에 다닐 수 없다"라고 한 사람도 있었지만 말이다.[15] 와이스틴은 또 국립과학재단의 지원을 받아 시카고 대학교에서 수리생물학 박사후과정을 밟았다. 그러나 일자리를 찾아야 할 때가 되자 그는 하버드에서 들었던 교수의 말이 얼마나 널리 퍼져 있는 생각인지, 자신처럼 화려한 경력을 가진 여성조차 현장에서 일자리를 찾는 게 얼마나 어려운지를 깨달았다. 그는 에세이에서 "당신 같은 어린 여자애가 어떻게 남자들만 가

나오미 와이스틴
NAOMI WEISSTEIN

실험심리학자 나오미 와이스틴은 1968년 에세이
〈과학법칙으로서 아이들, 주방, 교회: 여성을 구성하는 심리학〉를 통해
페미니스트 심리학 탄생을 도왔다.

득한 강의실에서 가르칠 수 있겠느냐"라며 남성 동료들이 줄곧 자신을 무시했던 일을 회고했다. "누가 연구를 대신해주나요"라고 묻는 사람도 있었고, "결혼은 당연히 해야죠"라며 훈계한 이도 있었다.[16]

페미니스트 심리학의 탄생

와이스틴은 남성 심리학자들의 차별적인 행동이 학계에 국한되지 않고 여성 해방이라는 대의에 악영향을 미칠 수 있다고 보았다. 와이스틴은 1968년 에세이 〈과학법칙으로서 아이들, 주방, 교회: 여성을 구성하는 심리학 Kinder, Küche, Kirche as Scientific Law: Psychology Constructs the Female〉에서 "여성의 해방을 생각할 때 우리는 '진정한' 해방이 무엇을 의미하는지, 즉 무엇이 여성에게 그들의 고유한 본성을 충족시킬 자유를 줄 수 있는지 말해주길 기대한다."라고 썼다. 그러나 와이스틴은 심리학자들이 여성의 본성으로 묘사한 것은 여성 자신이 원한 게 아니라 여성에 대한 남성의 환상을 반영하는 경우가 더 많다며 시카고 대학교의 브루노 베텔하임Bruno Bettelheim* 같은 저명한 현대 심리학자들을 비판했다. 베텔하임은 여성들이 과학자가 되고 싶어 할 수도 있지만 "그보다 먼저 그리고 최종적으로, 남자들 곁에서 여자다운 동반자가 되고 싶어 하고 엄마가 되고 싶어 한다"고 말한 바 있었다.[17]

* 1903~1990. 오스트리아 태생의 심리학자로, 미국으로 건너가 시카고 대학교와 스탠퍼드 대학교에 재직했다. 프로이트 심리학에 맞춰 자폐증 아동이나 정서적으로 장애가 있는 아동들의 심리를 연구, 국제적인 명성을 얻었다. 그러나 환자를 학대했다는 비판에 표절과 가짜 학력증명서 등의 의혹이 터져나오면서 사후에 명성이 떨어졌다.

와이스틴은 심리학이 '성차별적인 문화 규범'을 기꺼이 받아들인 까닭에 여성 해방이든 남성 해방이든 젠더의 해방과 관련해서는 무용지물이나 다름없다고 지적했다. "심리학은 여성의 실제 모습이 어떤지, 무엇을 필요로 하고 원하는지 알려줄 수 없다. 왜냐하면 심리학이 정말 아무것도 모르기 때문"이라는 것이었다. 수십 년 전의 홀링워스처럼 와이스틴도 심리학이 어떻게 증거도 없이 사회적, 문화적 맥락보다 타고난 성별 차이에만 초점을 맞춰 여성에 대한 이론을 구성해 왔는지를 보여줬다. 와이스틴은 증거와 사회적 맥락을 신중히 고려하지 않는다면 심리학이 여성의 살아 있는 경험을 이해할 수 없다고 주장했다.

그의 글은 일반적인 학술 논문에서 볼 수 없는 분노와 신랄한 재치로 반향을 일으켰다. 반세기쯤 전에 홀링워스 세대가 했던 주장을 되풀이하면서 임상적 접근보다는 기습공격에 가까운 방식을 택한 이유를 추측하기는 어렵지 않다. 반응은 즉각적이었다. 과학 철학에서 정치학에 이르기까지 다양한 분야에서 30명이 넘는 연구자들이 그의 논문을 다시 언급했고, 1970년 출판된 『자매애는 강하다: 여성해방운동 문집Sisterhood is Powerful: An Anthology of Writings from the Women's Liberation Movement』에 2세대 페미니스트 문헌으로 기록됐다.[18] 와이스틴은 우리가 현재 페미니스트 심리학이라고 부르는 여성 심리학 연구의 새 시대를 열었다.

1973년 미국에서 가장 큰 심리학자 단체인 미국심리학회(APA)는 페미니스트 심리학을 포함했다. 학회의 대의원회는 와이스틴이 조직한 여성 심리학 분과(35분과)를 설치하자는 제안을 받아들였다. 현재 여성심리학회라고 불리는 이 분과의 설립 목적은 "여성에 대한 조사와 연구를 촉진하고 거기서 얻은 지식을 사회와 조직에 적용할 수 있게끔 현재의 심리학 지식이나 관념과 통합하는 것"이었다.[19] 학회에서 공식적인 지위를 얻은 여성 심리학자들과 페미니스트 심리학 분야는 후원을 받아 저널을 만들었고, 학회의 연례회의에 프로그램을 운영할 시간을 배정받았으며 대의원회에 대표를 보낼 자격을 얻었다.[20] 이 분과는 지금도 운영되며 저널 『여성심리학Psychology of Women Quarterly』을 펴내고 있다. 분과는 여성의 다양한 경험을 잘 반영할 수 있도록 분과 섹션을 '흑인 여성 심리학', '히스패닉/라틴 여성의 이슈', '레즈비언, 바이섹슈얼 및 트랜스젠더 이슈', '아시아계 미국인 여성 심리학', '알래스카 원주민/아메리칸 인디언/원주민 여성 심리학' 등으로 확장했다.

35분과가 생기기 이전 세대인 홀링워스는 "그동안 발견되거나 발표된 남녀 간 차이에 대한 모든 주장이 남성의 우월성을 입증하는 근거로 어떻게 해석됐는지 살펴보면 아주 재미있을 것"이라고 씁쓸하게 지적한 바 있다.[21] 페미니스트 심리학이 공식화되기까지 그 후로도 수십 년이 더 흘러야 했지만 홀링워스는 실무와 이론 모두에서 더욱 폭넓은 심리학이 필요하다는 것을 잘 알고 있었다. 19세기 이래로 남성이 우월하고 여성이 열등하다는 심리학의 관점이 이어졌지만, 여성 심리학자들이 늘면서 남녀 차이는 새롭게 해석되기 시작했다. 더욱이 페미니스트 심리학자들은 가정폭력과 성폭력, 사회적 압박 그리고 인종차별과 동성애 혐오 같은 구조적 억압에 대한 문제를 교육과 연구의 범주로 들여왔다. 여성 심리학자들은 남성 동료들이 할 수 없거나, 하려 하지 않았던 새로운 곳에서 새로운 방식으로 다양한 질문을 하고 답을 찾아냈다.

21장

"최초의 여성"이라는 타이틀

마리 퀴리 뛰어넘기

고대부터 현재까지 과학의 역사를 돌이켜 보면 여성이 지적 활동의 어떤 지점에, 어떻게 기여했는지 명확하게 기록되지도 알려지지도 않았다는 걸 알 수 있다. 과학 발달 전 과정에서 자연에 대한 인간의 지식을 재구성해 온 남성들의 이름이 훨씬 더 친근하고 낯익다. 그러나 이 이야기에 반드시 들어가야 할 여성들의 서사는 제대로 연구되지 못했다. 왜냐하면 여성들은 역사가들이 중요하게 다루는 과학의 주류에 참여할 수 없었기 때문이다. 여성들은 대학이나 배움의 전당인 강의장과 수술실에 들어갈 수 없었고 과학의 역사를 이해하기 위한 담론에도 차단됐다. 그들이 할 수 있었던

← NASA의 찬드라 엑스선 관측선에서 포착한 극한 펄서의 일종인 중성자별(magnetar).

것은 그들에게 허락되지 않은 공간, 자연을 탐구하려는 그들의 관심 자체를 혐오하거나 의심하는 곳, 그리고 세상의 지식이 여성 감성에는 맞지 않다고 여기는 곳, 그 가장자리에서 난관을 헤쳐나가는 것뿐이었다. 그러니 이러한 기관의 기여자 명단을 보면 늘 실망할 수밖에 없다.

그러나 과학에서 여성이 소외된 데에는 다른 이유가 있다. 여성 과학자라고 하면 빛나는 몇 명의 인물들만 떠올리게 되고, 과학계 여성에게 경의를 표할 때마다 그들의 이야기만 튀어나오고 있어서다. 마리 퀴리Marie Curie(1867~1934)가 그런 예다. 이 책에서 지금껏 그를 언급하지 않은 것은 중요하지 않아서가 아니라 오히려 그가 역사상 가장 많이 연구된 여성 과학자이고 다른 여성 과학자들을 가려왔기 때문이다. 이처럼 '최초'만을 떠올리는 현상은 우리가 남성 과학자를 바라보는 방식으로 여성의 역사를 들여다봤기 때문이다. 의도는 선한 것이었으나, 이 책에서 살펴봤듯이 과학의 역사에서 '최초'라는 수식어를 단 여성들은 주류로 진입할 수 있었던 극소수에 불과하다. 이 장에서는 이 점을 주로 보여줄 것이다. 또 다른 예로는 특정 과학 분야를 들 수 있다. 고대부터 성문화되어 우리 평범한 관찰자들의 눈길을 끌던 특정 과학 분야 또한 퀴리처럼 다른 사람이 보이지 않게 만들었다.

암흑물질

20세기 가장 영향력 있는 천문학자 중 하나인 베라 루빈Vera Rubin(1928~2016)은 1928년 미국 필라델피아에서 태어났다. 천문학자 마리아 미첼Maria Mitchell(1818~1889)이 19세기에 교수로 재직했던 배서 대학과 코넬

베라 루빈

VERA RUBIN

천문학자 베라 루빈의 은하 회전 연구는
우주의 주요 구성 요소인 암흑물질에 대한
최초의 증거를 제공했다.

대학에서 공부했다.[1] 프린스턴대는 그를 여성이라는 이유로 거부했다. 루빈은 제2차 세계대전 직후 배서 대학에서 공부하면서 남편 로버트를 만났고, 여름마다 워싱턴의 해군연구소에서 일했다. 교수를 대신해 "시계 태엽을 감고, 시험 점수를 매기고, 망원경 작동을 돕는" 일을 하기도 했다.[2] 부부는 1948년 뉴욕주 이타카로 이사했으며 베라는 코넬대 대학원에서 공부를 시작했다. 이때 그는 리처드 파인만Richard Feynman*과 한스 베테Hans Bethe**를 비롯한 유명한 물리학자들에게 강의를 들었고 천문학자 마서 카펜터Martha Carpenter 밑에서 은하의 속도분산에 대한 주제로 석사 논문을 썼다.[3] 루빈은 학과장이 석사 논문을 1950년 미국천문학협회(AAS) 학회에서 발표하면 어떻겠느냐고 제안했던 때를 생생히 회고한 바 있다. 학과장은 루빈에게 어린아이가 있고 학회에 참석할 수 없을 게 뻔하니 자기 이름을 논문에 추가해 자신이 발표할 수 있다고 했다. 루빈이 이를 거절하고 자신의 이름으로 논문을 제출하자 협회 회원들이 대거 반발했다. 『워싱턴 포스트』는 "별들의 움직임 중심에 젊은 엄마가 있다"라는 제목으로 이 회의를 보도했다. 기사는 협회가 루빈의 행동에 "집요하나 예의바르게" 대응했다고 적었지만, 루빈의 기억은 완전히 달랐다.[4] 그는 2012년 펴낸 자서전에서 "성난 남자들은 '그렇게' 하지 않은 이유를 말하라고 소리 지르며 한 명씩 자리에서 일어났다."[5]

1952년 루빈은 조지타운에서 박사 과정을 하며 석사 시절의 은하 연구를 확장시켜갔고 국립과학원 회보에도 논문을 발표했다. 그는 조지타

* 1918~1988. 미국의 물리학자로 핵무기 개발계획인 맨해튼 프로젝트에 참여했으며 우주왕복선 챌린저호 폭발사고 조사를 총괄했다. 양자 전기역학에 기여한 공로로 1965년 노벨 물리학상을 받았다.

** 1906~2005. 독일계 미국 물리학자로 역시 맨해튼 프로젝트에 참여했고 1967년 핵물리학에 대한 공헌으로 노벨 물리학상을 받았다.

운에서 10년 동안 학생들을 가르치며 연구했다. 1960년대 초 그는 애리조나주 키트피크 국립천문대를 비롯한 전국의 여러 천문대에서 망원경 관측을 시작했다. 1965년에는 여성들에게는 공식적으로 망원경 사용을 허가하지 않던 캘리포니아 공과대학의 팔로마 천문대로 관측을 하러 갔다.[6] 그에 앞서 마거릿 버비지Margaret Burbidge*도 루빈처럼 남편 제프Geoff의 신분을 이용해 망원경으로 짧게 관측을 한 적이 있었다.[7]

1965년 루빈은 관찰에 집중하기 위해 카네기연구소의 지구자기학과에서 연구직을 맡았는데, 오후에는 집에서 아이들과 함께 있어야 했으니 급여가 적을 수밖에 없었다. 그는 먼저 로웰 천문대에서 안드로메다 은하의 이미지를 구성하는 작업을 하면서 켄트 포드Kent Ford**와 협업해 은하의 스펙트럼을 연구했다.[8] 루빈은 중심부에서 멀리 떨어진 별은 더 천천히 회전하는 우리 은하와는 달리 안드로메다 은하의 회전 곡선은 평평하다는 결론을 내렸다. 이러한 관찰 결과가 뉴턴 물리학에 부합하려면 곡선을 평평하게 만들기에 충분한 질량을 가진 무언가가 있어야 했다. 바로 이 무언가가 우리가 현재 암흑물질이라고 부르는, 우리가 아는 우주 대부분을 구성하는 신비롭고 보이지 않는 물질이 존재한다는 최초의 증거였다.[9]

여성들이 자연에 대한 지식을 발견하는 데 부인할 수 없는 공헌을 했음에도 불구하고, 심지어 아무리 무관심한 사람이라도 그냥 보고 지나칠 수 없는 종류의 발견을 했다 해도, 여성들은 최고 수준의 과학 분야에서는 구조적 차별을 당했다. 천체물리학자 조슬린 버넬Jocelyn Burnell(1943~)

* 1919~2020. 영국계 미국 천문학자. 학계의 여성 차별에 맞서 싸웠으며, 영국 왕립 그리니치천문대 소장, 미국 천문학회 회장, 미국 과학진흥협회 회장을 역임했다. 남편 제프 버비지도 천문학자였다.

** 1931~. 미국의 천문학자. 베라 루빈과 함께 암흑물질을 연구했다. 개량된 분광기를 이용, 나선은하의 다양한 스펙트럼을 분석해 암흑물질 연구에 전기를 마련했다.

은 루빈과 마찬가지로 우주론적으로 중요한 발견으로 천체 지도를 다시 썼지만 전문 영역에서 소외되었다.

새로운 별 이름 짓기

버넬은 빠르게 회전하는 별인 펄서를 발견한 것으로 유명한 천체물리학자다. 1943년 북아일랜드에서 태어나 글래스고 대학교에서 물리학 학위를 받았고, 1969년 케임브리지에서 박사 학위를 받았다.[10] 케임브리지에서 논문을 쓰는 동안 펄서를 발견하면서 유명해졌다. 버넬이 속한 연구팀은 지도교수인 앤토니 휴이시Antony Hewish와 함께 은하의 핵심인 퀘이사*를 더 깊이 연구하기 위해 새로운 전파망원경을 만들었다. 전파망원경은 루빈이 사용하던 광학망원경과는 달리 멀리 있는 천체로부터 온 전파신호를 수집하는 방식으로 관측을 한다. 휴이시와 버넬이 1967년부터 만들기 시작한 전파망원경은 면적이 1만 8,000제곱미터에 이르렀다.[11]

버넬은 망원경을 작동하고, 매일 생성되는 거의 30미터의 차트를 모니터하는 일을 담당했다. 이 차트는 망원경이 수신한 전파를 시각적으로 기록한 것이다. 그는 이 차트를 분석하는 일도 맡고 있었는데, 일일이 차트를 눈으로 보고 수작업을 해야했다. 버넬은 차트에서 흐르는 물결 형태를 발견하고, 이를 "스크럽scruff"[12]이라고 불렀다. 차트를 보고 별처럼 멀리 있는 물체에서 온 신호인지, 아니면 지구나 태양계에서 생겨난 간섭 때문인지 식별해내는 게 작업의 일부였는데 이 '스크럽'은 매우 규칙적인 패턴을

* quasar, 블랙홀이 주변 물질을 집어삼키는 에너지에 의해 형성되는 거대 발광체.

조슬린 버넬

JOCELYN BURNELL

1967년 대학원생인 조슬린 버넬은 최초의
전파 펄서를 발견하여 천문학의 중요한 돌파구를 열었다.
이 일로 그의 지도교수는 노벨상을 받았다.

보여 버넬의 눈에 띄었다. 휴이시는 이 신호를 검토한 후 처음에는 그 규칙성 때문에 인간이 만든 신호이거나 단지 간섭일 것이라고 결론내렸다. 무엇 때문에 차트가 이렇게 그려지는지 확인하고 다른 데이터를 오염시키지 않기 위해선 이 패턴을 분리해내야만 했으나, 버넬은 그 패턴이 간섭 때문에 발생한다는 확신이 없었다. 나중에 그는 자신이 한 발견에 대해 "내가 정말 너무나 무지했기 때문에 왜 별에서는 그런 게 안 나온다고들 하는지 알 수가 없었다"고 농담처럼 말했다.[13]

버넬의 말이 맞았다. 그 신호는 그때까지 알려지지 않았던 별에서 온 것이었다. 1968년 버넬과 휴이시는 이 발견을 논문으로 발표했다. 그러나 신호가 어디서 왔는지는 분명히 밝혀지지 않은 상태였다. 가능성은 희박했지만, 지능을 가진 외계의 무언가로부터 온 것이 아니라는 증거도 없었다. 언론에서는 그런 가능성을 제기하며 달려들었고, 버넬은 자신의 논문이 한층 앞서 나간 '리틀 그린 맨Little Green Men'*이 있느냐 없느냐에 대한 관심에 가려져 실망했다고 한다.[14] 버넬이 쓴 논문 〈급속 맥동 전파원 관측Observation of a Rapidly Pulsating Radio Source〉은 전파 신호가 "백색왜성 또는 중성자별의 진동"에서 비롯된 것이라고 분석했고, 이는 나중에 사실로 확인됐다.[15] 휴이시와 마틴 라일Martin Ryle**은 1974년 노벨 물리학상을 공동수상했고 휴이시는 "펄서를 발견하는 데 결정적인 역할을 한" 공로를 인정받았다.[16]

* 인간과 비슷한 형체를 한 상상 속 외계인을 가리키는 표현.

** 1918~1984. 전파망원경 개발에 기여한 영국의 물리학자.

'최초'를 쓴 경이로운 사람들

루빈과 버넬은 과학계에서 업적을 이뤘지만, 명예를 얻지 못한 여성들로 자주 거론된다. 과학자들에게 가장 권위 있는 노벨상에서 부당하게 배제됐기 때문이다. 버넬은 휴이시와 노벨상을 공동수상하지 못한 것에 신경 쓰지 않았다고 말해왔지만, 2004년 〈펄서도 드물고 여성도 드물다〉라는 글에서는 노벨위원회의 결정이 공정하지 않았다고 적었다.

> "앤토니 휴이시 교수와 마틴 라일 교수에게 돌아간 노벨상에 경의를 표하지만, 학생이라는 내 신분과 성별이 분명 수상하지 못한 이유가 됐을 것이다. 그 당시 과학은 저명한 남성들이 임무를 수행할 때 기여한 몫을 내세우지 않는 이름 없는 부하들의 팀을 이끌며 성과를 내는 것으로 여겨지고 있었다!"[17]

특히 천문학은 시상이나 전문성에서 여성을 배제하고 여성의 업적을 다른 사람에게 돌린 것 때문에 논쟁이 많았던 분야다. 루빈과 버넬은 우주의 새로운 분류군을 찾아냈고, 그들이 찾아낸 분류에는 새로운 이름들이 붙었다. 이는 발견 중에서도 가장 인상적이고 기적 같은 유형이었다. 그들의 연구가 보여준 머나먼 곳의 신비로운 현상은 우리의 상상력을 사로잡으며 인간 지식의 한계까지 우리를 끌고 간다. 그러나 더 큰 범위의 과학사에서는 물론이고 그들이 일했던 분야만 들여다봐도 이들이 '최초'의 여성들이었다고 볼 수는 없다. 19세기로 접어들 무렵 카롤린 허셜Caroline Herschel은 여러 개의 혜성을 발견했다. 그로부터 약 200년 후 루빈이나 버넬과 동시대를 살았던 캐럴린 슈메이커Carolyn Shoemaker도 비슷한 업적을 남겼

여성이 과학적 성취를 할 수 있느냐는 의문을 폐기하고,
미래를 위해 포용적이고 더 좋은 제도를
만들겠다는 희망을 가져야 한다.
여성을 시야에서 사라지게 한 힘의 실체를 규명해야
과학의 역사를 풍부하고 완전하게 이해할 수 있다.

다. 버넬은 이들을 기억하면서 "과거에도 과학계에서 공헌을 완전히 인정받지 못한 뛰어난 여성 천문학자들이 있었다"라고 썼다.[18]

자연의 힘

노벨 물리학상, 화학상, 생리의학상 수상자에게 주어지는 금메달은 과학의 역사에서 참 흥미로운 유물이다. 평화상이나 경제학상 메달에는 알프레드 노벨을 닮은 얼굴이 있고, 문학상에는 뮤즈의 선물을 받는 청년이 새겨져 있지만, 과학 분야 메달에는 여성만이 있다. 물리학상과 화학상 메달에는 과학의 여신이 자연을 밝혀내는 우화적인 장면이 묘사돼 있다. 한 손에 두루마리를 쥔 여인이 다른 손으로 옆에 있는 여성의 베일을 들어올린다. 베일을 쓴 여성은 맨가슴에 '풍요의 뿔cornucopia'을 들고 있으며 자연을 상징한다.[19]

이 우화적인 인물들은 과학서적에서부터 공공기관의 그리스 양식 기둥머리에 이르기까지 서양 과학의 시각적 상징으로 과학사 전반에서

찾아볼 수 있다. 역사가 론다 슈빙거Londa Schiebinger가 말했듯, 이처럼 영광스러운 과학의 전당에 여성의 이미지가 박혀 있다 하더라도 그것은 드높은 이상을 신화적인 상징으로 구현해놓은 것에 불과할 때가 많다. 과학계에서 실제 여성을 찾기가 훨씬 어려운 것은, 그 경외로운 여성의 이미지를 그려놓은 전당에 여성들이 접근조차 할 수 없었기 때문이다.

이제 우리는 여성이 항상 자연을 탐구하고 지식을 추구해왔다는 것을 안다. 남은 과제는 여성의 연구를 가로막고 역사의 흐름 아래로 가라앉히려는 구조적, 제도적인 힘을 설명하고 이해하는 것이다. 여성들은 교육을 받지 못하고 중요한 학회에 들어가지 못한다는 제도적 장벽뿐 아니라 일상적인 성차별과 괴롭힘, 학대, 심지어 때로는 폭력에 부딪혀왔다. 여성이 과학적 성취를 할 수 있느냐는 의문을 폐기하고, 미래를 위해 포용적이고 더 좋은 제도를 만들겠다는 희망을 가져야 한다. 여성을 시야에서 사라지게 한 힘의 실체를 규명해야 과학의 역사를 풍부하고 온전하게 이해할 수 있을 것이다.

로절린드 프랭클린

리제 마이트너

마거릿 머리

마리 퀴리

사만다 크리스토포레티

알레타 야콥스

엘리자베스 개럿-앤더슨

왕가리 마타이

칼파나 촐라

영감을 주는 또 다른 여성들

거트루드 벨 Gertrude Bell, 1868-1926

'사막의 여왕', '여성 아라비아의 로렌스'*라고 불리는 벨은 고고학자이자 첩보원, 외교관이었다. 벨은 중동 전역을 여행하며 시리아의 유적을 발굴하고 여러 곳의 지도를 만들었다. 제1차 세계대전 중 중동의 사막을 가로질러 군인들을 호위하며 영국 정보국을 도왔고, 영국인과 아랍인 모두에게 신뢰를 얻어 풍부한 지식을 가진 정보 장교가 됐다. 그가 한 일 가운데 하심 가문을 이라크 왕좌에 앉히는데 외교적 역할을 하고** 국가 건설을 도왔다는건 지금까지도 영향을 미치고 있다. 고고학자인 벨은 이라크의 고대 유물을 보존하는 일을 가장 중요하게 여겼고, 고대 이라크 유물은 이라크에 있어야 한다며 이라크국립박물관의 전신인 바그다드고대유물박물관을 설립했다.

* 　'아라비아의 로렌스(Lawrence of Arabia)'는 오스만투르크 제국(터키)의 지배를 받던 아랍 민족의 독립을 도운 영국 장교 토머스 로렌스(Thomas Lawrence, 1888~1935)를 부르는 별명이다.

** 　영국의 지원을 받아 1932~1958년 존속했던 이라크 하심왕국(Hashemite Kingdom of Iraq)을 가리킴.

로절린드 프랭클린 Rosalind Franklin, 1920~1958

'DNA의 다크레이디'라는 별명을 가진 프랭클린은 제임스 왓슨James Watson, 프랜시스 크릭Francis Crick이 DNA의 이중나선구조를 발견하는 데에 영향을 미친 DNA의 X선 이미지 '사진 51'로 유명하다. 그러나 이중나선을 발견하는 과정에서 왓슨과 크릭에게 무시당했고, 프랭클린이 결정학crystallography 분야의 개척자였다는 사실도 무색해졌다. 프랭클린은 소아마비를 일으키는 폴리오 바이러스를 포함해 식물이나 동물 바이러스를 연구하는 데 X선 결정학을 사용했고, 그 과정에서 바이러스 RNA의 행동을 분석하는 기술을 발전시켰다. 오늘날에도 많은 바이러스 학자들은 그의 X선 사진이 어떤 사진보다도 아름답다고 말한다.

리제 마이트너 Lise Meitner, 1878~1968

베를린 대학 최초의 여성 물리학 교수인 마이트너는 핵폭탄의 탄생으로 이어진 핵분열을 처음으로 발견한 팀 일원이었다. 마이트너와 그의 조카 오토 프리쉬는 나치를 피해 스웨덴을 떠나 피난처를 찾던 중에 물리적 핵분열 과정을 설명하고 그 과정에 '핵분열'이라는 이름을 붙였다. 마이트너가 이 발견에 결정적인 역할을 했음에도 노벨상은 동료였던 오토 한만 받았다. 마이트너는 자신의 연구가 핵무기를 만드는 데 쓰이는 걸 거부했고, 프리쉬가 쓴 "결코 인간성을 잃지 않은 물리학자"라는 비문으로 지금까지 기억되고 있다.

마거릿 머리 Margaret Murray, 1863~1963

고고학자, 이집트학자, 민속학자, 인류학자인 머리는 100년을 살며 여러 분야에 자취를 남겼다. 영국 최초의 여성 고고학 강사였고 유니버시티칼리지런던에 미래의 현장 작업자들에게 도움이 되는 2년짜리 대학 연수 프로그램을 최초로 만들었다. 민속학자로서 영국 최초의 마법에 대한 인류학 연구인 '마녀 숭배 가설'을 세웠고 이는 마법을 주제로 한 학술 연구의 기초가 됐다. 그는 자신의 분야에서 '최초'로 우뚝 선 인물이었고, 학생들에게는 멘토 역할을 했다.

마리 퀴리 Marie Curie, 1867~1934

노벨상을 수상한 최초의 여성이자 두 가지 다른 분야(물리학, 화학)에서 수상한 유일한 여성이다. 폴로늄, 라듐 등의 방사능 현상을 공동 발견한 것으로 유명하다. 그에 못지않게 중요한 것은 제1차 세계대전 때 전장에서 쓰기 위해 X선 기계와 암실 장비를 갖춘 '방사선차'를 발명했다는 것이다. 퀴리와 그의 딸 이레네Irene는 여성 150명에게 장비 작동법을 가르쳤고, 이들이 엑스레이 검사를 한 군인이 100만 명이 넘었다. 퀴리는 실험실에서 일했던 알려지지 않은 여성들과 비교할 때 자신의 기술과 과학을 실제 적용하는 종합적인 능력을 갖춘 사람이었다.

마리암 미르자하니 Maryam Mirzakhani, 1977~2017

2014년 40세 이하 수학자들에게 4년마다 주어지는 권위 있는 상인 필즈상을 받은 최초의 여성이자, 최초의 이란인이다. 하버드대 교수로 쌍곡기하학, 모듈라이 공간, 에르고딕 이론, 타이히뮐러 공간 이론, 심플렉틱 기하학 등을 전공했다. 그의 작업은 철저히 이론적인 것이었지만 우주의 기원을 연구하는 데에 활용됐고 공학과 재료과학에도 쓰이고 있다.

사만다 크리스토포레티 Samantha Cristoforetti, 1977~현재

유럽우주국 소속 비행사이자 이탈리아 공군 대위다. 2009년 8,000명 중에서 5명을 뽑는 선발에서 뽑혀 유럽우주국 비행단에 합류했다. 이탈리아 우주국의 임무인 푸투라 미션으로 우주에서 199일을 지냈다. 유럽인으로서는 최장기 우주 비행이자, 여성으로서도 단일 임무로 최장기 비행이었다. 학생 중심의 팀을 이끌며 미래의 달 탐사 임무를 수행한 뒤 현재 유럽우주국의 달 궤도 플랫폼 게이트웨이 프로젝트의 승무원 대표로 활동하고 있다.

소피아 젝스-블레이크 Sophia Jex-Blake, 1840~1912

여성 의사에게 의학 분야를 열어주는 데에 영향을 미쳤다. 미국과 영국의 대학에서 입학을 거절당하자 젝스-블레이크를 비롯해 에딘버러 세븐Edinburgh Seven으로 알려진 일곱 명의 여성은 에딘버러 대학에 등록했으나 학위를 취득하는 것은 거부됐다. 젝스-블레이크는 여성이 의료 면허를 따지 못하게 한 법들을 폐지한 1878년의 의료법 개정을 주도했다. 1877년에 젝스-블레이크는 마침내 베른 대학에서 의학박사 학위를 받았다.

알레타 야콥스 Aletta Jacobs, 1854~1929

의사이자 참정권 운동가였고 산아제한을 옹호했으며 평화 운동가였다. 야콥스는 네덜란드의 대학에서 의학 학위를 받은 최초의 여성이었다. 의료계의 반대에도 불구하고 세계에서 처음으로 산아제한 클리닉을 열었다. 그는 진료소에서 여성들을 돌보면서 장시간 노동이 여성의 몸에 해를 끼치는 것을 직접 확인하고 여성의 건강권과 노동권이 분리될 수 없다고 주장했다. 의학 분야를 넘어 여성참정권동맹을 공동 설립하고 평화와 자유를 위한 여성국제연맹 설립을 도왔다.

옥타비아 힐 Octavia Hill, 1838~1912

사회개혁 운동가인 힐은 영국의 오픈스페이스 운동을 주도하고 빈곤 노동계층의 주거와 생활 조건을 개선한 인물이다. 힐은 부동산을 인수해 넓은 공간에 위생 설비를 갖추고 공유 놀이터와 교실을 운영하면서 임대수입의 일부를 지역 사회에 환원했다. 국가의 땅은 국민의 것이라는 뿌리 깊은 믿음을 갖고 있었고, 공공장소를 개방하고 시골에 남아 있는 녹지를 보존해야 한다고 주장했다. 1895년 내셔널트러스트*를 설립하는 데 힘을 보탰다. 이 기금은 오늘날 수백만 명의 회원을 두고 2,400제곱킬로미터가 넘는 땅과 수백 킬로미터의 해안선을 관리하고 있다.

엘리자베스 개럿-앤더슨 Elizabeth Garrett-Anderson, 1836~1917

미국 의사 엘리자베스 블랙웰의 영향을 많이 받은 개럿-앤더슨은 결혼을 하지 않고 의학으로 삶을 채웠다. 그는 자신을 받아줄 의과대학을 찾으려 수년 동안 고군분투했고, 결국 파리에서 의학 학위를 받아 내과의사와 외과의사 자격을 갖춘 영국 최초의 여성이 됐다. 뒤에 런던에 새로운 여성병원을 만들었고, 런던 여성 의과대학의 설립을 도운 뒤 학장으로 임명됐다. 1908년 올드버러 시장에 당선돼 영국 최초의 여성 시장이 되면서 '최초'라는 수식어를 추가했다.

* 시민들의 기부로 자금을 모아 보존 가치가 높은 자연환경과 문화유산을 확보, 시민 소유로 남겨두어 보전하는 운동 혹은 그런 기금. 영국의 내셔널트러스트는 이런 기금들의 시초로 꼽힌다.

왕가리 마타이 Wangari Maathai, 1940~2011

마타이는 생물학을 전공했지만 환경운동가이자 정치운동가로 더 유명하다. 1977년 케냐에서 여성의 권리와 숲가꾸기, 환경 보전을 함께 추구하는 비정부기구인 그린벨트 운동을 설립했다. 이후 국회의원으로 선출됐고 환경천연자원야생부 차관을 지냈다. 2004년 환경개발 분야에서 민주주의와 인권을 보호한 공로를 인정받아 아프리카 여성으로는 처음으로 노벨평화상을 받았다.

자나키 아말 Janaki Ammal, 1897~1984

식물세포학자인 아말은 열정적으로 인도의 토종 식물을 연구했다. 미국에서 식물학으로 박사 학위를 받은 최초의 인도 여성이다. 식물 종 내의 번식이나 종과 종간의 교잡번식 연구에 탁월했으며 사탕수수 교잡 연구로 인도 최초의 당도 높은 신품종을 만들어냈다. 중앙식물연구소 소장이었던 그는 인도 식물을 보존해야 한다며 목소리를 냈고, 영국 식물학자의 의견보다는 토착 식물에 대한 인도인의 지식을 우선해야 한다고 주장했다. 1970~1980년대에 그는 현재 국립공원이 된 사일런트 밸리Silent Valley*의 상록 열대우림을 보존하기 위해 당시 가장 중요한 환경 이슈 중 하나였던 '사일런트 밸리 구하기' 운동에 참여했다.

칼파나 촐라 Kalpana Chawla, 1961~2003

인도 카르날에서 태어나 자란 촐라는 펀자브공대에서 항공공학을 공부한 최초의 여성이면서, 인도 여성 최초로 우주를 비행했다. 1994년 NASA 우주비행사로 선발됐고 2003년에는 컬럼비아 우주왕복선에 운용기술자이자 로봇팔 운영자로 탑승해 복무했다. 보름 동안 우주 임무를 마친 컬럼비아호는 지구 대기권으로 재진입하는 과정에서 파괴돼 촐라를 포함한 7명의 승무원이 모두 사망했다. 사후에 촐라는 미국 의회 우주명예훈장과 NASA의 우주비행훈장, 공로훈장을 받았다.

* 인도 남서부 케랄라주의 팔라카드(Palakkad)에 있는 숲.

주

서문

1 Betty De Shong Meador, *Inanna, lady of largest heart: poems of the Sumerian high priestess Enheduanna* (Austin: University of Texas Press, 2000), 52-53.
2 이 유물은 Penn Museum 소장품으로 디지털로도 만들어졌다: *https://www.penn.museum/collections/object/293415*
3 Charles Keith Maisels, *The Emergence of Civilization* (London, Routledge, 1990), 121. Meador, *Inanna, lady of largest heart*, 37.
4 Meador, Inanna, *lady of largest heart*, 37.
5 Marilyn Ogilvie and Joy Harvey, eds., *The Biographical Dictionary of Women in Science*, Volume 1 (New York: Routledge, 2000), 638.
6 Margaret Gaida, "무슬림 여성과 과학: 실종된 여성 과학자를 찾다," *Early Modern Women 11*, no. 1 (Fall 2016): 199.
7 앞 글, 202.
8 앞 글, 205

1장

1 J. F. Nunn, *Ancient Egyptian Medicine* (Norman: University of Oklahoma Press, 1996), 124.
2 Gay Robbins, *Women in Ancient Egypt* (London: British Museum Press, 1993), 79.
3 앞 책, 80.
4 앞 책, 82.
5 Nancy G. Siraisi, *Medieval and Early Renaissance Medicine: An Introduction to Knowledge and Practice* (Chicago: The University of Chicago Press, 1990), 1.
6 앞 책, 2.
7 Ann Ellis Hanson, "여성의 질병 1," Signs 1:2 (1975): 570.
8 앞 책, 572.
9 앞 책, 573.
10 Valerie French, "로마 시대의 조산사와 출산 관리," in *Midwifery and the Medicalization of Childbirth: Comparative Perspectives*, ed. Edwin van Teijlingen, George Lowis, Peter McCaffery, and Maureen Porter (New

York: Nova Science Publishers, 2004), 54.
11 앞 책, 55.
12 앞 책, 56.
13 앞 책
14 앞 책, 54.
15 Charlotte Furth, *A Flourishing Yin: Gender in China's Medical History: 960-665* (Berkely: University of California Press, 1999), 48.
16 앞 책, 268.
17 앞 책, 276.
18 앞 책, 270.
19 앞 책, 277.

2장

1 Oliver Phillips, "마녀들의 테살리아" in *Magic and Ritual in the Ancient World* 141, eds. Paul Mirecki and Marvin Meyer (Brill: 2002), 379-380.
2 D.E. Hill, "테살리아의 속임수," *Rheinisches Museum fur Philologie* 116 (1973): 223. Translations by Hill.
3 Plato, *Gorgias*, trans. Benjamin Jowett (ebooks@Adelaide, 2014) *https://ebooks.adelaide.edu. au/p/plato/p71g/complete.html.*
4 Hill, "테살리아의 속임수," 225.
5 앞 책, 225.
6 Plutarch, "신랑과 신부를 위한 조언" in *Moralia*, trans. Frank Cole Babbitt (Harvard University Press, 1928) *http://www.perseus.tufts.edu/hopper/text?doc=Perseus%3Atext%3A2008.01.0181%3Asection%3D48.*
7 Richard B. Stothers, "그리스 로마 시대의 어두운 월식," *Journal of the British Astronomical Association* (1986): 95; Ovid, *Metamorphoses* (B. Law, 1979), 63.
8 Bernard R. Goldstein, "*Babylonian Eclipse Observations from 750 BC to 1 BC*, edited by Peter J. Huber and Salvo De Meis," *Babylonian Eclipse Observations from 750 BC to 1 BC* by Peter J. Huber and Salvo De Meis 에 대한 리뷰; J.M. Steele and F.R. Stephenson, "바빌론 사람들이 측정한 일식 시간의 정확성," *Journal for the History of Astronomy* (1997).
9 Peter Bicknell, "기원전 2~1세기의 마녀 아글라오니케와 어두운 월식," *Journal of the British Astronomical Association*, no. 93 (1983): 160.
10 Fiona Maddocks, *Hildegard of Bingen: The Woman of her Age* (London: Doubleday, 2001), 54-55.
11 앞 책, 56.
12 앞 책, 59.
13 앞 책, 60.
14 Marsha Newman, "힐데가르트의 기독교 우주론," Logos: *A Journal of Catholic Thought and Culture 5*, no. 1 (Winter 2002): 42.
15 Sharon Jones and Diana Neal, "협상 여지가 있는 현재: 빙엔의 힐데가르트, 신비주의, 그리고 이론상의 변덕", Feminist Theology 11, no. 3 (2003): 379.
16 Barbara Newman, *Sister of Wisdom: St. Hildegard's Theology of the Feminine* (University of California Press, 1987), 29.
17 Amy Hollywood, "'그녀는 자신을 누구라고 생각하는가?': 기독교 여성 신비주의," Theology Today, no. 60 (2003): 8.
18 Newman, *Sister of Wisdom*, 29.

3장

1 Swerdlow, N. M. "『우라니아 프로피티아』, 마리아 쿠니츠가 『루돌프 표』를 수정 적용하다." *A Master of Science History: Essays in Honor of Charles Coulston Gillispie*, vol. 30, Springer, 2012, pp. 81-121.
2 앞 책, 81.
3 제1법칙: 행성은 태양을 중심으로 타원 궤도로 움직인다. 제2법칙: 태양의 중심과 행성의 중심은 동일한 시간 간격으로 동일한 면적을 거친다. 제3법칙: 행성이 궤도를 도는 데 걸리는 시간은 태양으로부터의 거리와 직접적인 관련이 있다.
4 Swerdlow, 81.
5 Londa Schiebinger, *The Mind Has No Sex?: Women in the Origins of Modern Medicine* (Harvard University Press, 1989), 37.
6 앞 책, 44.
7 Grier, *When Computers Were Human*, 13-14.
8 앞 책, 14-15.
9 뉴턴과 핼리에 관한 모든 정보는 Grier, *When Computers Were Human*, 13-15.
10 앞 책, 20.
11 Whaley, *Women's History as Scientists*. 135
12 Bernardi, "혜성 예측자: 니콜-르네 르포트", *Cosmos Magazine*, 2018.
13 Meghan Roberts, "배움과 사랑: 계몽주의 시대 프랑스의 대표 여성 천문학자", *Journal of Women's History* 2017. 21.
14 Roberts, 24.
15 Roberts, 15.
16 Swerdlow, 85.
17 Mazzotti, Massimo. *The World of Maria Gaetana Agnesi, Mathematician of God* (Johns Hopkins University Press, 2007), 15.
18 Massimo Mazzotti, "마리아 아녜시: 수학과 가톨릭 계몽주의의 형성" *Isis*, vol. 92, no. 4, 2001, 670.
19 앞 글, 673.
20 앞 글, 674.
21 Ki Che Leung, *Biographical Dictionary of Chinese Women*, 231.
22 Benjamin A. Elman, *A Cultural History of Modern Science in China*, 17.
23 청나라의 튀코 브라헤 이론에 관해서는 Elman 저서 4면을, 왕진이의 태양중심설은 Peterson, *Notable Women of China: Shang Dynasty to the Early Twentieth Century*, 344-345.
24 Peterson, 344.

4장

1 조수로서 본 경우, Londa Schiebinger, *The Mind Has No Sex?: Women in the Origins of Modern Medicine* (Harvard University Press, 1989), 261;
공동 연구자로 본 경우, Meghan K. Roberts, "철학자 마리아와 조력자 마리아: 18세기 프랑스의 문인들과 결혼 생활," *French Historical Studies* 35, no. 3, (Summer 2012): 536.
2 Patricia Fara, *Pandora's Breeches: Women, Science and Power in the Enlightenment* (Pimlico, 2004), 176.
3 앞 책, 176.
4 앞 책, 178.
5 앞 책, 178.
6 앞 책, 173.
7 William B. Ashworth, "오늘의 과학자

- 엘리자베타 헤벨리우스," published by the Linda Hall Library December 22, 2017. *https://www.lindahall.org/elisabeth-hevelius/*.

8 Fara, *Pandora's Breeches*, 137

9 Joseph L. Spradley, "여성이 만든 별 목록 200주년," *The Astronomy Quarterly* 7 (1990): 178.

10 Gabriella Bernardi, "엘리자베타 헤벨리우스 (1647-1693)" in *The Unforgotten Sisters* (Springer International Publishing, 2016), 70.

11 Spradley, 178.

12 Michelle DiMeo, "'그 누이가 그 동생을 만들다: 라널러 부인이 로버트 보일에게 미친 영향," *Intellectual History Review* 25, no.1 (2015): 23.

13 앞 글, 23.

14 앞 글, 29.

15 앞 글, 29.

16 Alan Cook, "과학혁명의 여성들," *Notes and Records: The Royal Society Journal of the History of Science* 51, no. 1 (1997): 2.

17 Caroline Herschel, *Memoir and correspondence of Caroline Herschel*, ed. Mrs. John Herschel (London: John Murray, 1879), ix.

18 Richard Holmes, *The Age of Wonder* (Vintage Books: 2008), 63-67; Michael Hoskin, "굴욕과 고행으로 점철된 카롤린 허셜의 삶,'" *Journal for the History of Astronomy* 45, no. 4 (2014): 443-445.

19 Herschel, *Memoir and Correspondence*, 52.

20 Herschel, *Memoir and Correspondence*, 76.

5장

1 Keiko Kawashima, "마담 라부아지에 연구에서 젠더 문제의 진화," *Historia Scientiarum* 23, no. 1 (2013): 33.

2 Katharine Park, *Secrets of Women: Gender, Generation and the Origins of Human Dissection* (Cambridge, Zone Books, 2010).

3 Rebecca Messbarger, "밀랍 조각: 안나 모란디의 해부학적 조각품," *Configurations 9*, no. 1 (2001): 66-68.

4 앞 글, 70-74.

5 Rebecca Messbarger, *The Lady Anatomist: The Life and Work of Anna Morandi Manzolini* (Chicago: University of Chicago Press, 2010), 10-11.

6 앞 책, 11-12. Marilyn Ogilvie and Joy Harvey, eds., *The Biographical Dictionary of Women in Science: Pioneering Lives from Ancient Times to the Mid-20th Century*, Volume 1 (New York: Routledge, 2000), 426.

7 앞 책, 13.

8 Rebecca Messbarger, 74.

9 앞 글, 76.

10 앞 글, 85.

11 Rose Marie San Juan, "촉각의 공포: 안나 모란디의 밀랍 손 모형," *Oxford Art Journal* 34, no. 3 (2011): 439.에서 인용

12 앞 책, 66.

13 Rebecca Messbarger, *The Lady Anatomist*, 11.

14 앞 책, Chapter 4.

15 Londa Schiebinger, *The Mind Has No Sex? Women in the Origins of Modern Science* (Cambridge: Harvard University Press), 1989, 246.

16 앞 책.
17 앞 책, 250.
18 앞 책, 251.
19 Ogilvie and Harvey, *Biographical Dictionary*, 426.
20 Schiebinger, *The Mind Has No Sex?*, 251.
21 앞 책, 252.

6장

1 Londa Schiebinger, *Plants and Empire: Colonial Bioprospecting in the Atlantic World* (Cambridge, MA, Harvard University Press), 50.
2 Glynis Ridley, *The Discovery of Jean Baret: A Story of Science, the High Seas, and the First Woman to Circumnavigate the Globe* (Broadway Books, 2011).
3 Schiebinger, *Plants and Empire*, 46.
4 Schiebinger, *Plants and Empire*, 51.
5 Sandra Knapp, "남장을 한 여성 식물학자," Nature 470 (2011) *https://www.nature.com/ articles/470036a.*
6 Schiebinger, *Plants and Empire*, 50.
7 Ridley, *Discovery*, 48.
8 Sharon Valiant, "마리아 메리안: 18세기 전설의 재발견," *Eighteenth-Century Studies* 26, no. 3 (1993).
9 Schiebinger, *Plants and Empire*, 33-34. 인용.
10 Schiebinger, *Plants and Empire*, 32.
11 Maria Sibylla Merian, "Plate XLV," Metamorphosis insectorum Surinamensium (Tot Amsterdam, Voor den auteur..., als ook by Gerarde Valck, 1705). Translation from the Dutch by Patricia McNeill.
12 Sheibinger, *Plants and Empire*, 35.
13 Cheryl McEwan, "19세기 영국의 젠더, 과학, 물리적 지리," *Area 30*, no. 3 (1998): 218-219.
14 John Kwadwo Osei-Tutu and Victoria Smith, "서아프리카의 요새와 성을 설명하다" in *Shadows on Empire in West Africa*, eds. John Kwadwo Osei-Tutu and Victoria Smith (Palgrave Macmillan, 2018), 2.
15 Mary Orr, "여성 과학 저자와 번역의 소재: 박제술의 예(1820)," *Journal of Literature and Science* 8, no. 1 (2015): 27.
16 Carl Thompson, "여성 여행자들, 낭만주의 시대 과학과 뱅크스 제국" *Notes and Records: The Royal Society Journal of the History of Science* (2019):
17 "The Slavery Connection: Bexley Heritage Trust, 2007- 2009." Antislavery Usable Past, 2009-007. http://www.antislavery.ac.uk/items/show/23.

7장

1 Florence Fenwick Miller, *Harriet Martineau*, ed. John H. Ingram (London: W.H. Allen & Co., 1884), 221-222.
2 Geoffrey Cantor, et al., *Science in the Nineteenth-Century Periodical* (Cambridge University Press, 2004), 13.
3 Bernard Lightman, *Victorian Popularizers of Science: Designing Nature for New Audiences* (University

of Chicago Press, 2007), 32.

4 Leigh and Rocke, *Chemistry in Regency England*, 31; Jane Marcet, *Conversations on Chemistry*, vol. 2 (London: Longman, Green, Longman, and Roberts, 1853).

5 Jeffery G. Leigh and Alan J. Rocke, "19세기 초 영국의 여성과 화학: 마셋가의 새로운 빛," *Ambix 63*, no. 1 (2016): 28.

6 Susan M. Lindee, "제인 마셋의 화학과의 대화에 대한 미국 경험(career)" *Isis* 82, no. 1 (1991).

7 Bernard Lightman, *Victorian Popularizers*, 99.

8 Suzanne Le-May Sheffield, *Revealing New Worlds: Three Victorian Women Naturalists* (Routledge, 2013), 15.

9 앞 책, 16.

10 앞 책, 19.

11 Barbara T. Gates, *Kindred Nature: Victorian and Edwardian Women Embrace the Living World* (University of Chicago Press, 1998), 39.

12 Lightman, *Victorian Popularizers*, 155.

13 Alan Rauch, "우화와 패러디: 자연의 우화와 만나는 마거릿 개티의 독자" *Children's Literature* 25 (1997): 141.

14 Jordan Larsen, "진화하는 정신: 애러벨라 버클리의 진화 서사의 도덕과 상호주의" *Notes and Records: Royal Society Journal of the History of Science* 71 (2017): 391-393.

15 Lightman, *Victorian Popularizers*, 239.

8장

1 Barbara T. Gates, *Kindred Nature: Victorian and Edwardian Women Embrace the Living World* (University of Chicago Press, 1998), 36; Merrill, Lynn L., *The Romance of Victorian Natural History* (New York: Oxford University Press, 1989), 8-9.

2 Gates, *Kindred Nature*, Chapter 8.

3 Gates, *Kindred Nature*, 35-36.

4 Ann B. Shteir, *Cultivating Women, Cultivating Science: Flora's Daughters and Botany in England 1760-1860* (Johns Hopkins University Press, 1996), 35.

5 Meegan Kennedy, "'자연의 미세한 아름다움'을 구별: 빅토리아 의과 대학에서 자연 신학으로서의 식물학" in *Strange Science: Investigating the Limits of Knowledge in the Victorian Age* (University of Michigan Press, 2017), 44.

6 Londa Schiebinger, *Nature's Body: Gender in the Making of Modern Science* (Rutgers University Press, 1993), 17.

7 Kennedy, 43.

8 Shteir, *Cultivating Women*, 64.

9 앞 책, 157.

10 앞 책, 157.

11 앞 책, 197.

12 앞 책, 225-226.

13 Tina Gianquitto, "식물군과 암수한몸: 리디아 베커, 다윈의 식물학, 그리고 교육 개혁," *Isis* 104, no. 2 (June 2013): 250-251.

14 Shteir, *Cultivating Women*, 227.

15 Maureen Wright, *Elizabeth Wolstenholme Elmy and the Victorian Feminist Movement: The biography of an insurgent woman* (Manchester University Press, 2011), 1.

16 Leila McNeill, "아이들에게 성에 관해 가르치기 위해 식물학을 사용한 초기 페미니스트," *The Atlantic*, October 6, 2016, *https://www.theatlantic.com/science/archive/2016/10/the-early-feminist-who-used-botany-toteach-kids-about-sex/503030/#:~:targetText=But%20when%20Elizabeth%20Wolstenholme%20Elmy,as%20a%20sex%2Deducation%20handbook.*

17 Gates, *Kindred Nature*, 132.

18 Elizabeth Wolstenholme Elmy, "아기 새싹들" in *In Nature's Name: An Anthology of Women's Writing and Illustration 1780-1930*, ed. Barbara T. Gates (University of Chicago Press, 2002), 485.

9장

1 Susan M. Reverby, *Ordered to Care: The Dilemma of American Nursing, 1850-1945* (Cambridge: Cambridge University Press), 1987, 11.

2 앞 책, 12

3 Patricia D'Antonio, *American Nursing: A History of Knowledge, Authority, and the Meaning of Work* (Baltimore: The Johns Hopkins University Press, 2010), 5.

4 앞 책, 27.

5 앞 책, 13.

6 앞 책, 20. Charlotte Furth, *A Flourishing Yin: Gender in China's Medical History: 960-1665* (Berkeley: The University of California Press, 1999).

7 Althea T. Davis, *Early Black American Leaders in Nursing: Architects for Integration and Equality* (Jones and Bartlett Publishers and National League for Nursing, 1999): 3-4.

8 앞 책, 5. Katherine Bankole, *Slavery and Medicine: Enslavement and Medical Practices in Antebellum Louisiana* (New York, Garland Publishing, 1998).

9 앞 책, 7.

10 앞 책, 12.

11 "Classified Ad 29," *The New York Times*, September 25, 1861. ProQuest Historical Newspapers.

12 앞 책.

13 D'Antonio, *American Nursing*, 9.

14 Reverby, *Ordered to Care*, 47.

15 Florence Nightingale, *Notes on Nursing: What it is, and what it is not* (New York: D. Appleton and Company, 1860). *https://digital.library. upenn.edu/women/nightingale/nursing/nursing.html*

16 앞 책.

17 D'Antonio, *American Nursing*, 6.

18 앞 책, 11.

19 앞 책, 16.

20 앞 책, 17.

21 Davis, *Early Black American Leaders*, 28-29.

22 D'Antonio, *American Nursing*, 26.

23 Davis, *Early Black American Leaders*, 32.

24 앞 책, 39.

25 앞 책, 40-41.

26 앞 책, 43.

27 앞 책, 46-48.

28 D'Antonio, *American Nursing*, 74.

29 앞 책, 26.

30 Marjorie N. Feld, Lillian Wald: *A Biography* (Chapel Hill: University of North Carolina Press, 2008), 33.

31 앞 책, 35.

32 앞 책, 8.

33 Elizabeth Free and Liping Bu, "공중보건 간호의 기원: 헨리스트리트 방문간호 서비스," *American Journal of Public Health* 100, no. 7 (2010): 1206-1207.

34 *https://socialwelfare.library.vcu.edu/people/wald-lillian/*

35 Lillian Wald, *The House on Henry Street* (New York: Henry Holt and Company, 1912), 29.

36 앞 책, 32.

37 Feld, Lillian Wald, 35.

10장

1 Thomas Neville Bonner, *To The Ends of the Earth: Women's Search for Education in Medicine* (Cambridge: Harvard University Press, 1995).

2 Leila McNeill, "안나 피셔-뒤켈만 박사 - 독일 제국의 자연 요법 및 여성 의사," (Masters Thesis, University of Oklahoma, 2014), 53.

3 앞 책, 18-20.

4 앞 책, 33.

5 앞 책, 27.

6 앞 책, 34.

7 앞 책.

8 앞 책, 2.

9 앞 책, 55.

10 Debra Michals, "엘리자베스 블랙웰," National Women's History Museum, online. *https://www.womenshistory.org/education-resources/biographies/elizabeth-blackwell Last accessed September 9, 2019.*

11 Regina Markell Morantz-Sanchez, *Sympathy and Science: Women Physicians in American Medicine* (Oxford: Oxford University Press, 1985), 48.

12 앞 책, 49.

13 앞 책, 65.

14 앞 책, 76

15 Sarah Ross Pripas-Kapit, "세계 여성 의사 교육: 펜실베니아 여성 의과대학 국제 학생, 1883-1911" (PhD Diss., University of California, Los Angeles, 2015), 1.

16 앞 책, 5.

17 Sarah Ross Pripas-Kapit, 4.

18 Leila McNeill, "인도 여성을 의학으로 안내한 19세기 '여성 의사'," *Smithsonian Magazine* August 24, 2017. Online *https://www.smithsonianmag.com/sciencenature/19th-century-lady-doctor-ushered-indian-womenmedicine-180964613/ Last accessed September 9, 2019.*

19 Meera Josambi, "아난디바이 조쉬: 조각난 페미니스트 이미지를 되찾다," *Economic and Political Weekly* 31, no 49 (1996), 3190

20 McNeill, "인도 여성을 의학으로 안내한 19세기 '여성 의사'".

21 Pripas-Kapit, "세계 여성 의사 교육: 펜실베니아 여성 의과대학 국제 학생, 1883-1911", 51.

22 앞 책, 55-56.

23 앞 책, 57.

24 앞 책, 57-58.

25 Sarah Pripas-Kapit, "'약속은 깨졌다: 찰스 이스트먼, 수전 라플레쉬 피코트, 그

리고 진보 시대의 아메리칸 인디언 동화 정치," *Great Plains Quarterly* 35, no.1 (2015), 54-55.

26 앞 글, 55.

27 Pripas-Kapit, "세계 여성 의사 교육: 펜실베니아 여성 의과대학 국제 학생, 1883-1911", 78-79.

28 앞 글, 80.

29 Valerie Sherer Mathes, "수전 라플레쉬 피코트 박사: 19세기 의사와 개혁가," Great *Plains Quarterly* 13, no. 3 (1993), 178.

30 Valerie Sherer Mathes, "수전 라플레쉬 피코트 박사: 19세기 의사와 개혁가," 174.

31 Pripas-Kapit "세계 여성 의사 교육: 펜실베니아 여성 의과대학 국제 학생, 1883-1911", 92.

32 앞 글, 97.

33 앞 글, 100.

34 앞 글, 101

35 Meera Josambi, "아난디바이 조쉬: 조각난 페미니스트 이미지를 되찾다," *Economic and Political Weekly* 31, no 49 (1996), 3192.

11장

1 Dorothea Klumpke, "천문학에서 여성의 일" in *The Observatory* (1899), 299-300.

2 앞 글, Chapter 4.

3 David Alan Grier, *When Computers Were Human*, (Princeton University Press, 2005), 5.

4 앞 책, Chapter 4.

5 Grier, *When Computers Were Human*, 20-25.

6 Margaret W. Rossiter, "'과학에서 여성의 일, 1880-1910," *Isis* 71, no. 3 (1980): 382.

7 Grier, *When Computers were Human*, 83.

8 Sobel, *The Glass Universe: How The Ladies of the Harvard Observatory Took the Measure of the Stars* (NY: Viking University Press, 2016), 96.

9 Pamela Mack, "전략과 타협: 하버드 대학 천문대의 여성 천문학자, 1870-1929," *Journal for the History of Astronomy* 21, no. 1 (1990): 70.

10 Mack, "전략과 타협," 70.

11 Mary Bruck, "노예 임금 노동자" in *Women in Early British and Irish Astronomy* (Springer, 2009), 203.

12 Peggy Aldrich Kidwell, "영국의 여성 천문학자, 1780-1930," *Isis* 75, no. 3 (1984): 536.

13 Bruck, "노예 임금 노동자," 203.

14 Ogilvie, "절대적으로 필요한 아마추어: 애니 마운더(1868-1947)와 전문 천문학 여명기의 영국 여성 천문학자," *British Journal for the History of Science* 33 (2000): 73.

15 M.T. Bruck, "1890년 초 그리니치의 여성 계산원들," *Quarterly Journal of the Royal Astronomical Society* 36 (1995): 90.

16 Bruck, "노예 임금 노동자," 204.

17 T. Stevenson, "호주 최초의 여성 천문학자를 보다: 천체 목록에 사용된 측정자와 컴퓨터," *Publications of the Astronomical Society of Australia* 31 (2014): 2.

18 앞 책, 2-3.

19 Bruck, "노예 임금 노동자," 216.

20 Stevenson, "호주 최초의 여성 천문학자

를 보다," 5.

21 앞 글, 7.

22 앞 글, 4.

23 D. Hoffleit, "변광성 천문학의 역사 속 여성," *American Association of Variable Star Observers* (1993): 6.

12장

1 Harriet Gillespie, "하인을 대체하는 노동력 절감 장치," *Good Housekeeping*, January 1913, 132-134.

2 앞 글, 133.

3 Elisa Miller, "가정의 이름으로: 여성, 가정 과학 및 미국 고등 교육, 1864-1930" (PhD Diss., University of Illinois Urbana-Champaign, 2003), 10-11.

4 Laurel D. Graham, "가정의 효율성: 릴리언 길브레스의 가사노동의 과학적 경영, 1924-1930," *Signs* 24, no. 3 (1999), 646.

5 앞 책, 52-53.

6 "가사도우미와 새로운 기구," *Good Housekeeping*, January 1913, 135-136.

7 Graham, "가정화의 효율성," 637.

8 앞 책, 638.

9 앞 책, 638-639.

10 앞 책, 639.

11 앞 책.

12 앞 책, 642.

13 앞 책, 659.

14 앞 책.

15 Leila McNeill, "과학용 쥐 사육의 역사, 한 여성의 헛간에서 시작되다," Smithsonian.com, March 20, 2018, *https://smithsonianmag.com/sciencenature/history-breeding-mice-science-leads-back-womanbarn-180968441/ Last accessed September 18, 2019.*

16 앞 책.

17 Karen Rader, *Making Mice: Standardizing Animals for American Biomedical Research, 1900-1955* (Princeton: Princeton University Press, 2004), 42.

18 David P. Steensma, et. al., "'그랜비의 쥐 여인' 애비 래스롭: 설치류 팬시어이자 유전학의 우발적 선구자," *Mayo Clinic Proceedings* 85, no. 11 (2010), e83.

19 [Brooklyn Eagle] "쥐 농장을 운영하는 여자," *The Washington Post* June 20, 1909, M4.

20 [New York Press] "쥐와 생쥐를 키우다." *The Los Angeles Times* December 26, 1907, 16.

13장

1 Hall, Lesley A, "스톱스 (결혼한 이름 로), 마리 샬럿 카마이클 (1880-1958), 성 연구자이자 산아제한 옹호자," *Oxford Dictionary of National Biography*, 2004. Accessed September 24, 2019. *https://www-oxforddnb-com.ezproxy.lib.ou.edu/view/10.1093/ref:odnb/9780198614128.001.0001/odnb-9780198614128-e-36323.*

2 Laura Doan, "마리 스톱스의 놀라운 리듬 차트: 자연주의의 정상화," *Journal of the History of Ideas*, 78, no. 4 (2017), 595-620.

3 Wendy Kline, *Building a Better Race: Gender, Sexuality, and Eugenics from the Turn of the Century to the Baby Boom* (Berkeley, University of California Press, 2005): 13.

4 앞 책, 13, 20.

5 Greta Jones, "영국의 여성과 우생학: 메리 샬리브, 엘리자베스 슬론 체서, 스텔라 브라운 사건," *Annals of Science* 52:5 (1995): 485.

6 앞 글, 489.

7 "Notes," *Nature March* 17, 1921, 88. *https://books.google.co.uk/books?id=3-4RAAAAYAAJ&pg*

8 Esther Katz, "마거릿 생어(1879. 09. 14 - 1966. 09. 06), 산아 제한 옹호자." *American National Biography*. 1 Feb. 2000; Accessed 24 Sep. 2019. *https://www-anb-org.ezproxy.lib.ou.edu/view/10.1093/anb/9780198606697.001.0001/anb-9780198606697-e-1500598.*

9 방문 간호와 구제소에 관해서는 이 책 9장 참조.

10 Margaret Sanger, "'여성의 반란'과 산아제한 투쟁," [1916. 04]. Published article. 출처: 선동 행위 조사를 위한 합동 입법 위원회의 기록, 뉴욕주 기록 보관소, 마거릿 생어 기록물 C16:1035. *https://www.nyu.edu/projects/sanger/webedition/app/documents/show.php?sangerDoc=306320.xml*

11 "신도 없고 주인도 없다: 마거릿 생어의 산아 제한," *History Matters*, George Mason University. Accessed December 26, 2019.http://historymatters.gmu.edu/d/5084/.

12 Debra Michals, "마거릿 생어." 미국 여성 역사 박물관, 2017. Accessed September 27, 2019. www.womenshistory.org/education-resources/biographies/margaret-sanger.

13 Cathy Moran Hajo, *Birth Control on Main Street: Organizing Clinics in the United States, 1916-1939* (University of Illinois Press, 2010): 11.

14 Jennifer Young, "미국의 모성 해방 선언," *Lady Science*, November 16, 2017. *https://www.ladyscience.com/emancipationproclamation-to-the-motherhood-of-america/no38.*

15 앞 책, 12-13.

16 Cathy Moran Hajo, "모든 여성이 알아야 하는 것: 미국 산아제한 클리닉, 1916-1940," *PhD Diss*. (New York University, 2006): 321-322.

17 앞 글, 323.

18 앞 글, 327.

19 앞 글, 327.

20 Lakshmeeramya Malladi, "United States v. One Package of Japanese Pessaries (1936)". *Embryo Project Encyclopedia* (2017-05-24). ISSN: 1940-5030 http://embryo.asu.edu/handle/10776/11516.

14장

1 Zelia Nuttall, "열대 아메리카 원주민의 새해: 열대 아메리카의 고대 거주민과 그 부활의 신년 축제," *Pan American Miscellany*, no. 9 (1928): 7.

2 Carmen Ruiz, "멕시코 고고학의 내부자와 외부자(1890-1930)" (PhD diss., University of Texas at Austin, 2003), 32.

3 Zelia Nuttall, "고대 멕시코 미신," *The Journal of American Folklore* 10, no. 39 (1897): 265-266.

4 David L. Brownman, *Cultural Negotiations: The Role of Women in the Founding of Americanist Archaeology*

(University of Nebraska Press, 2013), 5.

5 바디 미국 고고학 및 민족학 박물관 연례 보고서, vol. III (John Wilson and Son, 1887), 566.
6 Ruiz, "멕시코 고고학의 내부자와 외부자," 36.
7 Nuttal, "고대 멕시코 미신," 265.
8 앞 책, 281.
9 Ruiz, "멕시코 고고학의 내부자와 외부자," 249.
10 Margaret M. Bruchac, *Savage Kin: Indigenous Informants and American Anthropologists* (University of Arizona Press, 2018), 33.
11 앞 책, 29.
12 앞 책, 83, 86.
13 앞 책, 108.
14 앞 책, 109.
15 앞 책, 110. 인용
16 Brownman, *Cultural Negotiations*, 128.
17 M.R. Harrington, "집섬케이브의 인간과 야수," *Desert Magazine* 3, no. 6, April 1940, 5.
18 M.R. Harrington, "나무늘보와 함께 발견된 재," *The Science News-Letter* 17, no. 478, (June 17, 1930): 365.
19 Bruchac, *Savage Kin*, 103.
20 Bruchac, *Savage Kin*, 127.
21 Bruchac, *Savage Kin*, 130.

15장

1 "The S-1 Committee," Atomic Heritage Foundation, April 27, 2017, *https://www.atomicheritage.org/history/s-1-committee.*
2 Ruth H. Howes and Caroline L. Herzenberg, *Their Day in the Sun: Women of the Manhattan Project*, (Philadelphia: Temple University Press, 1999), 39. 인용.
3 앞 책, 14
4 앞 책, 98. 본 책 12장.
5 Jennifer Light, "여성 계산원들이 오다," *Technology and Culture* 20, no. 3. (1999): 471-472.
6 Howes and Herzenberg, *Their Day in the Sun*, 13.
7 Leon Lidofsky, "우젠슝, 1912. 05. 29~1997. 02. 16," *Proceedings of the American Philosophical Society* 145, no.1 (2001): 119.
8 Leslie R. Groves, *Now It Can Be Told: The Story of the Manhattan Project* (Harper & Brothers, 1962), 166.
9 Howes and Herzenberg, *Their Day in the Sun*, 16.
10 Denise Kiernan, *The Girls of Atomic City: The Untold Story of the Women who Helped Win World War II* (NY: Touchstone, 2013), 86.
11 Toshihiro Higuchi, "인식론적 마찰: 방사능 낙진, 건강 위험 평가 및 아이젠하워 정부의 핵실험 금지 정책, 1954-1958," *International Relations of the Asia-Pacific* 18 (2018): 100.
12 앞 글, 101.
13 Simikoh, "사루하시 카츠코 이야기(1929-2007)," Contemporary Japaense Feminist Debates at Penn, 2016, *https://japanfeministdebates.wordpress.com/2016/11/30/a-life-story-of-saruhashikatsuko-1920-2007/.*
14 앞 책.

16장

1 Qinna Shen, "나치 독일로부터 도피한 학자: 에미 뇌터와 브린모어 칼리지," *The Mathematical Intelligencer* 41, no. 3 (2019): 53.
2 앞 책, 65.
3 앞 책, 55.
4 Shen, "나치 독일로부터 도피한 학자," 55. 인용
5 앞 책, 60.
6 Michael Cavna, "에미 뇌터 구글두들: 아인슈타인이 그녀를 '창의적인 수학 천재'라고 부르는 이유,'" *The Washington Post*, March 23, 2015, *https://www.washingtonpost.com/news/comic-riffs/wp/2015/03/23/emmy-noether-google-doodle-why-einsteincalled-her-a-creative-mathematical-genius/.*
7 Evelyn Lamb, "헤르만 바일의 에미 뇌터 추도사," *Scientific American*, November 23, 2016, *https://blogs.scientificamerican.com/roots-of-unity/hermann-weyls-poignant-eulogy-for-emmy-noether/*
8 Shen, "나치 독일로부터 도피한 학자," 65.
9 Arnold Reisman, "힐다 가이링거: 터키가 응용수학의 선구자이자 시대를 앞서간 여성을 파시즘에서 구출하다," *Women in Judaism: A Multidisciplinary Journal* 4, no. 2 (Fall 2007): 2.
10 Alp Eden and GurolIrzik, "터키로 도피한 독일 수학자들: 미하르트 폰 미제스, 윌리엄 프레이저, 힐다 가이링거, 그리고 터키 수학에 미친 영향," *Historia Mathematica* 39 (2012): 442.
11 Siegmund-Schultze, *Mathematicians Fleeing from Nazi Germany: Individual Fates and Global Impact* (Princeton University Press, 2009), 369-370.인용.
12 Margaet W. Rossiter, *Women Scientists in America: Before Affirmative Action*, 1940-1972 (Johns Hopkins University Press, 1995), 36. 인용.
13 Henry Lang, "청력을 잃어가는 틸리 에딩거," *Tilly Edinger: Leben Und Werk Einer Judischen Wissenschaftlerin vol. 1*, eds. Rolf Kohring and Gerald Kreft (Schweizerbart Sche Vlgsb., 2003), 362.
14 앞 책, 362
15 Alice Hamilton, *Exploring the Dangerous Trades: The Autobiography* (Little, Brown and Company, 1943), 397-398.
16 Phyllis Appel, "틸리 에딩거 박사, 고생물학자, 1897-1967" in *The Jewish Connection: Profiles of the Famous and Infamous* (Graystone Enterprises LLC, 2013).
17 Emily A. Bucholtz and Ernst-August Seyfarth, "화석 두뇌의 복음: 틸리 에딩거와 고생물신경학," *Brain Research Bulletin* 48, no. 4 (199): 356.
18 Lang, "청력을 잃어가는 틸리 에딩거," 367.

17장

1 Qutd. in Eileen Boris, "모성의 힘: 흑인과 백인 활동가 여성들이 "정치적"을 재정의하다," *Yale Journal of Law and Feminism* 2, no. 25 (1989): 25.
2 Nancy C. Unger, *Beyond Nature's*

Housekeepers: American Women in Environmental History (NY: Oxford University Press, 2012), 84-85. 인용.

3 Carolyn Merchant, "여성의 진보적 보존 운동: 1900-1916," *Environmental Review* 8, no. 1 (1984): 74-75. 인용.

4 본 책 4장 참조.

5 Leila McNeill, "MIT 최초의 여학생이 여성으로만 구성된 화학 실험실을 시작하고 식품 안전을 위해 싸웠다," Smithsonian.com, December 18, 2018, *https://www.smithsonianmag.com/science-nature/first-female-student-mit-started-women-chemistry-lab-foodsafety-180971056/.*

6 Robert K. Musil, *Rachel Carson and Her Sisters, Extraordinary Women Who Have Shaped America's Environment* (Rutgers University Press, 2014), 48.

7 Babara Haber, ""요리" in *The Reader's Companion to U.S. Women's History*, eds. Wilma Mankiller, Gwendolyn Mink, Marysa Navarro, Barbara Smith, and Gloria Steinam (NY: Houghton Mifflin Company, 1998), 136.

8 Ellen Henrietta Richards, *The Art of Right Living* (Whitcomb & Barrows, 1904), 47.

9 Boris, "모성의 힘," 32.

10 앞 글, 27.

11 Rebecca Cole, "필라델피아 여성선교회의 첫 모임," *The Women's Era* 3, no. 4 (1896): 5.

12 Mary Church Terrell, "유색인종 여성의 진보", 워싱턴DC 콜롬비아 극장에서 전미 여성 참정권협회에 전달한 연설, 1898, 10-11.

13 앞 글, 14.

14 Unger, *Beyond Nature's Housekeepers*, 87.

15 Merchant, "여성의 진보적 보존 운동," 59. 인용.

16 Jack E. Davis, "'보존은 이제 죽은 단어가 되다': 마조리 스톤맨 더글러스와 미국 환경주의의 변화," *Environmental History* 8, no. 1 (2003): 56

17 Mary Anne Peine, "야생을 위한 여성: 더글러스, 엣지, 무리 및 미국 환경 보호 운동." MA thesis, (University of Montana, 2002), 18. 인용.

18 Davis, "'보존은 이제 죽은 단어가 되다,'" 59.

19 Marjory Stoneman Douglas, *The Everglades: River of Grass* (Rinehart & Company, Inc., 1947), 5.

20 Davis, "'보존은 이제 죽은 단어가 되다,'" 62.

21 Unger, *Beyond Nature's Housekeepers*, 95-97

22 앞 책, 99.

18장

1 Mamie Phipps Clark, "1976년 5월 25일 마미 클라크 인터뷰." by Ed Edwin in *The Reminiscences of Mamie Clark* (Alexandria: Alexander Street Press, 2003), 101.

2 앞 글.

3 Axelle Karera (2010) and Alexandra Rutherford (2017), "마미 핍스 클라크 프로필," in Psychology's Feminist Voices Multimedia Internet Archive, ed. A. Rutherford. Accessed December 23, 2019, http://www.feministvoices.com/mamie-phipps-clark/.

4 Clark, "1976년 5월 25일 마미 클라크 인터뷰."
5 Clark, "1976년 5월 25일 마미 클라크 인터뷰."
6 Karera, "마미 핍스 클라크 프로필."
7 Clark, "1976년 5월 25일 마미 클라크 인터뷰."
8 "'인형 테스트'의 중요성,'" NAACP Legal Defense Fund, Accessed November 29, 2019, *https://www.naacpldf.org/ldf-celebrates-60th-anniversary-brown-v-boardeducation/significance-doll-test/*
9 Shirley Mahaley Malcom, Paula Quick Hall, Janet Welsh Brown, "이중 구속: 소수자 여성으로서 치르는 대가," 미국과학진흥협회 회의록(76-R-3) 1976), ix.
10 앞 글, 1.
11 앞 글, 8-9.
12 앞 글, 18.
13 앞 글, 35.
14 Olivia A. Scriven, "개별주의의 정치: HBCUs, 스펠먼 대학, 그리고 흑인여성 과학교육을 위한 투쟁, 1960-1997." (PhD Diss, Georgia Institute of Technology, 2006), 10.
15 앞 글, 77.
16 앞 글, 16.
17 앞 글, 93.
18 앞 글, 86-87.
19 앞 글, 130.
20 May Edwin Mann Burke, "가정경제에 관한 플레미 팬시 키트렐의 교육적 기여," (PhD Diss University of Maryland, 1988), 6-11.
21 앞 책, 12.
22 Allison Beth Horrocks, "요리책과 함께하는 친선대사: 플레미 키트렐과 가정경제학 국제정치," (PhD Diss, University of Connecticut, 2016), 2.
23 앞 책, 14.
24 Horrocks, "요리책과 함께하는 친선대사," 46.
25 Burke, "플레미 팬시 키트렐의 업적," 24. 미국 사회에서 가정 경제 및 국내 공학의 위치에 대한 자세한 내용은 본 책 13장 참조. 13, this volume.
26 앞 글, 29.
27 Horrocks, "요리책과 함께하는 친선대사," 7.
28 Burke, "가정경제에 관한 플레미 팬시 키트렐의 교육적 기여," 37.
29 앞 글, 36.
30 Horrocks, "요리책과 함께하는 친선대사," 9.

19장

1 "발렌티나 테레시코바," 스미스소니언 국립 우주항공박물관. 2019년 10월 24일 *https://airandspace.si.edu/people/historical-figure/valentinatereshkova*
2 Asif A. Siddiqi, *Sputnik and the Soviet Space Challenge* (Gainesville, University Press of Florida, 2003), 353.
3 스미스소니언, "발렌티나 테레시코바,".
4 앞 글.
5 Barbara Evans Clements, "테레시코바, 발렌티나," in *The Oxford Encyclopedia of Women in World History*, ed. Bonnie G. Smith (Oxford: Oxford University Press, 2008).
6 Asif A. Siddiqi, 354면 인용.
7 *Spaceport News* June 20, 1963. 이 책에 인용된 스페이스포트 뉴스의 모든 기사는 케네디우주센터 파일, 유인우주비행 사무소, 공보실, 미국 캘리포니아주 애틀랜타의 국립문서기록관리국에서 가져온

것이다.

8 앞 기사, 2.

9 본 책 12장 참조

10 Margot Lee Shetterly, *Hidden Figures: The American Dream and the Untold Story of the Black Women Who Helped Win the Space Race* (New York: William Morrow & Company, 2016)도 참조.

11 Matthew Sanders, "우주로 진짜 음식을 가져간 여성," *Smithsonian National Air and Space Museum*, April 9, 2018. *https://airandspace.si.edu/stories/editorial/woman-who-got-real-food-space.*

12 앞 글.

13 Anna Reser, "NASA '핑크 컬러' 인력의 잃어버린 이야기", *The Atlantic* February 15, 2017.인용. *https://www.theatlantic.com/science/archive/2017/02/ursula-vils-nasa/516468/. Anna Reser, "Images of Place in American Spaceflight, 1958-1974."* (PhD diss, University of Oklahoma, 2019) 참조.

14 Sanders 앞 글.

15 "NASA 존슨우주센터 구술사 프로젝트 전기 데이터, 디 오하라." 미국항공우주국 존슨우주센터 구술사 프로젝트 *https://historycollection.jsc.nasa.gov/JSCHistoryPortal/history/oral_histories/OHaraDB/OHaraDB_Bio.pdf.*

16 "디 오하라, NASA 존슨우주센터 구술사 프로젝트 원고," 레베카 라이트가 인터뷰했다, *Mountain View California*, April 23, 2002. *https://historycollection.jsc.nasa.gov/JSCHistoryPortal/history/oral_histories/OHaraDB/OHaraDB_4-23-02.pdf.*

17 앞 글, 33.

18 1960년대에 비공식 의료 테스트를 받고 여성 우주비행사를 옹호했던 여성들에 대해서 Margaret Weitekamp, *Right Stuff Wrong Sex: America's First Women in Space Program* (Baltimore: The Johns Hopkins University Press, 2004).참조

19 Amy E. Foster, *Integrating Women into the Astronaut Corps: Politics and Logistics at NASA, 1972-2004* (Baltimore: The Johns Hopkins University Press, 2011), 88면에서 인용

20 앞 책, 95.

21 앞 책, 99.

22 앞 책.

23 앞 책, 100.

24 앞 책, 101

25 앞 책, 114-115.

26 NASA 전기 데이터, "메이 캐럴 제미슨," 미국항공우주국(nd): *https://www.nasa.gov/sites/default/files/atoms/files/jemison_mae.pdf.*

27 NASA 전기 데이터, "무카이 치아키," 미국항공우주국(nd)(nd): *https://www.nasa.gov/sites/default/files/atoms/files/mukai.pdf.*

20장

1 Robert H. Lowie and Leta Stetter Hollingworth, "과학과 페미니즘," *The Scientific Monthly* 3, no. 3 (1916): 277.

2 Jill G. Morawski and Gail Agronick, "회복력 있는 유산: 실험 및 인지 심리학에서 페미니스트 역사," *Psychology of Women Quarterly* 15 (1991): 570.

3 James Capshew and Alejandra C.

Laszlo, "'우리는 'No'라는 대답을 받아들이지 않을 것이다': 제2차 세계대전 중 여성 심리학자와 젠더 정치 ," *Journal of Social Issues* 42, no. 1 (1986): 160-162.
4 Stephanie A. Shields, "Ms. Pilgrim의 발자국: 여성 심리학에 기여한 레타 홀링워스," *American Psychologist* 30, no. 8 (1975): 853.
5 앞 책, 854.
6 Alexandra Rutherford and Leeat Granek, "여성 심리학의 출현과 발전 " in *Handbook of Gender Research in Psychology*, eds. J.C. Chrisler and D.R. McCreary (Springer Science+Business Media, LLC, 2010), 19.
7 Lisa Held, "레타 홀링워스," *Psychology's Feminist Voices*, 2010, *http://www.feministvoices.com/letahollingworth/*
8 Edward Lee Thorndike, *Educational Psychology: Mental work and fatigue and individual differences and their causes* (Teacher's College, Columbia University, 1921), 188.
9 Leta Stetter Hollinggworth, "성취의 성별 차이와 관련된 가변성: 비평," *American Journal of Sociology* 19, no. 4 (1914): 526.
10 Lowie and Hollingworth, "과학과 페미니즘," 283.
11 Capshew and Laszlo, "'우리는 'No'라는 대답을...,'" 163. 인용
12 Rutherford and Granek, "여성 심리학의 출현과 발전," 24.
13 Amy Johnson and Elizabeth Jonston, "낯선 페미니즘: 전국여성심리학자 협의회 재방문," *Psychology of Women Quarterly* 34 (2010): 311.
14 클리크에 관해서는 18장 참조.
15 Naomi Weisstein, "'당신 같은 어린 여자애가 어떻게 남성들만 가득한 강의실에서 가르칠 수 있겠느냐?' 의장이 용감한 여성 과학자들에게 말하다" in *Working It Out: 23 Women Writers, Artists, Scientists, and Scholars Talk About Their Lives and Work*, eds. Sara Ruddick and Pamela Daniels (NY: Pantheon Books, 1977), 243.
16 앞 책, 244.
17 Naomi Weisstein, "심리학이 여성을 구성하다: 남성 심리학자의 환상적 삶 (그의 친구 남성 생물학자와 남성 인류학자의 환상에도 주의를 기울이며)," Feminism and Psychology 3, no. 2 (1993): 195
18 Alexandra Rutherford, Kelli Vaughn-Blount, and Laura C. Ball, "책임 있는 반대, 파괴적인 목소리: 과학, 사회변화 그리고 페미니스트 심리학의 역사," *Psychology of Women Quarterly* 34 (2010): 464.
19 Martha T. Mednick and Laura L. Urbanski, "미국심리학 여성 심리학 분과의 기원과 활동," *Psychology of Women Quarterly* 15 (1991): 651. 인용.20.
20 앞 책, 655.
21 Lowie and Hollingworth, "과학과 페미니즘," 284.

21장

1 "남녀공학: 프린스턴 대학교 여성의 역사," Princeton University, Accessed November 29, 2019, *https://libguides.princeton.edu/c.php?g=84581&p=543232.*
2 Vera C. Rubin, "흥미로운 여행," *The Annual Review of Astronomy and*

Astrophysics 49 (2011), 3.

3 Kristine Larsen, "마서 스타 카펜터의 경력에 대한 회고" Between a Rock and (Several) Hard Places," *Journal of the American Association of Variable Star Observers* 40 (2012), 55.

4 "별들의 움직임 중심에 젊은 엄마가 있다," *The Washington Post* December 31, 1950. ProQuest.

5 Rubin, "흥미로운 여행," 4.

6 Rubin, "흥미로운 여행," 9.

7 "팔로마 천문대의 역사, Accessed November 29, 2019, http://www.astro.caltech.edu/palomar/about/history.html#55

8 Rubin, "흥미로운 여행," 12.

9 앞 책, 13. Vera Rubin, et. al., "분광 관측에서 얻은 안드로메다 성운의 회전" *Astrophysics Journal*, 159 (1970), 379. 참조.

10 Robert Lambourne, "조슬린 벨 버넬 인터뷰," *Physics Education* 3, no. 183 (1996),183-186.

11 Jocelyn Bell Burnell, "프티 포," *Annals of the New York Academy of Sciences* 302, no. 1 (1977), 685.

12 앞 글, 685-686.

13 앞 글.

14 앞 글, 687.

15 Antony Hewish, Jocelyn Bell Burnell, et. al., "급속 맥동 전파원 관측," *Nature* 217 (1968), 709-713.

16 "1974년 노벨 물리학상 ," Accessed December 2019. *https://www.nobelprize.org/prizes/physics/1974/summary/*

17 Jocelyn Bell Burnell, "펄서도 드물고 여성도 드물다" *Science* 304, no. 5670 (2004), 489.

18 앞 글.

19 "노벨 물리학상과 화학상 메달," The Nobel Prize. Accessed November 29, 2019. *https://www.nobelprize.org/prizes/facts/the-nobel-medalfor-physics-and-chemistry-2.*

감사의 말

We would like to thank several people for their help with this book. Nathan Kapoor, Cornelia Lambert, Robert Davis, and Asif Siddiqi for their assistance in tracking down hard-to-find sources. Ashley Roland and Brooke Steiger for guidance and technical help. We are extremely grateful to Kathleen Sheppard and Deanna Day for reading the entire manuscript and providing insightful and essential comments and feedback. We are additionally indebted to Lydia Pyne for walking us through the intricacies of publishing and providing encouragement every step of the way. Our team at Lady Science kept the lights on while we worked on this project and inspire us with their commitment to sharing this history.To our families, we thank you for all the support you've given us throughout this project, especially Erik for going to get beer while we were in the throes of editing the manuscript. And, of course, we extend our deepest gratitude to the historians who did all the heavy lifting to recover from history the lives of many of the women included in this book and on whose work this book profoundly depended. A big thank you to everyone at Quarto Group and White Lion Publishing for asking us to work on this project and for shepherding this book from start to finish.

사진출처

표지 Alona Stanova/Alamy Stock Vector 11 Allexxandar/Shutterstock.com 14 British Museum/University Museum Expedition to Ur, Iraq, 1926 16 Lewis Evans Collection, History of Science Museum 20 Wellcome Collection 23 ART Collection/Alamy Stock Photo 26 Wellcome Collection 30 Fine Art Images/Heritage Images/Getty Images 33 Falkensteinfoto/Alamy Stock Photo 37 Fine Art Images/Heritage Images/Getty Images 40 imageBROKER/Alamy Stock Photo 44 PROBA2 Science Center/SWAP 48(위) The History Collection/Alamy Stock Photo 48(아래) Interfoto/Alamy Stock Photo 56 Image courtesy History of Science Collections, University of Oklahoma Libraries; copyright the Board of Regents of the University of Oklahoma. 58 Metropolitan Museum of Art. Purchase, Mr. and Mrs. Charles Wrightsman Gift, in honor of Everett Fahy, 1977 63(위) Interfoto/Alamy Stock Photo 63(아래) Heritage Image Partnership Ltd/Alamy Stock Photo 69 Philosophical Transactions of the Royal Society of London, Volume 77 72 Image courtesy History of Science Collections, University of Oklahoma Libraries; copyright the Board of Regents of the University of Oklahoma. 78(위) The Picture Art Collection/Alamy Stock Photo 78(중간) Sueddeutsche Zeitung Photo/Alamy Stock Photo 78(아래) Classic Image/Alamy Stock Photo 82 PhotoStock-Israel via Getty Images 85 agefotostock/Alamy Stock Photo 90

UniversalImagesGroup via Getty Images 98 Smithsonian Libraries. Gift of Harry Lubrecht 104(위) Bridgeman Images 104(아래) Chronicle/Alamy Stock Photo 108 World History Archive/Alamy Stock Photo 110 Heritage Arts/Heritage Images via Getty Images 113 Chronicle/Alamy Stock Photo 118 Bridgeman Images 120 World History Archive/Alamy Stock Photo 122 Wikimedia Commons 124 Bettmann via Getty Images 128 History and Art Collection/Alamy Stock Photo 132(위) New York Public Library 132(중간) New York Public Library 132(아래) FLHC 90/Alamy Stock Photo 136 Drexel University College of Medicine Archives and Special Collections 141(위) Wikimedia Commons 141(아래) Granger Historical Picture Archive/Alamy Stock Photo 146(위) History and Art Collection/Alamy Stock Photo 146(아래) Collection PJ/Alamy Stock Photo 148 Nebraska State Historical Society 150 Darling Archive/Alamy Stock Photo 154 Science History Images/Alamy Stock Photo 156 Charles Ciccione/Gamma-Rapho via Getty Images 160 Science History Images/Alamy Stock Photo 162 The History Collection/Alamy Stock Photo 166 Science History Images/Alamy Stock Photo 170 Bettmann via Getty Images 177 Bettmann via Getty Images 180 New York Public Library 182 Bettmann via Getty Images 188(위) Wikimedia Commons 188(아래) Underwood & Underwood/Underwood Archives/Getty Images 190 Science Museum, London 193(위) Old Paper Studios/Alamy Stock Photo 193(아래) GL Archive/Alamy Stock Photo 195 Science Museum, London 198 Universal History Archive/Universal Images Group via Getty Images 206(위) PF-(bygone1)/Alamy Stock Photo 206(아래) Courtesy of the Braun Research Library Collection, Autry Museum, Los Angeles: S5.119 212 Wikimedia Commons 214 U.S. Department of Energy via Flickr 220 Science Service (Smithsonian Institution) 228 Sankei Archive via Getty Images 232 Edwin Levick/Getty Images 236(위) Darling Archive/Alamy Stock Photo 236(아래) Science History Images/Alamy Stock Photo 241(위) Stephanie Brandl/ullstein bild via Getty Images 241(아래) Bettmann via Getty Images 246 Alfred Eisenstaedt/The LIFE Picture Collection via Getty Images 250(위) Fine Art Images/Heritage Images/Getty Images 250(아래) Everett Collection Historical/Alamy Stock Photo 257 Kevin Fleming/Corbis via Getty Images 260 Tango Images/Alamy Stock Photo 272 Arty Pomerantz/New York Post Archives/NYP Holdings, Inc. via Getty Images 274 NASA 280(위) NASA 280(아래) Sovfoto/Universal Images Group via Getty Images 284(위) NASA Image Collection/Alamy Stock Photo 284(아래) NASA Photo/Alamy Stock Photo 288 NASA Photo/Alamy Stock Photo 290 Peter Keegan/Keystone/Getty Images 294(위) History Nebraska 294(아래) History Nebraska 298 Photo by Jo Freeman, 1969 302 X-ray: NASA/CXC/University of Amsterdam/N.Rea et al; Optical: DSS 305 KPNO/NOIRLab/NSF/AURA 309 Daily Herald Archive/SSPL/Getty Images 314(위 왼쪽) Donaldson Collection/Michael Ochs Archives/Getty Images 314(위 가운데) Pictorial Press Ltd/Alamy Stock Photo 314(위 오른쪽) Archive PL/Alamy Stock Photo 314(중간 왼쪽) Hulton Archive/Getty Images 314(중앙) NASA Photo/Alamy Stock Photo 314(중간 오른쪽) Granger Historical Picture Archive/Alamy Stock Photo 314(아래 왼쪽) GL Archive/Alamy Stock Photo 314(아래 가운데) Wendy Stone/Corbis via Getty Images 314(아래 오른쪽) NASA/Getty Images

참고문헌

서문

Gaida, Margaret. "Muslim Women and Science:The Search for the "Missing" Actors," *Early Modern Women* vol. 11, no. 1 (Fall 2016), 197-206

Maisels, Charles Keith. *The Emergence of Civilization*. London: Routledge, 1990.

Meador,Betty De Shong. *Inanna, lady of largest heart: poems of the Sumerian high priestess Enheduanna*. Austin: University of Texas Press, 2000.

Ogilvie, Marilyn and Joy Harvey, eds. *The Biographical Dictionary of Women in Science, Volume 1*. New York: Routledge, 2000.

1장

French, Valerie. "Midwives and Maternity Care in the Roman World." in *Midwifery and the Medicalization of Childbirth: Comparative Perspectives*, ed. Edwin van Teijlingen, George Lowis, Peter McCaffery, and Maureen Porter (New York: Nova Science Publishers, 2004), 543-62.

Furth, Charlotte. *A Flourishing Yin: Gender in China's Medical History: 960-1665*. Berkely: University of California Press, 1999.

Hanson, Ann Ellis. "'Diseases of Women 1.'" *Signs 1:2 (1975), 576-584*.

Nunn, J. F. *Ancient Egyptian Medicine*. Norman: University of Oklahoma Press, 1996.

Robbins, Robbins. *Women in Ancient Egypt*. London: British Museum Press, 1993.

Siraisi, Nancy G. *Medieval and Early Renaissance Medicine: An Introduction to Knowledge and Practice*. Chicago: The University of Chicago Press, 1990.

2장

Bicknell, Peter. "The Witch Aglaonice and Dark Lunar Eclipses in the Second and First Centuries BC." *Journal of the British Astronomical Association*, no.

93, 1983, 160-63.
Goldstein, Bernard R. Review of *Babylonian Eclipse Observations from 750 BC to 1 BC*, edited by Peter J. Huber and Salvo De Meis. Aestimatio, vol. 1, 2001.
Hill, D. E. "The Thessalian Trick." *Rheinisches Museum Für Philologie*, vol. 116, 1973, 221-38.
Hollywood, Amy. "'Who Does She Think She Is?': Christian Women's Mysticism." *Theology Today*, no. 60, 2003, 5-15.
Jones, Sharon, and Diana Neal. "Negotiable Currencies: Hildegard of Bingen, Mysticism and the Vagaries of the Theoretical." *Feminist Theology*, vol. 11, no. 3, 2003, 375-84.
Maddocks, Fiona. *Hildegard of Bingen: The Woman of Her Age*. Doubleday, 2001.
Newman, Marsha. "Christian Cosmology in Hildegard of Bingen's Illuminations." *A Journal of Catholic Thought and Culture*, vol. 5, no. 1, 2002, 41 -61.
Newman, Barbara. *Sister of Wisdom: St. Hildegard's Theology of the Feminine*. University of California Press, 1987.
Ovid. *Metamorphoses*. 4th ed., B. Law, 1797.
Phillips, Oliver. "The Witches' Thessaly." *Magic and Ritual in the Ancient World*, edited by Paul Mirecki and Marvin Meyer, vol. 141, Brill, 2002, 378 -306.
Plato. Gorgias. Translated by Benjamin Jowett, 380AD, *https://ebooks.adelaide.edu.au/p/plato/p71g/complete.html.*
Plutarch. "Conjugalia Praecepta." *Moralia*. Translated by Frank Cole Babbitt, Harvard. University Press, 1928.
Steele, J., et al. "The Accuracy of Eclipse Times Measured by the Babylonians." *Journal for the History of Astronomy*, 1997, 337-45.
Stothers, Richard B. "Dark Lunar Eclipses in Classical Antiquity." *Journal of the British Astronomical Association*, 1986, 95-97.

3장

Agnesi, Maria Gaetana. *Analytical Institutions in Four Books*: Originally Written in Italian. Translated by Rev. John Colson, Taylor and Wilks, London, 1801.
Bennett Peterson, Barbara, editor. *Notable Women of China: Shang Dynasty to the Early Twentieth Century*. Routledge, 2000.
Bernardi, G. "Nicole-Reine Étable de La Brière Lepaute (1723-1788)." *The Unforgotten Sisters*, Springer International Publishing, 2016, https://link-springer-com.ezproxy.lib.ou.edu/chapter/10.1007/978-3-319-26127-0_19.
Elman, Benjamin A. *A Cultural History of Modern Science in China*. Harvard University Press, 2006.
Findlen, Paula. "Calculations of Faith: Mathematics, Philosophy, and Sanctity in 18th-Century Italy(New Work on Maria Gaetana Agnesi)." *Historia Mathematica*, vol. 38, no. 2, 2010, 248-91.
Grier, David Alan. *When Computers Were Human*. Princeton University Press,

2005.
Ki Che Leung, Angela. "Wang Zhenyi." *Biographical Dictionary of Chinese Women*, edited by Lily Xiao Hong Lee et al., translated by W. Zhang, vol. 1: The Qing Period, 1644-1911, Routledge, 1998, 230-32.
Mazzotti, Massimo. *The World of Maria Gaetana Agnesi, Mathematician of God*. Johns Hopkins University Press, 2007.
Mazzotti, Massimo."Maria Gaetana Agnesi: Mathematics and the Making of the Catholic Enlightenment." *Isis*, vol. 92, no. 4, 2001, 657-83.
Roberts, Meghan K. "Learned and Loving: Representing Women Astronomers in Enlightenment France." *Journal of Women's History*, vol. 29, no. 1, 2017, 14-37.
Schiebinger, Londa. *The Mind Has No Sex?: Women in the Origins of Modern Medicine*. Harvard University Press, 1989.
Swerdlow, N. M. "Urania Propitia, Tabulae Rudophinae Faciles Redditae a Maria Cunitia Beneficent Urania, the Adaption of the Rudolphine Tables by Maria Cunitz." *A Master of Science History: Essays in Honor of Charles Coulston Gillispie*, vol. 30, Springer, 2012, 81-121.
Whaley, Leigh *A. Women's History as Scientists: A Guide to the Debates*. ABC-CLIO, 2003.

4장

Ashworth Jr., William B. "Scientist of the Day - Elisabeth Hevelius." *Linda Hall Library, 2017, https://www.lindahall.org/elisabeth-hevelius/.*
Bernardi, Gabriella. "Elisabetha Catherina Koopman Hevelius (1647-1693)." *The Unforgotten Sisters*, Springer International Publishing, 2016, 67-74.
Cook, Alan. "Ladies in the Scientific Revolution." *Notes and Records: The Royal Society Journal of the History of Science*, vol. 51, no. 1, 1997, 1-12.
DiMeo, Michelle. "'Such a Sister Became Such a Bother': Lady Ranelagh's Influence on Robert Boyle." *Intellectual History Review*, vol. 25, no. 1, 2015, 21-36.
Fara, Patricia. *Pandora's Breeches: Women, Science & Power in the Enlightenment*. Pimlico, 2004.
Herschel, Caroline. *Memoir and Correspon dence of Caroline Herschel*. Edited by Mrs. John Herschel, 2nd ed., John Murray, 1879.
Holmes, Richard. *The Age of Wonder*. Vintage Books, 2008.
Hoskin, Michael. "Caroline Herschel's Life of 'Mortifications and Disappointments.'" *Journal for the History of Astronomy*, vol. 45, no. 4, 2014, 442-66.
Kawashima, Keiko. "The Evolution of the Gender Question in the Study of Madame Lavoisier." *Historia Scientiarum*, vol. 23, no. 1, 2013, 24-37.
Roberts, Meghan K. "Philosophes Mari. s and Espouses Philsophiques: Men

of Letters and Marriage in Eighteenth-Century France." *French Historical Studies*, vol. 35, no. 3, 2012, 509-39.

Schiebinger, Londa. *The Mind Has No Sex?: Women in the Origins of Modern Medicine*. Harvard University Press, 1989.

Spradley, Joseph L. "Two Centennials of Star Catalogs Compiled by Women." *The Astronomy Quarterly*, vol. 7, 1990, 177-84.

5장

Messbarger, Rebecca. *The Lady Anatomist: The Life and Work of Anna Morandi Manzolini*. Chicago: University of Chicago Press, 2010.

Messbarger, Rebecca. "Waxing Poetic: Anna Morandi Manzolini's Anatomical Sculptures." *Configurations 9*, no. 1 (2001), 65-97.

Ogilvie, Marilyn and Joy Harvey, eds. *The Biographical Dictionary of Women in Science*, Volume 1. New York: Routledge, 2000.

Park, Katharine. *Secrets of Women: Gender, Generation and the Origins of Human Dissection*. Cambridge, Zone Books, 2010.

San Juan, Rose Marie "The Horror of Touch: Anna Morandi's Wax Models of Hands," *Oxford Art Journal 34*, no. 3 (2011), 433-447.

Schiebinger, Londa. *The Mind Has No Sex? Women in the Origins of Modern Science*. Cambridge: Harvard University Press, 1989.

6장

Knapp, Sandra. "The Plantswoman Who Dressed as a Boy." *Nature*, vol. 470, 2011, 36-37.

Kwadwo Osei-Tutu, John, and Victoria Ellen Smith. "Interpreting West Africa's Forts and Castles." *Shadows of Empire in West Africa: New Perspectives on European Fortifications*, edited by John Kwadwo Osei-Tutu and Victoria Ellen Smith, Palgrave Macmillan, 2018, 1-31.

McEwan, Cheryl. "Gender, Science, and Physical Geography in Nineteenth-Century Britain." *Area*, vol. 30, no. 3, 1998, 215-23.

Merian, Maria Sibylla. *Metamorphosis Insectorum Surinamensium*. Tot Amsterdam, Voor den auteur..., als ook by Gerarde Valck, 1705.

Orr, Mary. "The Stuff of Translation and Independent Female Scientific Authorship: The Case of Taxidermy...,Anon. (1820)." *Journal of Literature and Science*, vol. 8, no. 1, 2015, 27-47.

Ridley, Glynis. The Discovery of Jeanne Baret: *A Story of Science, the High Seas, and the First Woman to Circumnavigate the Globe*. Broadway Books, 2011.

Schiebinger, Londa. *Plants and Empire: Colonial Bioprospecting in the Atlantic World*. Harvard University Press, 2004.

Thompson, Carl. "Women Travellers, Romantic-Era Science and the Banksian Empire." Notes and Records: *The Royal Society Journal of the History of Science*, 2019, 1-25.

Valiant, Sharon. "Maria Sibylla Merian: Recovering an Eighteenth-Century Legend." *Eighteenth-Century Studies*, vol. 26, no. 3, 1993, 467-79.

"The Slavery Connection: Bexley Heritage Trust, 2007-2009." Antislavery Usable Past, *http://www.antislavery.ac.uk/items/show/23*.

7장

Cantor, Geoffrey, et al. Science in the Nineteenth-Century Periodical. Cambridge University Press, 2004.

Fenwick Miller, Florence. Harriet Martineau. Edited by John H. Ingram, W.H. Allen & Co., 1884.

Larsen, Jordan. "The Evolving Spirit: Morals and Mutualism in Arabella Buckley's Evolutionary Epic." Notes and Records: Royal Society Journal of the History of Science, vol. 71, 2017, 385-408.

Leigh, G. Jeffery, and Alan J. Rocke. "Women and Chemistry in Regency England: New Light on the Marcet Circle." Ambix, vol. 63, no. 1, 2016, 28-45.

Lightman, Bernard. Victorian Popularizers of Science: Designing Nature for New Audiences. University of Chicago Press, 2007.

Lindee, Susan M. "The American Career of Jane Marcet's Conversations on Chemistry, 1806-1853." Isis, vol. 82, no. 1, 1991, 8-23.

Sheffield, Suzanne Le-May. Revealing New Worlds: Three Victorian Women Naturalists. 1st ed., Routledge, 2013.

Gates, Barbara T. Kindred Nature: Victorian and Edwardian Women Embrace the Living World. University of Chicago Press, 1998.

Rauch, Alan. "Parables and Parodies: Margaret Garry's Audience in the Parables from Nature." Children's Literature, vol. 25, 1997, 137-52.

8장

Gates, Barbara T. Kindred Nature: Victorian and Edwardian Women Embrace the Living World. University of Chicago Press, 1998.

Gianquitto, Tina. "Botanical Smuts and Hermaphrodites: Lydia Becker, Darwin's Botany, and Education Reform." Isis, vol. 104, no. 2, June 2013, 250 -77.

Kennedy, Meegan. "Discriminating the 'Minuter Beauties of Nature': Botany as Natural Theology in a Victorian Medical School." Strange Science: Investigating the Limits of Knowledge in the Victorian Age, University of Michigan Press, 2017, 40 -61.

McNeill, Leila. "The Early Feminist Who Used Botany To Teach Kids About Sex." The Atlantic, Oct. 2016, https://www.theatlantic.com/science/archive/2016/10/the-early-feminist-who-used-botany-to-teach-kids-aboutsex/503030/#:~:targetText=But%20when%20Elizabeth%20Wolstenholme%20Elmy,as%20a%20sex%2Deducation%20handbook.

Schiebinger, Londa. Nature's Body: Gender in the Making of Modern Science. Rutgers University Press, 1993.

Shteir, Ann B. Cultivating Women, Cultivating Science: Flora's Daughters and Botany in England 1760-1860. Johns Hopkins University Press, 1996.

Wolstenholme Elmy, Elizabeth. "Baby Buds." In Nature's Name: An Anthology of Women's Writing and Illustration, 1780-1930, edited by Barbara T. Gates, University of Chicago Press, 2002, 484-87.

Wright, Maureen. Elizabeth Wolstenholme Elmy and the Victorian Feminist Movement: The Biography of an Insurgent Woman. Manchester University Press, 2011.

9장

"Classified Ad 29," *The New York Times*, September 25, 1861. ProQuest Historical Newspapers.

D'Antonio, Patricia. *American Nursing: A History of Knowledge, Authority, and the Meaning of Work*. Baltimore: The Johns Hopkins University Press, 2010.

Davis, Althea T. *Early Black American Leaders in Nursing: Architects for Integration and Equality*. Jones and Bartlett Publishers and National League for Nursing, 1999.

Free, Elizabeth and Liping Bu, "The Origins of Public Health Nursing: The Henry Street Visiting Nurse Service," *American Journal of Public Health* 100, no. 7 (2010), 1206-1207.

Marjorie N. Feld, Marjorie N. Lillian Wald: *A Biography. Chapel Hill*. University of North Carolina Press, 2008.

Nightingale, Florence. *Notes on Nursing: What it is, and what it is not*. New York: D. Appleton and Company, 1860.

Reverby, Susan M. *Ordered to Care: The Dilemma of American Nursing, 1850-1945*. Cambridge: Cambridge University Press, 1987.

Wald, Lillian. *The House on Henry Street*. New York: Henry Holt and Company, 1912.

10장

Josambi, Meera. "Anandibai Joshee: Retrieving a Fragmented Feminist Image." *Economic and Political Weekly* 31, no. 49 (1996): 3189-3197.

Mathes, Valerie Sherer. "Susan La Flesche Picotte, M.D.: Nineteenth-Century Physician and Reformer." *Great Plains Quarterly* 13, no. 3 (1993), 172-186.

Debra Michals, Debra. "Elizabeth Blackwell," National Women's History Museum. Last accessed September 9, 2019. *https://www.womenshistory.org/educationresources/biographies/elizabeth-blackwell*.

McNeill, Leila. "Dr. Anna Fischer-Dückelmann as Naturopath and Physician for Women in Imperial Germany." Master's Thesis, University of Oklahoma, 2014.

—"This 19th Century 'Lady Doctor' Helped Usher Indian Women Into Medicine," *Smithsonian*

Magazine August 24, 2017. Last accessed September 9, 2019. *https://www.smithsonianmag.com/science-nature/19th-century-ladydoctor-ushered-indian-women-medicine-180964613/.*

Morantz-Sanchez, Regina Markell. *Sympathy and Science: Women Physicians in American Medicine.* Oxford: Oxford University Press, 1985.

Pripas-Kapit, Sarah Ross. "Educating Women Physicians of the World: International Students of the Women's Medical College of Pennsylvania, 1883-1911. PhD Diss., University of California, Los Angeles, 2015.

Pripas-Kapit, Sarah. "'We Have Lived on Broken Promises': Charles A. Eastman, Susan La Flesche Picotte, and the Politics of American Indian Assimilation during the Progressive Era." *Great Plains Quarterly* 35, no.1 (2015), 51-78.

11장

Brück, Mary. "Slave-Wage Earners." *Women in Early British and Irish Astronomy*, Springer, 2009, 203-20.

Brück, M. T. "Lady Computers at Greenwich in the Early 1890s." *Quarterly Journal of the Royal Astronomical Society*, vol. 36, 1995, 83-95.

Grier, David Alan. When Computers Were Human. Princeton University Press, 2005.

Hoffleit, D. "Women in the History of Variable Star Astronomy." *American Association of Variable Star Observers*, 1993, 1-62.

Kidwell, Peggy Aldrich. "Women Astronomers in Britain, 1780-1930." *Isis*, vol. 75, no. 3, 1984, 534-46.

Klumpke, Dorothea. "The Work of Women in Astronomy." *The Observatory*, 1899.

Mack, Pamela E. "Strategies and Compromises: Women in Astronomy at Harvard College Observatory, 1870-1929." *Journal for the History of Astronomy*, vol. 21, no. 1, 1990, 65-76.

Ogilvie, Marilyn Bailey. "Obligatory Amateurs: Annie Maunder (1868-1947) and British Women Astronomers at the Dawn of Professional Astronomy." *British Journal for the History of Science*, vol. 33, 2000, 67-84.

Rossiter, Margaret W. "'Women's Work' in Science, 1880-1910." *Isis*, vol. 71, no. 3, 1980, 381-98.

Sobel, Dava. *The Glass Universe: How The Ladies of the Harvard Observatory Took the Measure of the Stars.* Viking, 2016.

Stevenson, T. "Making Visible the First Women in Astronomy in Australia: The Measurers and Computers Employed for the Astrographic Catalogue." *Publications of the Astronomical Society of Australia*, vol. 31, 2014, pp. 1-10.

12장

[New York Press] "Raises Rats and Mice." *The Los Angeles Times*, December 26, 1907.

[Brooklyn Eagle] "Woman Runs a Mouse Farm." *The Washington Post*, June 20,

1909.
"Houseworkers and New Apparatus," *Good Housekeeping*, January 1913.
Harriet Gillespie, Harriet. "Labor-Saving Devices Supplant Servants." *Good Housekeeping*, January 1913.
Laurel D. Graham, Laurel D. "Domesticating Efficiency: Lillian Gilbreth's Scientific Management of Homemakers, 1924-1930." *Signs* 24, no. 3 (1999), 633-675.
Leila McNeill, Leila. "The History of Breeding Mice for Science Begins With a Woman in a Barn." Smithsonian.com, March 20, 2018, Last accessed September 18, 2019, *https://smithsonianmag.com/science-nature/historybreeding-mice-science-leads-back-woman-barn-180968441/.*
Miller, Elisa. "In the Name of the Home: Women, Domestic Science, and American Higher Education, 1864-1930." PhD Diss., University of Illinois Urbana-Champaign, 2003.
Rader, Karen. *Making Mice: Standardizing Animals for American Biomedical Research, 1900-1955.* Princeton: Princeton University Press, 2004.
David P. Steensma, David P, et. al., "Abbie Lathrop, the "Mouse Woman of Granby": Rodent Fancier and Accidental Genetics Pioneer," *Mayo Clinic Proceedings* 85, no. 11 (2010), 83.

13장

"Notes," *Nature March* 17, 1921, 88.
"No Gods, No Masters": Margaret Sanger on Birth Control," History Matters, George Mason University. Accessed December 26, 2019. *http://historymatters.gmu.edu/d/5084/.*
Doan, Laura. "Marie Stopes's Wonderful Rhythm Charts: Normalizing the Natural," *Journal of the History of Ideas*, 78, no. 4 (2017), 595-620.
Hajo, Cathy Moran. *Birth Control on Main Street: Organizing Clinics in the United States, 1916-1939.* Champagne, University of Illinois Press, 2010.
—"What Every Woman Should Know: Birth Control Clinics in the United States, 1916-1940." PhD Diss. New York, New York University, 2006.
Hall, Lesley A. "Stopes [married name Roe], Marie Charlotte Carmichael (1880 –1958), sexologist and advocate of birth control," *Oxford Dictionary of National Biography*, 2004. Accessed September 24, 2019. *https://www-oxforddnb-com.ezproxy.lib.ou.edu/view/10.1093/ref:odnb/9780198614128.001.0001/odnb-9780198614128-e-36323.*
Jones, Greta. "Women and eugenics in Britain: The case of Mary Scharlieb, Elizabeth Sloan Chesser, and Stella Browne," *Annals of Science* 52, no. 5 (1995): 481-502.
Katz, Esther. "Sanger, Margaret (14 September 1879 – 06 September 1966), birth control advocate." American National Biography, 2000. Accessed September 24, 2019. *https://www-anb-org.ezproxy.lib.ou.edu/view/10.1093/anb/9780198606697.001.0001/anb-*

9780198606697-e-1500598.
Kline, Wendy. *Building a Better Race: Gender, Sexuality, and Eugenics from the Turn of the Century to the Baby Boom*. Berkeley: University of California Press, 2005.
Malladi, Lakshmeeramya. "United States v. One Package of Japanese Pessaries (1936)". *Embryo Project Encyclopedia* (2017-05-24). ISSN: 1940-5030 http://embryo.asu.edu/handle/10776/11516.
Michals, Debra. "Margaret Sanger." National Women's History Museum, 2017. Accessed September 27, 2019. www.womenshistory.org/education-resources/biographies/margaret-sanger.
Sanger, Margaret. ""The Woman Rebel" and The Fight for Birth Control," [Apr 1916] .Published article. Source: Records of the Joint Legislative Committee to Investigate Seditious Activities, New York State Archives , Margaret Sanger Microfilm, C16:1035. *https://www.nyu.edu/projects/sanger/webedition/app/documents/show.php?sangerDoc=306320.xml.*
Young, Jennifer. "An Emancipation Proclamation to the Motherhood of America," Lady Science,
November 16, 2017. *https://www.ladyscience.com/emancipation-proclamation-to-the-motherhood-of-america/no38.*

14장

Annual Report of the Trustees of the Peabody Museum of American Archaeology and Ethnology. Vol. III, John Wilson and Son, 1887.
Brownman, David L. *Cultural Negotiations: The Role of Women in the Founding of Americanist Archaeology*. University of Nebraska Press, 2013.
Bruchac, Margaret M. Savage Kin: *Indigenous Informants and American Anthropologists*. University of Arizona Press, 2018.
Harrington, M. R. "Ashes Found with Sloth Remains." *The Science News-Letter*, vol. 17, no. 478, June 1930, 365.
—"Man and Beast in Gypsum Cave." The Desert Magazine, vol. 3, no. 6, Apr. 1940, 3-5.
Nuttall, Zelia. "Ancient Mexican Superstitions." *The Journal of American Folklore*, vol. 10, no. 39, 1897, 265-81.
—"New Year of Tropical American Indigenes: The New Year Festival of the Ancient Inhabitants of Tropical America and Its Revival." *Pan American Miscellany*, no. 9, 1928, 2-8.
Ruiz, Carmen. *Insiders and Outsiders in Mexican Archaeology (1890-1930)*. The University of Texas at Austin, 2003.

15장

Groves, Leslie R. *Now It Can Be Told: The Story of the Manhattan Project*. Harper & Brothers, 1962.
Higuchi, Toshihiro. "Epistemic Frictions: Radioactive Fallout, Health Risk Assessments, and the Eisenhower Administration's Nuclear-Test Ban

Policy, 1954–1958." *International Relations of the Asia-Pacific*, vol. 18, 2018, 99–124.

Howes, Ruth H., and Caroline L. Herzenberg. *Their Day in the Sun: Women of the Manhattan Project*. Temple University Press, 1999.

Kiernan, Denise. The Girls of Atomic City: The Untold Story of the Women Who Helped Win World War II. Touchstone, 2013.

Lidofsky, Leon. "Chien-Shiung Wu, 29 May 1912. 16 February 1997." *Proceedings of the American Philosophical Society*, vol. 145, no. 1, 2001, 115–26.

Light, Jennifer S. "When Computers Were Women." Technology and Culture, vol. 20, no. 3, 1999, 455–83.

Sumikoh. "A Life Story of Saruhashi Katsuko (1929–2007)." Contemporary Japanese Feminist Debates at Penn, 2016, *https://japanfeministdebates.wordpress.com/author/sumikoh/*.

"The S-1 Committee." Atomic Heritage Foundation, 27 Apr. 2017, *https://www.atomicheritage.org/history/s-1-committee*.

16장

Appel, Phyllis. "Dr. Tilly Edinger, 1897–1967, Paleoneurologist." *The Jewish Connection: Profiles of the Famous and Infamous*, Graystone Enterprises LLC, 2013.

Buchholtz, Emily A., and Ernst-August Seyfarth. "The Gospel of the Fossil Brain: Tilly Edinger and the Science of Paleoneurology." *Brain Research Bulletin*, vol. 48, no. 4, 1999, 351–61.

Cavna, Michael. "Emmy Noether Google Doodle: Why Einstein Called Her a 'creative mathematical genius'." *The Washington Post*, 23 Mar. 2015, *https://www.washingtonpost.com/news/comic-riffs/wp/2015/03/23/emmy-noether-google-doodle-whyeinstein-called-her-a-creative-mathematical-genius/*.

Eden, Alp, and Gürol Irzik. "German Mathematician in Exile in Turkey: Richard von Mises, William Prager, Hilda Geiringer, and Their Impact on Turkish Mathematics." *Historia Mathematica*, vol. 39, 2012, 432–59.

Hamilton, Alice. *Exploring the Dangerous Trades: The Autobiography*. Little, Brown and Company, 1943.

Lamb, Evelyn. "Hermann Weyl's Poignant Eulogy for Emmy Noether." Scientific American, Nov. 2016, *https://blogs.scientificamerican.com/roots-of-unity/hermann-weyls-poignant-eulogy-for-emmy-noether/*.

Lang, Henry. "Tilly Edinger's Deafness." *Tilly Edinger: Leben Und Werk Einer Jüdischen Wissenschaftlerin, edited by Rolf Kohring and Gerald Kreft, vol. 1*, Schweizerbart Sche Vlgsb., 2003, 359–72.

Reisman, Arnold. "Hilda Geiringer: A Pioneer of Applied Mathematics and a Woman Ahead of Her Time Was Saved from Fascism by Turkey." *Women in Judaism: A Multidisciplinary Journal*, vol. 4, no. 2, Fall 2007, 1–19.

Rossiter, Margaret W. *Women Scientists*

in America: Before Affirmative Action, 1940-1972. Vol. 2, Johns Hopkins University Press, 1995.
Shen, Qinna. "A Refugee Scholar from Nazi Germany: Emmy Noether and Bryn Mawr College." *The Mathematical Intelligencer*, vol. 41, no. 3, 2019, 52-65.
Siegmund-Schultze, Reinhard. Mathematicians Fleeing from Nazi Germany: Individual Fates and Global Impact. Princeton University Press, 2009.

17장

Boris, Eileen. "The Power of Motherhood: Black and White Activist Women Redefine the 'Political.'" *Yale Journal of Law and Feminism*, vol. 2, no. 25, 1989, 25-49.
Terrell, Mary Church. The Progress of Colored Women. National Woman's Suffrage Association, Washington D.C, 1898.
Cole, Rebecca. "First Meeting of the Women's Missionary Society of Philadelphia." *The Women's Era*, vol. 3, no. 4, 1896.
Davis, Jack E. "'Conservation Is Now a Dead Word': Marjory Stoneman Douglas and the Transformation of American Environmentalism." *Environmental History*, vol. 8, no. 1, 2003, 53-76.
Haber, Barbara. "Cooking." *The Reader's Companion to U.S. Women's History*, edited by Wilma Mankiller et al., Houghton Mifflin Company, 1998.
McNeill, Leila. "The First Female Student at MIT Started an All-Women Chemistry Lab and Fought for Food Safety." Smithsonian.com, 2018, *https://www.smithsonianmag.com/science-nature/first-female-studentmit-started-women-chemistry-lab-food-safety-180971056/.*
Merchant, Carolyn. "Women of the Progressive Conservation Movement: 1900-1916." *Environmental Review*, vol. 8, no. 1, 1984, 57-85.
Musil, Robert K. *Rachel Carson and Her Sisters, Extraordinary Women Who Have Shaped America's Environment*. Rutgers University Press, 2014.
Peine, Mary Anne. *Women for the Wild: Douglas, Edge, Murie and the American Conservation Movement*. University of Montana, Apr. 2002.
Richards, Ellen Henrietta. *The Art of Right Living*. Whitcomb & Barrows, 1904.
Stoneman Douglas, Marjory. *The Everglades: River of Grass*. Rinehart & Company, Inc., 1947.
Unger, Nancy C. *Beyond Nature's Housekeepers: American Women in Environmental History*. Oxford University Press, 2012.

18장

"The Significant of the 'Doll Test,'" NAACP Legal Defense Fund, Accessed November 29, 2019, *https://www.naacpldf.org/ldf-celebrates-60th-anniversarybrown-v-board-education/significance-doll-test/.*

Burke, May Edwin Mann. "The Contributions of Flemmie Pansy Kittrell to Education Through Her Doctrines on Home Economics." PhD Diss University of Maryland, 1988.

Clark, Mamie Phipps. "Interview of Dr. Mamie Clark by Ed Edwin, May 25, 1976." Interview by Ed Edwin in *The Reminiscences of Mamie Clark*. Alexandria: Alexander Street Press, 2003.

Horrocks, Allison Beth. "Good Will Ambassador with a Cookbook: Flemmie Kittrell and the International Politics of Home Economics." PhD Diss, University of Connecticut, 2016.

Karera, Axelle (2010) and Alexandra Rutherford (2017). "Profile of Mamie Phipps Clark," in *Psychology's Feminist Voices Multimedia Internet Archive*, ed. A. Rutherford. Accessed December 23, 2019, *http://www.feministvoices.com/mamie-phipps-clark/.*

Malcom, Shirley Mahaley, et. al. "The Double Bind: The Price of Being a Minority Woman in Science." *Conference Proceedings, American Association for the Advancement of Science* (76-R-3), 1976.

Scriven, Olivia A. "The Politics of Particularism: HBCUs, Spelman College, and the Struggle to Educate Black Women in Science, 1960-1997." PhD Diss, Georgia Institute of Technology, 2006.

19장

Archival material from the Kennedy Space Center Files, Office of Manned Space Flight, Public Affairs Office, National Archives and Records Administration, Atlanta, GA.

"NASA Johnson Space Center Oral History Project Biographical Data Sheet, Dee O'Hara." National Aeronautics and Space Administration, Johnson Space Center Oral History Project. *https://historycollection.jsc.nasa.gov/JSCHistoryPortal/history/oral_histories/OHaraDB/OHaraDB_Bio.pdf.*

Dee O'Hara, NASA Johnson Space Center Oral History Project Oral History Transcript, Dee O'Hara," interviewed by Rebecca Wright, Mountain View California, April 23, 2002. *https://historycollection.jsc.nasa.gov/JSCHistoryPortal/history/oral_histories/OHaraDB/OHaraDB_4-23-02.pdf.*

NASA Biographical Data, "Mae C. Jemison," National Aeronautics and Space Administration (nd): *https://www.nasa.gov/sites/default/files/atoms/files/jemison_mae.pdf.*

NASA Biographical Data, "Chiaki Muka," National Aeronautics and Space Administration (nd): *https://www.nasa.gov/sites/default/files/atoms/files/mukai.pdf.*

"Valentina Tereshkova," Smithsonian National Air and Space Museum, Accessed October 24, 2019. *https://airandspace.si.edu/people/historical-figure/valentinatereshkova.*

Clements, Barbara Evans. "Tereshkova,

Valentina," in *The Oxford Encyclopedia of Women in World History*, ed. Bonnie G. Smith. Oxford: Oxford University Press, 2008.

Foster, Amy E. *Integrating Women into the Astronaut Corps: Politics and Logistics at NASA, 1972-2004*. Baltimore: The Johns Hopkins University Press, 2011.

Reser, Anna. "The Lost Stories of NASA's 'Pink-Collar' Workforce, The Atlantic February 15, 2017. *https://www.theatlantic.com/science/archive/2017/02/ursula-vilsnasa/516468/.*

Sanders, Matthew. "The Woman Who Got Real Food to Space," Smithsonian National Air and Space Museum, April 9, 2018. *https://airandspace.si.edu/stories/editorial/woman-who-got-real-food-space.*

Siddiqi, Asif A. *Sputnik and the Soviet Space Challenge*. Gainesville, University Press of Florida, 2003.

20장

Capshew, James H., and Alejandra C. Laszlo. "'We Would Not Take No for an Answer': Women Psychologists and Gender Politics During World War II." *Journal of Social Issues*, vol. 42, no. 1, 1986, 157-80.

Held, Lisa. "Leta Hollingworth." *Psychology's Feminist Voices*, 2010, http://www.feministvoices.com/letahollingworth/.

Johnson, Amy, and Elizabeth Johnston. "Unfamiliar Feminisms: Revisiting the National Council of Women Psychologists." *Psychology of Women Quarterly*, vol. 34, 2010, 311-27.

Lowie, Robert H., and Leta Stetter Hollingworth. "Science and Feminism." *The Scientific Monthly*, vol. 3, no. 3, 1916, 277-84.

Mednick, Martha T., and Laura L. Urbanski. "The Origins and Activities of APA's Division of the Psychology of Women." *Psychology of Women Quarterly*, vol. 15, 1991, 651-63.

Morawski, Jill G., and Gail Agronick. "A Restive Legacy: The History of Feminist Work in Experimental and Cognitive Psychology." *Psychology of Women Quarterly*, vol. 15, 1991, 567-79.

Rutherford, Alexandra, and Leeat Granek. "Emergence and Development of the Psychology of Women." *Handbook of Gender Research in Psychology*, edited by J.C. Chrisler and D.R. McCreary, Springer Science+Business Media, LLC, 2010.

Rutherford, Alexandra, et al. "Responsible Opposition, Disruptive Voices: Science, Social Change, and the History of Feminist Psychology." *Psychology of Women Quarterly*, vol. 34, 2010, 460-73.

Shields, Stephanie A. "Ms. Pilgrim's Progress: The Contributions of Leta Stetter Hollingworth to the Psychology of Women." *American Psychologist*, vol. 30, no. 8, 1975, 852-57.

Stetter Hollingworth, Leta. "Variability as Related to Sex Differences in Achievement: A Critique." *American Journal of Sociology*, vol. 19, no. 4,

1914, 510-30.

Thorndike, Edward Lee. *Educational Psychology: Mental Work and Fatigue and Individual Differences and Their Causes*. Teacher's college, Columbia University, 1921.

Weisstein, Naomi. "'How Can a Little Girl like You Teach a Great Big Class of Men?' The Chairman Said, and Other Adventures of a Woman in Science." *Working It Out: 23 Women Writers, Artists, Scientists, and Scholars Talk About Their Lives and Work*, edited by Sara Ruddick and Pamela Daniels, Pantheon Books, 1977, 241-50.

Weisstein, Naomi. "Psychology Constructs the Female; or, The Fantasy Life of the Male Psychologist (with Some Attention to the Fantasies of His Friends, the Male Biologist and the Male Anthropologist)." *Feminism & Psychology*, vol. 3, no. 2, 1993, 195-210.

21장

"Coeducation: History of Women at Princeton University," Princeton University, Accessed November 29, 2019, *https://libguides.princeton.edu/c.php?g=84581&p=543232.*

"A History of Palomar Observatory, Caltech, Accessed November 29, 2019, http://www.astro.caltech.edu/palomar/about/history.html#55

"The Nobel Prize in Physics 1974," Accessed December 23, 2019. *https://www.nobelprize.org/prizes/physics/1974/summary/*

"The Nobel Medal for Physics and Chemistry," The Nobel Prize. Accessed November 29, 2019, *https://www.nobelprize.org/prizes/facts/the-nobel-medal-for-physicsand-chemistry-2.*

Burnell, Jocelyn Bell. "Petit Four," *Annals of the New York Academy of Sciences* 302, no. 1 (1977), 685-689.

Burnell, "So Few Pulsars, So Few Females," Science 304, no. 5670 (2004), 489

Lambourne, Rober. "Interview with Jocelyn Bell Burnell," *Physics Education* 31, no. 183 (1996), 183-186

Larsen, Kristine. "Reminiscences on the Career of Martha Stahr Carpenter" Between a Rock and (Several) Hard Places," *Journal of the American Association of Variable Star Observers* 40 (2012), 51-64

Rubin, Vera C. "An Interesting Voyage," *The Annual Review of Astronomy and strophysics* 49 (2011), 1-28.

찾아보기

가

나

다

라

마

바

사

아

자

차

카

타

파

하

옮긴이 구정은

신문기자로 오래 일했고, 지금은 국제 전문 저널리스트로 활동하면서 글을 쓰고 있다. 강한 것보다는 힘없고 작은 것, 눈에 띄는 것보다는 가려지고 숨겨진 것에 관심이 많다. 『사라진, 버려진, 남겨진』『여기, 사람의 말이 있다』『10년후 세계사: 두번째 미래』『성냥과 버섯구름』 등을 썼고 『나는 라말라를 보았다』『팬데믹의 현재적 기원』 등을 번역했다.

옮긴이 이지선

신문사에서 18년간 일하다 독서모임 스타트업을 거쳐 책을 쓰고 옮기는 일을 하고 있다. 세상이 어떻게 변하고 있고 그 변화가 사람들에게 어떤 영향을 줄 지에 관심이 많다. 함께 지은 책으로는 『여기, 사람의 말이 있다』『10년후 세계사: 두번째 미래』 등이 있고, 『혁명을 리트윗하라』『팬데믹의 현재적 기원』 등을 번역했다.

사이언스 허스토리

여성과학자 대백과 사전

초판 발행 2022년 12월 9일

지은이 애나 리저, 레일라 맥닐
옮긴이 구정은, 이지선
펴낸이 박해진
펴낸곳 도서출판 학고재
등록 2013년 6월 18일 제2013-000189호
주소 서울시 마포구 새창로 7(도화동) SNU장학빌딩 17층
전화 02-745-1722(편집) 070-7404-2810(마케팅)
팩스 02-3210-2775
전자우편 hakgojae@gmail.com
페이스북 www.facebook.com/hakgojae

ISBN 978-89-5625-448-7 (43400)
값 20,000원